DECORATOR

现代装饰装修工

培训手册

马晓娟 编著

四川科学技术出版社

图书在版编目（CIP）数据

现代装饰装修工培训手册 / 马晓娟编著. -- 成都：四川科学技术出版社, 2019.4（2023.4重印）

ISBN 978-7-5364-9440-4

Ⅰ.①现… Ⅱ.①马… Ⅲ.①建筑装饰—工程施工—技术培训—教材 Ⅳ.①TU767

中国版本图书馆CIP数据核字(2019)第067612号

现代装饰装修工培训手册

XIANDAI ZHUANGSHIZHUANGXIUGONG PEIXUN SHOUCE

出 品 人　程佳月
编　　著　马晓娟
策　　划　谢　伟
责任编辑　刘依依　康永光
封面设计　艺和天下
责任出版　欧晓春
出版发行　四川科学技术出版社
　　　　　成都市锦江区三色路 238 号　邮政编码 610023
　　　　　官方微博：http: //weibo.com/sckjcbs
　　　　　官方微信公众号：sckjcbs
　　　　　传真：028 - 86361756
成品尺寸　170mm × 240mm
　　　　　印张14.25　　　字数 240千
印　　刷　大厂回族自治县益利印刷有限公司
版　　次　2019年5月第1版
印　　次　2023年4月第2次印刷
定　　价　26.80 元
ISBN 978-7-5364-9440-4

■ 邮购：成都市锦江区三色路 238 号新华之星A座25层
邮政编码 / 610023
电话 /（028）86361770

内 容 提 要

本书根据《中华人民共和国职业分类大典》中装饰装修工有关初级建筑方面的职业要求和范围，结合在建筑工程中的实际应用，依据现行的国家标准和规范，对装饰装修工需掌握的施工技术进行详细介绍，主要内容包括：装饰装修基础知识、正投影原理与工程制图、图样种类及规范、建筑抹灰工程、吊顶工程、地面工程、门窗安装工程。

本书以简练的语言、直观的图解和典型的装修案例，将现代装饰装修的基本方法和规范传授给读者。本书深入浅出，实用性强，可作为岗前或考核鉴定前培训和自学教材，也可供建筑施工现场技术人员参考使用，以及相关职业学校师生阅读参考。

PREFACE

前 言

进入21世纪以来，快速发展的装饰装修行业，已经成为我国国民经济中重要的组成部分，同时也衍生出了相应的学科门类和行业分支。随着建筑技术的进步，新产品、新材料的出现，装饰装修操作工艺、技术要求也不断提高，这就要求施工管理人员及建筑工人的技术水平也同步提高。为了满足建筑市场的需要，针对我国建筑施工现场的实际情况，我们在充分准备的基础上，精心组织，本着“大力培养专业人才、提升从业人员素质”的原则，力争做到理论与实际的有机结合，理论以“必需”和“够用”为度编撰本书。本书根据装饰装修的行业特点及应用范围的广度，将内容设置为七章。全书通俗易懂、图文并茂、涉及面宽，突出科学性、针对性、实用性和趣味性，力求用新技术、新内容、新形式，开拓服务的新境界。

本书在编写过程中，参阅了大量装饰装修的书籍和资料，在此对相关作者表示诚挚的感谢。因编写时间紧，加之编著者水平有限，难免有疏漏之处，敬请广大读者在阅读和使用中多提宝贵意见，以便进一步丰富和完善。

编著者

2019年3月

CONTENTS

目录

第一章　装饰装修基础知识

第一节　装饰装修材料

一、木材装饰材料

（一）木材缺点

1. 虫眼

新砍伐的树木因昆虫的蛀蚀而形成的孔眼叫作虫眼。虫眼有大虫眼、小虫眼、表皮虫沟三类。

（1）大虫眼指虫孔的直径在3 mm以上的虫眼。

（2）小虫眼指虫孔的直径在3 mm以下的虫眼。

（3）表皮虫沟是指昆虫蛀蚀木材的深度不足1 cm的虫沟。

害虫不仅给树木和木材带来病害，还影响木材的装饰性，并且降低木材的强度，因此选择装饰用材时一定要注意。

2. 节子

由树干上的活枝条在树干长出处形成的节疤叫作节子，又名木节。根据节子质地及其与周围木材相结合的程度，分为漏节、活节、死节等。

（1）漏节。节子自身的木质构造已大部分破坏，并已深入树干内部，和树干内部腐朽相连。

（2）活节。节子与周围木材紧密相连，质地坚硬，构造正常。确切地讲，活节实际不能称为木材的缺陷，它使木材纹理复杂，形成各种的花纹，如旋形、波浪形、皱纹形、山峰形、鸟巢形，给建筑装饰装修带来独特的效果。

（3）死节。与周围木材部分脱离或完全脱离，质地有的坚硬（死硬节），有的松软（松软节），有的木身已腐朽，但没有渗入树干内部（腐朽节）。死节在板材中由于脱落而形成空洞。

节子给木材加工带来困难，如锯材时遇到节子，进料速度需放慢，否则会损坏锯齿。局部木材因节子形成斜纹，加工后材面不光滑，易起毛刺或劈槎，影响装饰木制品的美观。另外，节子还破坏木材的均匀性，降低木材的强度。

3. 裂纹

因外力、温度、湿度的改变，木材纤维之间发生脱离的现象叫作裂纹。根据开裂的方向和部位不同，又分为干裂、轮裂和径裂等。

（1）干裂。由于木材干燥不匀而引起的裂纹。一般分布在木材身上。在断面上分布的与木材身上分布的外露裂纹相连，一般统称为纵裂。

（2）轮裂。木材断面沿年轮方向开裂的裂纹。轮裂分为整圈的（环裂）和不成整圈的（弧裂）两种。

（3）径裂。在木材断面内部，沿半径方向开裂的裂纹。

4. 腐朽

受腐朽菌的侵染，木材的颜色和结构发生了变化，严重时木材会变得松软、易碎，最后变成干的或湿的软块，称为腐朽。腐朽分为外部腐朽和内部腐朽两种。

（1）外部腐朽。分布在树干的外围，大多是因伐倒木或枯立木受腐朽菌侵染而形成。

（2）内部腐朽。分布在树干内部，大多是因立木受腐朽菌的侵染而形成。

初期腐朽对材质影响不大。腐朽后期，不仅对材色、外形等木材的装饰性有所改变，而且对木材的强度、硬度等有很大影响。因此，在承重结构中禁止采用带腐朽的木材。

5. 斜纹

斜纹，即木材中因纤维排列得不正常而出现的纵向倾斜纹。在圆木中斜纹呈螺旋状地扭转，在圆材的横断面上，纹理呈倾斜状。斜纹也可能人为所致。如由于下锯方法不对，将原来为通直的纹理和年轮切断；通直的树干也会锯出斜纹来。人为斜纹与木材纵轴所构成的角度越大，木材强度也就越低，因此，高级用材对人为斜纹一定严格限制。

（二）人造木质板材

1. 普通胶合板

胶合板是指用胶粘贴椴、杨、松、桦等木材单板而形成的板材。由奇数层薄片组成，故称为多层板或多夹板，如三合板、五合板、七合板等。胶合板的特点是板材幅面较大，便于加工，板材的纵向与横向抗拉强度和抗剪强度均匀，适应性强，板面平整，收缩性小，避免了木材的开裂、翘曲等缺陷，利用率高，常用于建筑室内及家具装饰的饰面和隔断材料。胶合板是现在用量多、使用较广的人造板材之一。

普通胶合板分为以下三类：

（1）I类胶合板，又称耐气候胶合板，可在室外条件下使用，能通过煮沸试验。

（2）Ⅱ类胶合板，又称耐水胶合板，可在潮湿条件下使用，能通过63±3℃热水浸渍试验。

（3）Ⅲ类胶合板，又称不耐潮胶合板，供干燥条件下使用，能通过干状试验。

2. 纤维板

（1）纤维板的分类

根据板材密度的不同，纤维板分成硬质纤维板（密度在0.8 g/cm^3以上）、半硬质纤维板（也称中密度板，密度在0.4～0.8 g/cm^3范围内）和软质纤维板（密度在0.4 g/cm^3以下）。硬质、半硬质纤维板强度较大，适用于各种建筑装饰装修，制作家具。软质纤维板的保温、隔热、吸声、绝缘性能好，主要适用于建筑装饰装修中的隔热、保温、吸声等，并可用作电气绝缘板。中密度纤维板是近年来国内外发展迅速的一种新型的木质人造板，简称MDF，具有组织结构均匀、密度适中、抗拉强度大、板面平滑、易于装饰等特点。

（2）纤维板的特点

①各部分构造均匀，硬质纤维板和半硬质纤维板含水率都在20%以下，质地坚实，吸水性和吸湿率低，避免了翘曲、开裂和变形等问题。

②同一平面内各个方向的力学强度均匀。硬质纤维板强度高。

③纤维板因无节疤、变色、腐朽、夹皮、虫眼等木材中常见的缺点，常称为无疾病木材。

④纤维板幅面大，加工性能好，利用率高。1 m^3纤维板的使用率相当于3 m^3木材。纤维板表面方便处理，是进行二次加工的较好的基材。

⑤原材料来源广，制造成本低。

二、石材制品

（一）石材概述

石材是从三大岩系即沉积岩、岩浆岩、变质岩的天然岩体中开采出的岩石，经过加工、整形而成板状、块状和柱状材料的总称。只要具有一定块度、强度、稳定性、可加工性以及装饰性能的天然岩石，均称为石材。

天然石料是建筑上所用大理石、花岗石、板石的统称。目前，天然石料主要用作装饰板材，用作装饰板材的天然石料应具备一定的块度和强度、可加工性和装饰性。也就是说，天然石料虽然花纹和颜色美观协调，富有装饰性，但块度和强度不够，切不出可需要的荒料和板材，就不能用作装饰板材，反之亦然。

（二）大理石

1. 定义

大理石是指以大理石为代表的一种装饰石材，分为碳酸盐岩和与其有关的变质岩，主要成分为碳酸盐矿物，质地较软，其晶粒细小、结构紧密、抗压能力强、吸水率低、耐磨、便于加工成形。大理石表面经磨光和抛亮后，颜色鲜艳，单色除外，大多具有美丽的天然颜色和花纹。大理石通常含有氧化铁、二氧化硅、云母、石墨等杂质，使其呈现红、黄、棕、绿、黑等各色斑驳纹理，纯净的大理石为白色，即汉白玉。

2. 分类、等级

（1）普通型板（PX）：指正方形或长方形的板材。

（2）圆弧板（HM）：指装饰面轮廓线的曲率半径各处相同的饰面板材。

（3）等级分为优等品（A）、一等品（B）、合格品（C）。三个等级则是按板材的规格尺寸允许偏差、平面度允许极限公差，角度允许极限公差，外观质量、镜面光泽度划分的。

3. 用途

大理石常被用于室内墙面、地面、柱面、楼梯的踏步面、服务台台面、卫生间洗手池台面，以及新开发的石材拉手、扶手等。大理石质软、耐磨性差，所以在人流较大的场所不宜作为地面装饰材料。

4. 包装、标志、储存与运输

（1）包装

①包装禁止使用易染色的材料。

②按板材品种、等级分类包装，并附产品合格证，其内容包括产品名称、规格、等级、批号、检验员、出厂日期。

③包装应符合产品在正常情况下安全装卸、运输的要求。

（2）标志

①包装箱上需要标明企业名称、商标、标记，必须有"向上"和"小心轻放"的标志。

②对有安装顺序要求的板材，应标明安装顺序号。

（3）储存与运输

①板材尽量在室内储存，室外储存要加遮盖。

②板材直立码放为宜，应光面相对，倾斜度不大于15°，层间加垫，高不超过1.5 m。

③板材不应直接立在地面，应有垫板，雨季做好排水工作，防止积水。

④码放按板材品种、规格、等级或安装部位的编号进行。

⑤运输时应注意防潮，禁止滚摔、碰撞，应该轻拿轻放。

（三）花岗石

1. 定义

花岗石是以花岗岩为代表的一类装饰石材，分为各类具有装饰性、成块性及可加工性的岩浆岩和以碳酸盐矿物为主的变质岩，其主要矿物成分为长石、石英及少量云母和暗色矿物。常见均粒状斑纹及发光云母微粒，颜色主要有肉红色、花白色、灰色、灰红相间等，以深色花岗石较为名贵。花岗石构造致密、强度高、密度大、吸水率低、材质坚硬、耐磨，属于硬石材。

2. 分类

（1）按形状分

①普型板材（PX）：指正方形或长方形的板材。

②圆弧板材（HM）：指装饰面轮廓线的曲率半径处相同的饰面板材。

③异型板材（YX）：指普型板和圆弧板以外的其他形状的板材。

（2）按表面加工程度分

①镜面板（JM）：指经研磨和抛光加工后表面平整而具镜面光泽的板材。

②亚光板（YG）：指饰面平整细腻，能使光线产生漫反射现象的板材。

③粗面板（CM）：指饰面粗糙规则有序，端面锯切整齐的板材。

（3）按板材规格尺寸偏差、平面度公差、角度公差、外观质量分

①优等品（A）、一等品（B）、合格品（C），三个等级是普型板材按板材规格尺寸偏差、平面度公差、角度公差、外观质量划分的。

②优等品（A）、一等品（B）、合格品（C），三个等级是弧面板材按规格尺寸偏差、直线度公差、线轮廓度公差、外观质量分。

3. 用途

花岩石是建筑装饰材料中的名贵材料，常用于高档的建筑工程，如宾馆、饭店、酒楼、商场的室内外墙面、柱面、墙裙、地面、楼梯、台阶、踢脚、栏杆、扶手、踏步、水池水槽、造型面、门拉手、扶手的装饰，还可用于吧台、服务台、收款台、展示台等的装饰。

4. 储存与运输

花岗石需在室内储存，室外储存要加遮盖。按其品种、规格、等级或工程料部位分别码放。花岗石直立码放时，应光面相对，倾斜度不大于15°，层间加垫，垛高不超过1.5 m；花岗石平放时，应光面相对，地面必须平整，垛高不超过1.2 m。包装箱码放高度不得高于2 m。花岗石在运输过程中应防潮，防止滚摔、碰撞。

（四）板石

板石是具有板状构造，沿板理面可剥成片，用于装饰材料的，经过细微变质作用形成的浅变质岩，如硅质板岩、黏土质板岩、云母质板岩、粉砂质板岩等。

板石品种常按颜色来定，有黑板石、灰板石、绿板石、黄板石、红板石、紫板石、棕板石、铁锈红板石和铁锈黄板石等。板石的矿物成分复杂，多数由黏土类矿物组成。板石的颜色则由于黏土类矿物所含杂质不同而形成不同颜色。纯净者色近青白色，有机质高呈黑色。板石的板理面上如有白云母则有繁星点点的意境。

石材中多有锈斑、色斑、色线、空洞与坑窝等缺陷，影响石材的装饰价值。

1. 锈斑

锈斑是硫化物氧化产生的土状褐铁矿与硫酸混合所致，它们降低了石材的强度，又影响美观。当硫化物（主要为黄铁矿）呈团状、斑杂状、条带状时不能用作饰面石材。呈细粒均匀散布，危害性较小，但其含量通常应小于4%。

2. 色斑

色斑其构成包括岩石中的析离体、残留体、捕虏体或不同成分的集合体，当它们无规律地分布时则降低石材的观赏价值。

3. 色线

色线常由后成的细脉构成，如具可拼性时则无害，反之影响美观。

4. 空洞与坑窝

空洞通常是晶洞，也是易溶矿物溶解后形成的砂眼、砂槽。坑窝是片状矿物或石英颗粒，由于它们与周围的矿物硬度不同，加工时容易剥落或崩落形成凹坑，因而影响石材的美观与强度。

三、陶瓷制品

（一）陶瓷砖的基础知识

1. 陶瓷砖的类型

陶瓷砖按材质主要分为五种类型：瓷质砖，吸水率≤0.5%；炻瓷砖，0.5%＜吸水率≤3%；细炻砖，3%＜吸水率≤6%；炻质砖，6%＜吸水率≤10%；陶质砖，吸水率＞10%。

2. 陶瓷砖的表面装饰

烧结的陶瓷制品表面粗糙无光，妨碍美观及力学性能，易污染和吸湿，不符合建筑装饰要求，故陶瓷砖表面时常涂玻璃质层——釉（釉面砖）。

坯体表面施釉，经高温焙烧后，釉与坯体表面发生反应，在坯体表面形成一层玻璃质，光泽和透明度如玻璃一般，使坯体表面变得平整、光滑、不吸水、不透气，提高艺术性和强度，进而对图案画面起透视和保护的作用，并防止彩料中有毒元素溶出，扩大其应用范围。釉的原料包括天然原料和人造化工原料两类。天然原料和坯体原料基本一样，但要求化学成分更纯，杂质含量更少，以保证制品的强度、光泽、颜色、热稳定性等；化工原料作为溶剂、乳浊剂使用，陶瓷着色剂加入到不同基础釉料中可制成各种花色的釉面砖。

（二）陶瓷砖的品种

1. 釉面内墙砖

釉面内墙砖又称釉面砖、瓷砖、瓷片、釉面陶土砖。釉面内墙砖是以难熔黏土为主要原料，再加入非可塑性掺料和助熔剂一同研磨成浆，经榨泥、烘干成为含有水分的坯料，用机器压制成薄片，然后经过烘干素烧、施釉等工序制成。釉面内墙砖是精陶制品，吸水率较高，一般大于10%的（不超过21%）属于陶质砖。

釉面内墙砖正面施有釉，背面呈凹凸状，釉面有白色、彩色、花色、结晶、珠光、斑纹等品种。釉面内墙砖的性能见表1–1。

表1–1　釉面内墙砖的性能

性质	内　容
分类	按形状分为通用砖（正方形、长方形）和异型配件砖两大类
质量等级	分为优等品、合格品
特性	（1）优点：仿真性强，花色品种多，表面色泽柔和，平滑、光亮，装饰效果好。防火、防潮、热稳定性好，耐酸、耐碱、耐腐蚀，坚固耐用，易清洁 （2）缺点：精陶制品吸水率较大，内部多孔，强度不高；在室外应用时釉层可能发生开裂、剥落甚至破损，因此不宜用于室外和地面装饰
应用	主要用作厨房、浴室、卫生间、实验室、医院等室内墙面、台面等饰面装饰
规格	厚度为5～7 mm，形状为正方形和长方形，常见尺寸为152 mm×152 mm、200 mm×200 mm、200 mm×250 m、200 mm×300 mm、350 mm×400 mm等。 各种“腰带”面砖装饰华丽、美观。常见尺寸为60 mm×200 mm、80 mm×300 mm等
物理性能	吸水率为10%～21%，弯曲强度平均大于16 MPa。稳定性：140℃至常温剧变3次不开裂；布氏硬度：85度

2. 墙地砖

墙地砖以优质陶土为原料，再加入其他材料配成主料，经半干并通过机器压制成形后于1 100℃左右焙烧而成。墙地砖一般指建筑物外墙贴面用砖和室内外地面用砖，由于这类砖通常可以墙地两用，故称为墙地砖。墙地砖吸水率较低，不超过10%。墙地砖背面呈凹凸状，以增加其与水泥砂浆的黏结力。

墙地砖的表面经配料和工艺设计可制成很多品种，如平面、毛面、磨光面、抛光面、花纹面、仿石面、压花浮雕面、无光釉面、金属光泽面、防滑面、耐磨面。

（1）分类

①按表面装饰分为无釉墙地砖和有釉墙地砖（又名彩釉砖）两类。

②按材质分为炻质砖、细炻砖、炻瓷砖、瓷质砖四类。

③按用途分为外墙砖、室内地面砖、广场砖、花园砖、防滑踏步砖等。

（2）质量等级

墙地砖的质量等级分为优等品和合格品。

（3）品种

①广场地砖，是一种仿石地砖，仿天然石材纹理表面，防滑、耐磨，吸水率低于3%，强度高，抗冻性强，是室外地面装饰材料佳选。

广场地砖形状分为正方形、梯形、扇形和转角形，色彩丰富，可灵活拼贴和设计成不同图案，具有开阔视野、延伸空间的装饰效果。其常见规格尺寸为100 mm × 60 mm、100 mm × 100 mm、150 mm × 150 mm、200 mm × 200 mm、250 mm × 250 mm、300 mm × 300 mm等，厚度为15 ~ 18 mm。

②陶瓷锦砖，又名马赛克，是指由边长不大于40 mm，各种色彩和形状的小块砖镶拼成花色图案的陶瓷制品。

陶瓷锦砖是以优质瓷土烧制而成，表面大都不饰釉。陶瓷锦砖的形状有正方形、长方形、对角形、斜长条形、六角形、半八角形、长条对角形等多种，厚度一般为5 mm，出厂前均已按各种设计图案反贴于牛皮纸上称为一联，故俗称纸皮砖。由于陶瓷锦砖吸水率低，可用于室内外的墙地面饰面。陶瓷锦砖的性能见表1–2。

表1–2　陶瓷锦砖的性能

性　质	内　容
分类	无釉陶瓷锦砖；吸水率不大于0.2%，属于瓷质砖。有釉陶瓷锦砖：吸水率不大于1%．属于炻瓷砖
等级	陶瓷锦砖的质量等级分为一级品、二级品
特性	质地坚硬、吸水率低．强度高，耐磨、耐腐、耐水、抗火、抗冻，形状色彩多，可按设计拼图，具有独特的装饰效果
用途	内外墙面，室内地面、花园小径以及游泳池、壁画等装饰

③劈裂砖，是将一定配比的原料经粉碎、炼泥、真空挤压成形、干燥、高温烧结而成。劈裂砖的性能见表1–3。

表1-3 劈裂砖的性能

性 质	内 容
分类	由于成形时为双砖背联坯体，烧成后再劈离成两块砖，故又称劈离砖，也属于墙地砖
特性	（1）色彩丰富，具有自然断口，质感强，装饰效果好 （2）强度高，吸水率低（不大于6%），防腐．耐水，耐急冷急热，耐酸，耐碱，防滑，抗冻
用途	外墙面，楼、堂、馆、所、车站、餐厅等室内地面，广场、停车场、人行道地面以及浴室、池岸的饰面材料

④玻化砖，是一种无釉瓷质墙地砖，砖面有仿花岗石、仿大理石纹理和颜色，并有抛光和无光之分。玻化砖采用精致磨光工艺，其表面光泽、耐磨性、质感均可与天然品媲美，其特点为色泽绚丽、古朴大方、效果逼真，既雅典，又坚韧，由于其硬度高，抗冻性好，吸水率几乎等于零，可广泛用于各类建筑的室内外地面、墙面的装饰。玻化砖规格尺寸较大，常用的有500 mm × 500 mm、600 mm × 600 mm、800 mm × 800 mm。

四、玻璃制品

（一）玻璃制品的基础知识

玻璃是以石英砂、纯碱、石灰石等为主要原料，并加入助熔剂、脱色剂、着色剂、乳浊剂等辅助原料，经加热熔融、成形、冷却处理而成的一种硅酸盐材料。如加入金属氧化物或进行特殊处理，可制出具有不同性能的特种玻璃。玻璃是一种高密度材料，几乎无空隙，也是一种脆性材料。现代建筑的玻璃向控制光线、调节能量、降低噪声、改善室内外环境等多功能方向发展，已不仅是单一的采光功能。

玻璃有较复杂的化学组成，用不同配料和生产工艺制成的玻璃，成分不同，性能和应用范围也不同。玻璃的抗压强度为600 ~ 1 600 MPa，而抗拉强度仅为40 ~ 120 MPa，在冲击荷载的作用下易破碎，是典型的脆性材料。玻璃表观密度大，为2 450 ~ 2 550 kg/m^3。玻璃的热稳定性不好，遇沸水易炸裂；化学稳定性较好，耐酸性强，能抵抗除氢氟酸以外的多种酸类侵蚀，但能被碱性和金属碳酸盐溶蚀。玻璃长期受水作用，会水解而生成碱和硅酸，这种现象被称为玻璃的风化。伴随风化程度的加深，生成的硅酸被玻璃表面所附着，形成薄膜，能够阻止玻璃表面继续风化。

玻璃的光学性能极好，它不仅能通透光线，而且还能反射和吸收光线。玻璃吸收光线的能力随其化学组成、颜色而异，通常是无色玻璃可透过各种颜色的光线吸收红外线和紫外线，而同色光线能透过各种颜色玻璃吸收其他颜色光线。

（二）玻璃的作用

玻璃的作用见表1–4。

表1–4　玻璃的作用

类　别	作　用
各种门、窗玻璃	采光
各类室内玻璃隔墙、隔断	围护、分隔空间
外墙有色玻璃、镀膜玻璃等	控制光线
镜面玻璃	反射
夹层玻璃、中空玻璃、钢化玻璃	保温、隔热、隔声、安全
经着色、刻花等工艺处理，可制成玻璃屏风、玻璃花饰、玻璃雕塑品等，使玻璃成为良好的艺术装饰材料	艺术效果

（三）玻璃的质量

1. 透光度

在光线透过时，玻璃表面要发生光线的反射现象，玻璃内部吸收光线，使得透过光线的强度降低。建筑物的主要使用品种是窗用平板玻璃，具有一定的透光度和外观质量。窗用平板玻璃的透光度要求为80%～90%。

2. 外观质量

由于生产工艺不同，玻璃会产生不同的外观缺陷而影响其使用效果。

（1）波筋

波筋又称水线，是玻璃极易出现，也是严重的缺陷，其会使光线透过玻璃时产生不同的折射，造成光学畸变。光学畸变的表现，是当人们用肉眼与玻璃形成一定角度进行观察时，看到玻璃面上有一条条波浪似的条纹，用带有这种缺陷的玻璃观察物像时，所看到的物像则发生变形、扭曲，而看到运动着的物体时会产生跳动感。玻璃光学畸变现象如图1–1所示。

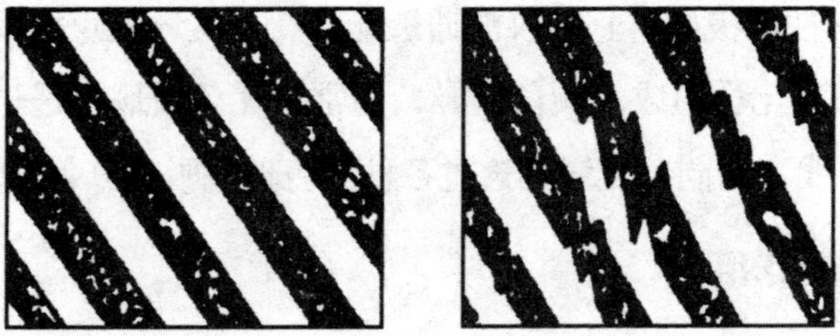

(a)　　　　(b)

图1-1　玻璃光学畸变现象

（a）浮法玻璃；（b）垂直引上法玻璃

（2）气泡

生产玻璃时，材料中含有气体，成形时会形成气泡。气泡直接影响玻璃的透光度，使玻璃的机械强度降低，并产生视觉物像变形。

（3）线道

玻璃板出现的很细很亮且连续不断的条纹，像线一样，会对玻璃外观造成影响。

（4）砂粒

玻璃中突出的异物，影响玻璃的光学性能。

（四）普通建筑玻璃

普通建筑玻璃分为普通平板玻璃和装饰平板玻璃。

1. 普通平板玻璃

普通平板玻璃透光透视性能良好，透光率达到85%左右，紫外线透过率较低，隔声，保温性能低，有一定机械强度，为脆性材料。

房屋建筑工程主要应用普通平板玻璃，部分经加工处理制成钢化、夹层、镀膜、中空等玻璃，少量用于工艺玻璃。通常建筑采光用3 ~ 5 mm厚的普通平板玻璃；玻璃幕墙、栏板、采光屋面、商店橱窗或柜台等采用5 ~ 6 mm厚的钢化玻璃；公共建筑的大门则用12 mm厚的钢化玻璃。

玻璃属易碎品，所以通常用木箱或集装箱包装。平板玻璃在储存、装卸和运输时，必须盖朝上、垂直立放，并需注意防潮、防水。

2. 装饰平板玻璃

装饰平板玻璃包括磨砂玻璃、彩色玻璃、花纹玻璃、印刷玻璃、冰花玻璃、镭射玻璃等。装饰平板玻璃的性能见表1-5。

表1-5 装饰平板玻璃的性能

名 称	性 质	内 容
磨砂玻璃	品种	是指经研磨、喷砂或氧氟酸溶蚀等加工，使表面（单面或双面）成为均匀粗糙的平板玻璃。用硅砂、金刚砂、石榴石粉等做研磨材料，加水研磨制成的，称为磨砂玻璃；用压缩空气将细砂喷射到玻璃表面制成的，称为喷砂玻璃；用酸溶蚀的，称为酸蚀玻璃
	特性	由于磨砂玻璃表面粗糙，使透过光线产生漫射，造成透光不透视，使室内光线不眩目、不刺眼。磨砂玻璃也可制成各种图案
	用途	用于建筑物的卫生间、浴室、办公室等的门窗及隔断，也可用作黑板及灯罩、灯箱等
彩色玻璃	品种	又叫有色玻璃或饰面玻璃，分透明和不透明两种
	特性	透明的彩色玻璃是在玻璃原料中加入一定的金属氧化物，按平板玻璃的生产工艺进行加工生产而成；不透明的彩色玻璃是用4～6 mm厚的平板玻璃按照要求的规格尺寸切割而成形，然后经过喷洗、喷釉、烘烤、退火而形成
	用途	用于门窗内外墙面屏风、隔断，与金属拼成各种花纹图案
花纹玻璃	品种	分压花、雕花、热熔立体玻璃几大类。压花玻璃有一般压花玻璃、真空镀膜压花玻璃、彩色膜压花玻璃等
	特性	压花玻璃是将熔融的玻璃液在冷却过程中，通过带图案的花纹辊轴连续对辊压延而成，可一面压花，也可两面压花，又称花纹玻璃或滚花玻璃。在压花玻璃有花纹的一面，用气溶胶对表面进行喷涂处理，玻璃可呈现浅黄色、浅蓝色、橄榄色等。经过喷涂处理的压花玻璃立体感强，且可提高50%～70%的强度。压花玻璃的一个表面或两个表面压出深浅不同的各种花纹图案后，由于其表面高低不平，当光线通过玻璃时产生漫射，因而具有透光不透视的特点，造成从玻璃的一面看另一面物体时，物像显得模糊不清。压花玻璃因表面有各种图案花纹，所以有良好的装饰艺术效果
真空镀膜压花玻璃	特性	给人一种素雅、美观、清新的感觉，花纹立体感强，图案丰富。透光不透视，并具有一定的反光性能，装饰效果好，是一种良好的室内装饰材料
	用途	可用于门窗、屏风、隔断等装饰
印刷玻璃	用途	有特殊装饰效果，用于门、窗、隔断、吊顶和屏风等处
冰花玻璃	特性	透光不透视，具有各种色彩
	用途	用于门、窗、屏风等处
镭射玻璃	类型	是以玻璃为基材的新一代建筑装饰材料。其特征在于经特种工艺处理，玻璃背面出现全息或其他光栅。在阳光、月光、灯光等光源照射下形成物理衍射光。颜色有银白色、蓝色、灰色、紫色、黑色、红色等多种。按其结构有单层和夹层之分。如半透半反单层（5 mm）、半透半反夹层［（5+5）mm］、钢化半透半反图案夹层地砖［（8+5）mm］等

续表

名　称	性　质	内　容
镭射玻璃	特性	表面呈现艳丽色彩和图案．经金属反射后会出现艳丽的七色光，且同一感光点或感光面，将因光源入射角的不同而出现不同的色彩变化，使被装饰物显得华贵高雅、富丽堂皇、梦幻迷人
	用途	主要用于商场、娱乐场所的招牌、门面、地板、隔断和台面等处。曲面镭射玻璃可制成大面积夹层玻璃幕墙、住宅屋顶、灯饰装饰品等
釉面玻璃	类型	是一种饰面玻璃，它是在玻璃表面涂敷一层彩色熔性色釉。在熔炉中加热至釉料熔融，使釉层与玻璃牢固结合在一起，再经退火或钢化等不同热处理而制成的产品。玻璃基板最大规格尺寸为3.2 m× 1.2 m．玻璃厚度为5～15 mm
	特性	具有良好的化学稳定性和装饰性。可用于食品工业、化学工业、商业、公共食堂等室内饰面层，也可以用作教学、行政和交通建筑的主要房间、门厅和楼梯的饰面层，尤其适用于建筑物装门面的外饰面层
泡沫玻璃	类型	以玻璃碎屑为基料加入少量发气剂（闭气孔用炭黑，开口孔用碳酸钙）按比例混合粉磨，磨好后的粉料装入模内送入发泡炉发泡，然后脱模退火，制成一种多孔轻质玻璃制品，其孔隙可达80%～90%，气孔多为封闭型，孔径一般为0.1～5 mm
	特性	表观密度小（120～500 kg／m^3）。热导率小［0.053～0.14 W（m·K）］，吸声系数为0.3，抗拉强度0.4～8 MPa，使用温度240～420℃。不透气、不透水、抗冻、防火，可锯、钉、钻，属高级泡沫材料，可作为高级建筑物墙壁的吸声装饰材料，并可制成各种颜色

（五）安全玻璃

安全玻璃分为钢化玻璃、夹丝玻璃和夹层玻璃三类。

1．钢化玻璃

钢化玻璃又称强化玻璃，是利用化学方法或加热到一定温度后迅速冷却的方法进行特殊钢化处理的玻璃，其强度比未经钢化处理的玻璃高4～6倍。

普通平板玻璃的二次加工产品就是钢化玻璃。钢化玻璃的生产包括物理钢化法和化学钢化法。物理钢化又称淬火钢化，是将普通平板玻璃在炉内加热至接近软化点温度（约650℃），使玻璃通过本身的变形来消除内部应力，然后移出加热炉，立即用多头喷嘴向玻璃两面喷吹冷空气，使其迅速均匀地冷却，当达到室温时，便形成了高强度钢化玻璃。

（1）类型

钢化玻璃包括平面钢化玻璃和弯钢化玻璃两种。

①钢化玻璃制品有平面钢化玻璃、曲面钢化玻璃、半钢化玻璃、全钢化玻璃

等。平面钢化玻璃主要应用于建筑工程的门窗、隔墙与幕墙等；曲面钢化玻璃主要应用于汽车挡风玻璃。

②钢化玻璃包括普通钢化玻璃、钢化吸热玻璃、磨光钢化玻璃等品种。国外钢化玻璃的规格正向大尺寸发展，美国最大规格尺寸为2 400 mm × 3 500 mm，日本为800 mm × 2 100 mm，而有的国家已生产出2 500 mm × 3 500 mm以上的钢化玻璃，应用于橱窗玻璃、玻璃门和抗震要求、耐温度骤变的采光工程。

（2）特点

①机械强度高，抗冲击性较好，安全性能好，当玻璃破碎时，碎裂成圆钝的小碎块，不易伤人。

②热稳定性好，具有抗弯及耐急冷急热的性能，其最高安全工作温度可达到287.78℃。

③钢化玻璃处理后不能进行切割、钻孔、磨削，边角不能碰击扳压，选用时需按实际规格尺寸或设计要求进行机械加工定制。

（3）用途

钢化玻璃，在汽车、火车、船舶、建筑门窗、幕墙、隔墙、栏板、橱窗、玻璃门、采光屋面以及人流量大、易撞击的场所广泛应用。钢化玻璃还可以制成吸热钢化玻璃、中空钢化玻璃、热反射钢化玻璃及炉门、观察孔、弧光灯、加热器等。

2. 夹丝玻璃

夹丝玻璃是安全玻璃的一种，是将预先纺织好的钢丝网压入经软化后的红热玻璃中制成。钢丝网在夹丝玻璃中有增强作用，使其抗折强度和耐温度剧变性都比普通玻璃高。破碎时即使有许多裂缝，但其碎片也能附着在钢丝网上，不至于飞溅而伤人。

（1）品种。根据国家行业标准，我国生产的夹丝玻璃产品分为夹丝压花玻璃和夹丝磨光玻璃两类。产品按厚度分为6 mm、7 mm、10 mm三种。产品按质量等级分为优等品、一等品和合格品三个等级。产品规格尺寸通常不小于600 mm × 400 mm，不大于2 000 mm × 1 200 mm。

（2）特点。夹丝玻璃的特点是安全、抗折强度高，热稳定性好。

（3）用途。夹丝玻璃在各类建筑的阳台、走廊、防火门、楼梯间、天窗、采光屋面等位置得到应用。

3. 夹层玻璃

夹层玻璃是在两片或多片平板玻璃之间嵌入透明塑料薄胶片（赛璐珞片、PVB膜或其他材料），经热压黏合形成的平面或曲面的复合玻璃，可用作防弹玻璃，是一种安全玻璃。

玻璃原片可采用普通平板玻璃、浮法玻璃、钢化玻璃、彩色玻璃、吸热玻璃、热反射玻璃等。多用的塑料胶片为聚乙烯醇缩丁醛或赛璐珞。聚乙烯醇缩丁醛具有防水和抗日光的作用，故常用于高层建筑门窗等；赛璐珞易因潮湿被破坏，在长期日光作用下逐渐发黄而使透明度降低，故这种玻璃常在一般场所使用。夹层玻璃的层数有3层、5层、7层，最多可达9层。

（六）特种玻璃

1. 中空玻璃

（1）分类。中空玻璃按原片性能分为普通中空玻璃、吸热中空玻璃、钢化中空玻璃、夹层中空玻璃、热反射中空玻璃等。中空玻璃是由两片或多片平板玻璃沿周边隔开，采用高强度胶粘剂与密封条黏结密封而成，干燥空气或稀有气体填充玻璃之间。

中空玻璃还可以由各种不同颜色或镀以不同性能的薄膜制成，整体拼装构件是在工厂完成的，有时在框底也可以放上钢化、压花、吸热、热反射玻璃等，颜色有无色、茶色、蓝色、灰色、紫色、金色、银色等多种。中空玻璃的玻璃与玻璃之间留有一定的空腔，故具有良好的保温、隔热、隔声等性能。若在空腔中填充以各种能漫射光线的材料或介质，则会有更好的声控、光控、隔热等效果。

（2）特性。中空玻璃光学性质和原片有关，所以可以按要求选用。中空玻璃有良好的保温绝热性能，隔声性能好，通常可使噪声下降30～40 dB、交通噪声下降31～33 dB达到安静程度，防结露性能好。中空玻璃不能切割，需要按要求定制。

（3）用途。中空玻璃用于房屋的门窗、车船的门窗、建筑幕墙以及需要采暖保温、防止噪声、防止结露的建筑物上。中空玻璃构造如图1–2所示。

2. 吸热玻璃

（1）分类。吸热玻璃按成分分为三种类型：硅酸盐吸热玻璃、磷酸盐吸热玻璃、光致变色的吸热玻璃。颜色有灰色、茶色、蓝色、绿色、古铜色、粉红色、金色、棕色等。

窗户作为室内外环境的屏障，不仅在采光、保温、隔声、创造舒适居住环境方面起着重要作用，而且其热工性能直接关系到建筑物的造价和能耗，因此应正确地选用吸热玻璃，以充分利用窗户的综合效益。

吸热玻璃的生产是将具有着色作用的氧化物加入普通钠钙硅酸盐玻璃中，如氧化铁、氧化镍、氧化钴以及硒等，使玻璃带色并具有较高的吸热性能，也可喷涂氧化锡、氧化锑、氧化钴等有色氧化物薄膜在玻璃表面而制成。

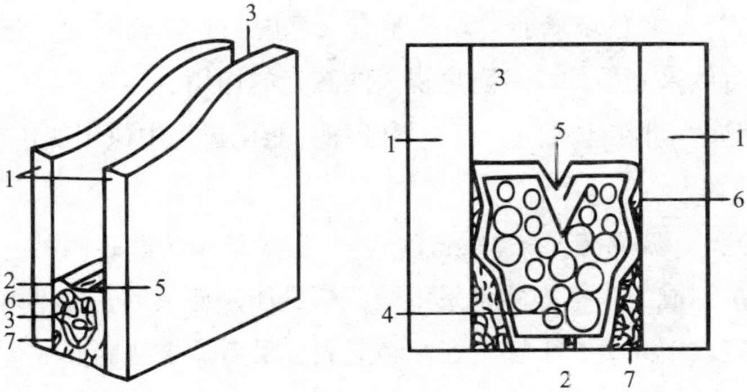

(a)中空玻璃剖面图　　(b)中空玻璃横截面

1-玻璃原片；2-空心铝隔框；3-干燥空气；4-干燥剂；5-缝隙；6-黏结剂；7-黏结

图1-2　中空玻璃构造示意图

（2）特性。吸热玻璃大量吸收波长大于0.7 μm的红外线，也就是吸收太阳光中大量的辐射热，同时保持了良好的透视性；吸收太阳光中紫外线，减轻紫外线对人体和物体的损害；吸收太阳光中部分可见光，使室内光线变得柔和，减少眩光。

（3）用途。吸热玻璃按照需要深加工可制成吸热中空玻璃、吸热夹层玻璃等，用于门、窗、隔断装饰和幕墙等处。

3. 热反射玻璃

（1）类型。热反射玻璃有较好的热反射能力，还能保持平板玻璃良好的透光性能，又称镀膜玻璃或镜面玻璃。

（2）特性。热反射玻璃色彩丰富，装饰性好，能过滤紫外线，和大量反射红外线，遮阳，使室内光线柔和，隔热性能良好，热透射率低，又具有单向透视特点，迎光面具有镜子效能，白天在玻璃前，映衬出周围景色的图画，却看不到室内的景物，对内部起到遮蔽及帷幕作用。

（3）用途。热反射玻璃主要在建筑门、窗、幕墙及制作热反射中空玻璃、热反射夹层玻璃、车船玻璃及艺术装饰中应用。

4. 变色玻璃

（1）分类。变色玻璃分为光致变色玻璃和电致变色玻璃两大类。在玻璃中加入氯化银，或在玻璃与有机夹层中加入钼和钨的感光化合物，便能获得光致变色玻璃。光致变色玻璃经受太阳光或其他光线照射，颜色随光线的增强而变暗，当照射停止又恢复原来的颜色。

（2）特性。变色玻璃能自动控制进入室内的太阳辐射能，进而降低能耗，改善室内的自然采光条件，有防窥视、防眩光的作用。

（3）用途。可在建筑门、窗、隔断和智能化建筑中应用变色玻璃。

5. 玻璃砖

（1）分类。玻璃砖又称特厚玻璃，分空心砖和实心砖两种。实心砖是采用机械压制方法制成的。空心砖是采用箱式模具压制而成的，即两块玻璃加热熔接成整体空心砖，中间填充干燥空气，经退火，最后涂饰侧面而成。

空心砖有单孔和双孔两种。按性能分：在内侧做成各种花纹，给予它特殊的采光性，使外来的光散射或按一定方向折射；按形状分：有正方形、矩形以及各种形状的产品；按规格尺寸分为115 mm、145 mm、240 mm、300 mm等规格；按颜色分：使玻璃本身着色或将透明着色材料涂饰在内侧等产品。

（2）特点。玻璃砖具有保温绝热、不结露、防水、不燃、耐磨、透光不透视、化学稳定性好、装饰性好等特点。

（3）用途。玻璃砖用于商场、娱乐场所、展厅及建筑物的非承重外墙、内墙、隔墙及顶棚、地面、门面等装饰。使用时不得切割，也不能用作承重墙。

五、塑料制品

（一）塑料制品的性质

1. 质量较轻

塑料的密度在0.9 ~ 2.2 g/cm^3，平均约为钢的1/5、铝的1/2、混凝土的1/3，接近木材。故将塑料用于建筑工程，不仅减轻施工强度，而且降低了建筑物的自重。

2. 导热性低

密实塑料的热导率通常为0.12 ~ 0.8 W/（m·K），为金属的1/600 ~ 1/500。泡

沫塑料的热导率只有0.02～0.046 W/（m·K），为金属材料的1/1 500、混凝土的1/40、砖的1/20，是比较理想的绝热材料。

3. 比强度高

塑料及其制品轻质高强，其强度与表观密度之比（比强度）远远超过混凝土，接近、甚至超过钢材，是一种良好的轻质高强材料。

4. 化学稳定性良好

塑料在对一般的酸、碱、盐、油脂及蒸汽的作用下有较高的化学稳定性。

5. 电绝缘性好

塑料是良好的电绝缘体，与橡胶、陶瓷不相上下。

6. 多功能性

塑料的品种多，功能各有不同。某种塑料的性能可通过改变配方后，而发生变化，即使同一制品也可具有多种功能。如塑料地板不仅具有较好的装饰性，而且还有一定的弹性、耐污性和隔声性能。

7. 装饰性优异

塑料表面能着色，可制成颜色鲜艳、线条清晰、光泽明亮的图案，不仅能获得大理石、花岗石和木材表面的装饰效果，而且还可通过电镀、热压、烫金等方法制成各种图案和花纹，使其表面具有立体感和金属感。

8. 经济性好

建筑塑料制品的价格一般都较高，如塑料门窗的价格与铝合金门窗的价格相当，但因它的节能效果高于铝合金门窗，故不论从使用效果，还是从经济方面相比较，均好于铝合金门窗。在安装和使用建筑塑料制品过程中，施工和维修保养费用也较低。

除上述优点外，塑料还具有加工性能好，对建筑工业化有利等特点。但塑料自身仍存在着一些缺陷，如易燃、易老化、耐热性较差、弹性模量低、刚度差等弱点。

（二）塑料制品的品种

1. 塑料地板

（1）分类

①按材质分类。按材质分类可分为聚氯乙烯树脂（PVC）塑料地板、聚乙

烯、醋酸乙烯（即氯醋共聚树脂）塑料地板、聚丙烯树脂塑料地板、氯化聚乙烯树脂塑料地板。

②按外形分类。按外形分类可分为块状塑料地板、卷材地板。带基材的聚氯乙烯卷材地板质量等级划分为优等品、一等品、合格品三种。

聚氯乙烯卷材地板是以聚氯乙烯树脂为主原料，加入适当助剂，在片状连续基材上，采用涂敷工艺生产而成的，包括带基材的发泡聚氯乙烯卷材地板和带基材的致密聚氯乙烯卷材地板两种，其宽度为1 800 mm、2 000 mm，每卷长度20 m、30 m，厚度为1.5 mm、2 mm。聚氯乙烯卷材地板适用于铺设客厅、卧室地面。卷材地板所需面积按铺设面积乘以1.10计算，若卷材地板的宽度正好是房间的净宽，则可考虑2%的损耗。

聚氯乙烯块状地板是以聚氯乙烯及其共聚树脂为主原料，加入填充料、增塑剂、稳定剂、着色剂等辅料，经压延、挤出或挤压工艺制作而成，分单层和同质复合两种，其规格尺寸为300 mm × 300 mm，厚度为1.5 mm，每块地板面积为0.09 m^2，块状地板损耗率为2%。聚氯乙烯块状地板主要适用于铺设办公室、走道等地面。

③按功能分类。可分为弹性地板、抗静电地板、导电地板、体育场地的塑胶地板等几种。

（2）特性

①轻质、耐磨、防滑、可自熄。

②回弹性好，柔软度适度，脚感舒适，耐水，易于清洁。

③规格多，造价低，施工简便。

④花色种类多，装饰性能好。可采用彩色照相制版印刷出各种色彩丰富的图案。

（3）选用

塑料地板首先要根据建筑物的等级和使用功能选用，对国家或省、市级的重要建筑，可选档次较高、经久耐用的硬质或半硬质的多层复合地板；一般建筑和住宅，可选半硬质或软质的卷材地板。塑料地板的颜色、图案都要与建筑物的整体设计效果和性质相结合。

2. 塑料门窗

（1）性能与特点。为增强塑料门窗的刚性强度，一般在塑料型材的空腔内增加钢材（加强筋）形成塑钢窗、塑钢门，其特点为绝热保温性能好、气密性好、水密性好、隔声性好、防腐性好、绝缘性好、外表美观易保养、防虫蛀。PVC塑料门窗属阻燃材料，长期使用会老化，但是由于配方的改进，其耐候性有明显提高，使用期限可达50年以上。

（2）塑料窗的特点。

①耐水和耐腐蚀。塑料窗可以应用于多雨湿热地区、地下建筑和具有腐蚀性气体的工业建筑。

②隔热性能好。PVC本身的热导率与木材相似，PVC整窗的隔热性好于钢、木窗。由于窗散失的热量占建筑全部散失热量的30%左右，因此改善窗的隔热性利于节省能源。

③气密性和水密性好。PVC窗异型材在设计时先考虑到气密和水密的要求，在窗扇和窗框之间有密封条，所以密封性能好。在内外压差为300 Pa，雨水量为2 L/（min·m^2）的条件下，10 min不进水。在风速为40 km/h时，用ASTM-283标准的方法测定，空气泄漏量仅为0.283 m^3/min。

④隔声性好。按隔声性能试验（DIN4109），隔声达30 dB，普通窗的隔声只有25 dB。

⑤装饰性好。PVC窗可以着色，目前较多是白色。PVC窗的造型新颖大方，线条清晰挺拔，外表平整美观，对建筑物有美化装饰作用。最近已研制成功用双色共挤出工艺生产具有多种色彩变化的塑料窗。窗的室外一侧为彩色的聚丙烯层，而室内一侧则为白色的PVC层，从而解决了装饰与耐老化要求之间的矛盾。另外，国内通过技术引进，开发了表面进行木纹压印装饰的PVC窗。

⑥保养方便。PVC窗不锈不蚀，不需要经常涂装保养，其表面光滑，清理方便。

⑦价格合理。目前国内PVC窗价格高于钢窗、木窗，与铝合金窗相当，而在国外某些国家如德国，PVC窗已接近或低于木窗的价格。从发展的趋势来看，PVC窗的价格与钢、木窗的价格会逐渐接近，成为有较强竞争力的产品。

⑧耐老化。塑料老化是人们普遍关心的问题。PVC窗的耐老化性相当好。在德国塑料窗已使用30余年，除光泽稍有变化外，性能无明显变化，可使用50年以上。

⑨节约能源。由于塑料窗密闭性好，节约能源效果显著，所以自20世纪60年

代开始在西欧国家得到普遍使用，生产量和使用量增长很快，目前已占全部窗的40%以上。我国在90年代也开始大力推广塑料窗使用，特别是住宅建筑更是广泛应用。

（3）塑料窗的类型。硬质PVC窗是塑料窗的主要类型，其用硬质PVC制成窗框，窗玻璃厚度一般为5～6 mm。PVC树脂价格低，具有自熄性、耐候性好、隔热性优良、轻质量的特点，是制造窗的优质材料。

（4）塑料窗的开启方式。塑料窗有固定窗、平开窗、旋转窗（也称翻转窗）、推拉窗、百叶窗等几种。

（5）塑料门的类型。塑料门与塑料窗都具有很多优点，如装饰性能好、保养简单、耐水耐腐蚀性好。塑料门的主要类型有以下几种：

①镶板门。门扇由带企口槽（燕尾槽）的中空薄壁型材镶嵌制成，四周包上边框。门框用塑料多孔异型材拼成。

②框板门。门的结构与窗基本相似。门扇由门扇框和门芯板构成。门扇框与窗扇框相近，但型材的断面较大。门芯板用玻璃制成玻璃门，也可用中空薄壁异型材拼成。门芯板的固定方法基本与窗玻璃安装相似。框板门的刚性好，可具有较好的水密性和气密性较好，故可以作为外门。

③折叠门。折叠门的结构简单，用硬PVC异型材拼装制成。它有多种形式，如双折门、多折门。这种门灵活轻巧，用料省，价格低，开启时占地较少。

（6）塑料门的开启方式。塑料门有平开门、推拉门、弹簧门等几种。

3. 塑料贴面装饰板

塑料贴面装饰板又称三聚氰胺树脂装饰板，简称防火板，属热固型层压装饰贴面材料。

（1）特性。塑料贴面装饰板是应用于贴面的硬质薄板，其特点是耐磨、耐热、耐寒、耐溶剂、耐污染、耐腐蚀、抗静电等。板面光滑、洁净，印有仿真性的各种花纹图案，色调丰富多彩。有高光和亚光之分，质地坚固，表面硬度大，易清洁，使用期限长，装饰效果好。是防火装饰贴面材料中比较好的选择。

（2）用途。塑料贴面装饰板可用胶粘剂贴于木材面、木墙裙、木格栅、木造型体等木质基层表面，以及各种橱柜、家具表面、柱子、吊顶等部位的饰面，可以粘贴在各种人造木质板材表面，都能获得理想的装饰效果，为中、高档饰面材料。

4. 聚氯乙烯装饰板（PVC装饰板）

聚氯乙烯装饰板有软、硬两种产品。

（1）特性。聚氯乙烯装饰板具有质量轻、表面立体感强、安装简便、防腐、易清洗等特点。

（2）用途。

①硬质PVC板用于卫生间、浴室、厨房吊顶，内墙罩面板、护墙板。

②外墙装饰采用不透明波形板。

③透明平板波形板适用于采光顶棚、采光屋面、高速公路隔声墙、室内隔断、防震玻璃、广告牌、灯箱、橱窗等。

④软质PVC板应用于建筑物内墙面、吊顶、家具台面的装饰和铺设。

5. 波音装饰软片

波音装饰软片是以云母、珍珠粉及PVC为主原料，经特殊精制加工而成的装饰材料。

（1）特性。

①色彩丰富鲜艳、经久耐用、不易褪色。

②弯曲性能好，可经受各种弯曲。

③耐冲击性好，为木材的40倍，耐磨性优良。

④耐湿性好，在20%～70%湿度内，尺寸稳定性极佳。

⑤抗酸碱、耐腐蚀性能好，具有耐一般稀释剂、化学药品腐蚀的性能。

⑥耐污性好，且具有良好的阻燃性能。

（2）用途。波音装饰软片用于各种壁材、石膏板、人造板、金属板等基材上的粘贴装饰。

6. 聚乙烯塑料装饰板（PE塑料装饰板）

这种装饰板是以聚乙烯树脂为基料，加入其他材料加工定型而成的装饰板材。

（1）特性。聚乙烯塑料装饰板具有表面光滑、高雅华丽、绝缘、隔声、防水、阻燃、耐腐蚀等特点。

（2）用途。聚乙烯塑料装饰板适用于家庭、宾馆、会议室及商店等建筑物的墙面装饰。

7. 有机玻璃板

有机玻璃板简称为有机玻璃，是热塑性塑料的一种，具有极好透光度，分为有色和无色透明板。

（1）特性。有机玻璃板透光率较好，机械强度高，耐热性、耐寒性及耐气候性较好，耐腐蚀及绝缘性能好，在一定条件下尺寸稳定，易加工成形。

（2）缺点。质地较脆，易溶于有机溶剂。

（3）用途。属于室内高级装饰材料，常用于门窗、玻璃指示灯罩及装饰灯罩、隔板、隔断、吸顶灯具、采光罩、淋浴房、亚克力浴缸等。

8. 玻璃卡普隆板

玻璃卡普隆板分为中空板（蜂窝板）、实心板和波纹板三大系列。

（1）特性。质量轻，透光性好（透光率达到88%），属良好采光材料，安全性、耐候性、弯曲性能好，可热弯、冷弯，抗紫外线，安装方便，阻燃性好，不会产生有毒气体。中空板有保温绝热消声的作用。

（2）用途。玻璃卡普隆板应用于办公楼、商场、娱乐中心及大型公共设施的采光顶，车站、停车站、凉亭等雨篷，也用作飞机场、工厂的安全采光材料，室内游泳池、农业养殖业的天幕、隔断、淋浴房、广告牌等。

9. 千思板

千思板是环保绿色板材，由热固性树脂与植物纤维结合而成，面层由特殊树脂经EBC双电子束曲线加工而成。

（1）特性。千思板抗冲击性极高，易清洁，防潮湿，稳定性和耐用性可与硬木相媲美，抗紫外线，阻燃，耐化学腐蚀性好，装饰效果好，加工安装简便，使用寿命长，符合环保要求。

（2）品种及应用。

①千思板M（外用型），特别适用于室外装修，大楼外墙、广告牌、阳台栏板等。

②千思板A（内用型），表面粘贴三聚氰胺树脂装饰板层，分石英表面和水晶亚光表面两种，特别适用于人行通道、电梯厅、电话间等建筑部位，以及家具桌面、橱柜面板、接待柜台等处，也可应用于盥洗间洗脸盆面板、隔断及其他湿度较大处。

③千思板T，具有防静电特点，适用于计算机房内墙装修，各种化学、物理

及生物实验室、墙面板、台板等对板材要求很高的场所。

10. 壁纸

壁纸是现代室内装饰材料的重要组成部分，除具有美化装饰功能以外，还有遮盖、吸声、隔热、防霉、防臭、防火等多种功能。

通常壁纸都是由两层复合而成的，底层为基层，表层为面层。按基层材料分为全塑的、纸基的、布基的（包括玻璃布和无纺布）；按面层材料分为有聚乙烯、聚氯乙烯和纸面的。

（1）塑料壁纸（墙纸）。塑料壁纸是以一定材料为基材，进行表面涂塑后，再经印花、压花或发泡处理等多种工艺处理而制成的一种饰面装饰材料。

塑料壁纸有非发泡塑料壁纸、发泡塑料壁纸、特种塑料壁纸（如耐水塑料壁纸、防霉塑料壁纸、防火塑料壁纸、防结露塑料壁纸、芳香塑料壁纸、彩砂塑料壁纸、屏蔽塑料壁纸）等种类。

塑料壁纸质量等级可分为优等品、一等品和合格品三个等级，且都必须符合国家关于《室内装饰装修材料壁纸中有害物质限量》强制性标准所规定的有关条款。

塑料壁纸具有以下特点：

①装饰效果好。由于壁纸表面能进行印花、压花及发泡处理，能仿造天然石材、木纹及锦缎，达到逼真的效果，并通过设计，印刷适合各种环境的花纹图案，不受限制，色彩可任意调配。

②性能优越。依据需要可加工成难燃、隔热、吸声、防霉性，且不易结露，不怕水洗，不易受机械损伤的产品。

③适合大规模生产。塑料的加工性能好，可进行工业化连续生产。

④粘贴方便。纸基的塑料壁纸，用普通801胶或白乳胶即可粘贴，且透气性好，可在尚未完全干燥的墙面粘贴，不会造成起鼓、剥落。

⑤使用寿命长，易维修保养。表面可清洗，对酸碱有较强的抵抗能力。

（2）普通壁纸。普通壁纸是以80～100 g/m^2的纸做基材，涂塑100 g/m^2左右的聚氯乙烯糊状树脂，经印花、压花制成。这种壁纸花色品种多，适用广，价格低，是民用住宅和公共建筑墙面装饰中最普遍应用的一种壁纸。普通壁纸以悬浮法聚氯乙烯树脂为原料，添加增塑剂、稳定剂、填充剂和着色剂，多用压延法生产，具有一定的表面强度和耐水性，用中性洗涤剂清洗。

①单色压花壁纸。经凸版轮转热轧花机加工，可制成仿丝绸、锦缎等多种花色。

②压花壁纸。经多套色凹版轮转印刷机印花后再轧花，可制成有各种颜色图案，并压有花纹、隐条凹凸花等双重花纹，也叫艺术装饰壁纸。

③有光印花和平光印花壁纸。前者是在抛光辊轧平的面上印花，表面光洁明亮；后者是在消光辊轧平的面上印花，表面平整柔和，以满足用户的不同要求。

（3）发泡壁纸。发泡壁纸是以100 g/m^{2}的纸做基材，涂塑300 ~ 400 g/m^{2}掺有发泡剂的PVC糊状料，印花后，再加热发泡而成。这种壁纸有高发泡印花、低发泡印花、低发泡印花压花等品种。发泡壁纸由于生产过程中的加热而使纸基发生老化现象，裱贴时也较易损坏，但由于它的质感强，施工性好，应用非常广泛，特别适宜基层比较粗糙的墙面。

高发泡印花壁纸发泡倍率大，表面呈富有弹性的凹凸花纹，是一种具有装饰、吸声多功能壁纸，多用于住房顶棚等装饰。低发泡印花壁纸是在发泡平面印有图案的品种。低发泡印花压花壁纸（化学压花）是用有不同抑制发泡作用的油墨印花后再发泡，使表面形成具有不同色彩的凹凸花纹图案，也叫化学浮雕，该品种还有仿木纹、拼花、仿瓷砖等花色，图样逼真、立体感强、装饰效果好，富有弹性，应适用于室内墙裙、客厅和内走廊的装饰。

还有一种仿砖、石面的深浮雕型壁纸，凹凸高度可达到25 mm，采用座模压制而成，只适用于室内墙面装饰。

（4）特种壁纸。特种壁纸有耐水壁纸、防火壁纸、彩色砂粒壁纸等品种。耐水壁纸是用玻璃纤维毡做基材，适用于装饰卫生间、浴室等墙面。防火壁纸用100 ~ 200 g/m^{2}的石棉纸做基材，并在PVC涂塑材料中掺阻燃剂，使壁纸具有一定的阻燃防火性能，适用于装饰防火要求较高的建筑和木板面。表面彩色砂粒壁纸是在基材上散布彩色砂粒，再喷涂黏结剂，使表面具有砂粒毛面，一般用作门厅、柱头、走廊等局部装饰。

（5）壁纸规格。壁纸的规格一般有以下三种：

①幅宽530 ~ 600 mm，长10 ~ 12 m，每卷为5 ~ 6 m^{2}的窄幅小卷。

②幅宽760 ~ 900 mm，长25 ~ 50 m，每卷为20 ~ 45 m^{2}的中幅中卷。

③幅宽920～1 200 mm，长50 m，每卷为46～60 m^2的宽幅大卷。

（6）壁布（墙布）。壁布是指基层为天然纤维布或人造纤维布，面层涂以树脂并印刷各种图案和色彩的装饰材料，有玻纤印花墙布、无纺布墙布、棉纺装饰布墙布、化纤装饰布墙布、锦缎墙布等。

11. 人造皮革

人造皮革是一种仿真羊皮的装饰装修材料，多用于建筑室内的软包工程。人造皮革具有色彩、花纹多样，仿真性强，价格低廉，装饰效果好的特点。

用人造皮革制作的软包墙面，具有柔软、消声、温暖、耐磨等优良性能和高雅华贵的装饰效果，可用于录音室、电话间、会议室、包厢等房间装饰，还可用于健身房、幼儿园等要求防止碰撞的房间墙面装饰。

六、金属制品

（一）金属龙骨

1. 轻钢龙骨

轻钢龙骨是将镀锌钢板或优质轧带板剪裁、冷弯、辊轧、冲压处理而成的，是现在常用的顶棚和隔墙的骨架材料。

轻钢龙骨是一种轻质材料，与石膏板组成吊顶，其自重约为12 kg/m^2。轻钢龙骨防火性能好，施工效率高（3～4 m^2/日），结构安全，抗冲击性好，抗震性能好，能提高隔热、隔声效果和场地的利用率。

（1）隔墙轻钢龙骨

隔墙轻钢龙骨的代号为“Q”，主要规格有C50、C75、C100、C150系列，其中C75系列以下的一般用于层高3.5 m以下的隔墙，C75系列以上的主要用于层高3.5～6.0 m的隔墙。隔墙轻钢龙骨的主件有沿地龙骨、竖向龙骨、加强龙骨、通贯龙骨及支撑卡、卡托、角托等配件。

隔墙轻钢龙骨多适用于办公楼、饭店、医院、娱乐场所、影剧院等的分隔墙和走廊隔墙等部位。在实际隔墙装饰工程中，通常多用于单层石膏板隔墙、双层石膏板隔墙、轻钢龙骨隔声墙和轻钢龙骨超高墙等。

（2）吊顶轻钢龙骨

用轻钢龙骨制作的吊顶，按其承载能力可分为不上人吊顶和上人吊顶两种。不上人吊顶只承受吊顶本身的质量，龙骨的断面尺寸通常较小；上人吊顶不但要承受吊顶本身的质量，而且要承受人员走动的质量。通常上人吊顶应承受80 ~ 100 kg/m^{2}的集中荷载，多用于空间较大的影剧院、音乐厅、会议中心或有中央空调的顶棚工程。

吊顶轻钢龙骨的代号为“D”，有U38、U50、U60系列主要规格。

轻钢龙骨吊顶材料主要适用于饭店、办公楼、娱乐场所、医院、音乐厅、会议中心、影剧院等新建或改建工程。

2. 烤漆龙骨

烤漆龙骨是最近几年发展起来的龙骨新制品，其产品新颖、颜色鲜艳、规格多样、强度较高、价格适宜，故在室内顶棚装饰中被广泛采用。烤漆龙骨是采用高张力镀锌烤漆钢板，用精密成形机器加工而制成。龙骨结构组合致密、坚固、稳定，具有不锈不变色和装饰效果好等优良性能。龙骨条的外露表面经过烤漆处理，可与顶棚板材的颜色相匹配。

烤漆龙骨为T、L型，并呈方格状外露，与装饰石膏板、矿棉板等构成500 mm × 500 mm、600 mm × 600 mm、600 mm × 1 200 mm的格子，可产生较好的整体装饰效果。拼装面板拆装可以随意，维修方便，适用于各类公共建筑的室内顶棚装饰，可达到整洁、明亮、简洁的效果。

3. 铝合金龙骨

铝合金龙骨是铝合金材料经过电氧化处理后用于室内吊顶材料，其特点是质轻、高强、防锈、美观、抗震、安装方便等。铝合金吊顶龙骨与烤漆龙骨一样为T、L型，并呈方格状外露，与装饰石膏板、矿棉板等组成500 mm × 500 mm、600 mm × 600 mm、600 mm × 1 200 mm的格子。

（二）金属装饰天花板

金属装饰天花板是铝合金薄板经冲压制形成各种形状和规格的顶棚装饰材料。铝质天花板是一种轻质高度、色泽明丽、造型美观、安装方便、耐火防潮、应用广泛的顶棚装饰材料，不仅用于公共建筑，还可在民用建筑的居室装修中广泛应用。金属装饰天花板的特性见表1–6。

表 1-6　金属装饰天花板的特性

名　称	品　种	特　性
方形铝板天花	方形铝板天花主要有600 mm × 600 mm、500 mm × 500 mm、400 mm × 400 mm、300 mm × 300 mm等四个系列规格，每个系列均有平面方板与冲孔方板，表面可采用喷涂纯聚酯粉末、PVC膜与复涂彩色涂料、辊涂树脂涂料等，板面颜色有乳白色、白色、天蓝色等。铝板厚度为0.5 ~ 1.0 mm，广泛用于写字楼、办公楼、商场、会堂、车站、机场等	①隔声、吸声效果好，坚固耐用。防火、防水、防潮 ②构图精美，板面美观，装饰性强 ③安装简单，可锯可剪，检修方便
条形铝扣板天花	条形铝扣板天花宽度主要有75 mm、100 mm、150 mm、200 mm、300 mm等，长度为6 m，表面有平板和孔板两种，主要用于走道、厨房、卫生间等	①坚固耐用。防火、防水、防潮 ②连接紧密，拼装随意，无缝隙 ③安装简单，施工、检修方便
铝格栅天花	铝格栅天花常用规格有75 mm × 75 mm、100 mm × 100 mm、125 mm × 125 mm、150 mm × 150 mm、200 mm × 200 mm等，高度为38 mm、45 mm、50 mm、60 mm、80 mm等，厚度为0.4 ~ 0.8 mm，主要用于超市、商场、展厅、歌舞厅等	①结构坚固，实用，防火 ②构造简单，安装方便，立体感强，可与其他方板或条板组合

（三）装饰不锈钢

装饰不锈钢的特性见表1-7。

表1-7　装饰不锈钢的特性

名　称	特　征	用　途
建筑装饰用不锈钢制品	不锈钢制品耐腐蚀，经不同的表面加工，形成不同的光泽度和反射性。高级抛光不锈钢表面光泽度具有与玻璃相同的反射能力	不锈钢制品可用于屋面、幕墙、门、窗、内外墙饰面、栏杆扶手、壁画、装饰画边框、护栏、不锈钢柱等
彩色钢板	在不锈钢板上进行技术性和艺术性加工，其表面形成各种绚丽多彩的不锈钢装饰板，有蓝、灰、红、黄、绿、金黄、橙、茶色等。抗腐蚀性强，强度较高，不易褪色，色泽随光照角度变化而变换。彩色面耐200℃温度，耐盐、耐腐蚀性能优于一般不锈钢．耐磨、耐划性能好。当板弯曲90°时，彩色层不损坏	不锈钢装饰板用于墙板、顶棚、电梯箱板、车厢板、建筑装潢、招牌等
彩色涂层钢板	彩色涂层钢板分有机涂层、无机涂层和复合涂层三种。具有良好的耐污性、耐热性、耐沸水性能	彩色涂层钢板用于外墙板、屋面板、护墙板、瓦楞板，大型车间的壁板、屋顶，建筑门、窗、框等

续表

名　称	特　征	用　途
彩色压型钢板（彩色涂层压型钢板）	彩色压型钢板是以镀锌钢板为基材，经成形机轧制，并涂敷各种涂层与彩色烤漆，制成纵断面呈“V”或“U”形及其他类型的轻型围护结构材料。 彩色压型钢板涂层色彩丰富。有良好的防腐性和较低的水蒸气渗透力，且具有自重轻、抗震好、耐久性强、易施工等优点	彩色压型钢板用于屋盖、墙板、墙壁装饰等
搪瓷装饰板	搪瓷装饰板是以钢板、铸铁为基底材料，表面涂覆一层无机物，经高温烧制后，形成一层具有装饰效果的搪瓷表面层。 搪瓷装饰板不生锈，耐酸、碱，防火，受热不易氧化，可以贴花、丝网印花和喷花，装饰效果好，耐磨性较高，重量轻，刚度好	搪瓷装饰板用于内外墙面装饰，小幅面装饰制品
不锈钢管	不锈钢管表面光亮、硬度高、不生锈、不变色、不变形，有普通管和花纹管两种	用于扶手、栏杆、帘轨道、标牌边框、旗杆等装饰物

（四）铝塑板

铝塑板是以塑料为芯层，外贴铝板的三层复合材料，并在表面施加装饰性或保护性涂层。铝塑板多适用于建筑物室内外墙面、柱面、雨篷、门面、家具及隔断等装饰，其具有质轻、隔声、隔热、难燃、耐磨损、耐光照、不褪色、装饰效果好等特点，是目前常见的新型饰面材料。铝塑以塑料为中间层，上下两面为铝板。

1. 品种及规格

（1）按产品用途分为外墙铝塑板和内墙铝塑板。

（2）按表面涂层材质分为氟碳树脂型、聚酯树脂型、丙烯酸树脂型三种。

（3）规格尺寸为2 440 mm × 1 220 mm，厚度为3 mm或4 mm。

2. 质量要求

（1）质量等级分为优等和合格。

（2）内墙板厚度不小于3 mm，其中铝板厚度不小于0.2 mm；外墙板厚度不小于4 mm，其中铝板厚度不小于0.5 mm，采用70%的氟碳树脂涂层。

（五）建筑钢材

钢是由生铁冶炼而成的。将熔融的生铁高温氧化，把其含碳量降低到预定范围（小于2%含碳量的为钢，大于2%含碳量的为生铁）。钢经轧制或加工成各种型材，如钢板、角钢、槽钢、工字钢、钢管、钢筋、钢丝等，这些统称为钢材。钢材是重要的建筑材料，经常应用于建筑装饰装修工程中。

1. 钢材特点

（1）强度高。建筑钢材有较高的抗拉、抗压、抗弯及抗剪强度，被广泛应用于建筑中的各种构件和零部件。在钢筋混凝土中，钢材能弥补混凝土较低的抗拉性、抗弯性、抗剪性和抗裂性的缺点。

（2）塑性好。在常温下钢材能承受较大的塑性变形。钢材能接受冷弯、冷拉、冷拔、冷轧、冷冲压等各种冷加工。钢材的断面尺寸和形状及钢材的性能都能在冷加工作用下改变。

（3）品质均匀，性能可靠。由于钢材品质均匀，性能可靠，故钢材的利用效率高于其他非金属材料。

（4）韧性好。钢材能经受冲击作用，可焊接或铆接，装配简便；能进行切削、热轧和锻造；通过热处理方法，钢材的性能可在相当大的程度上被改变。

易锈蚀是建筑钢材的主要缺点，使用时需保护。

2. 钢材品种

（1）钢筋

常用钢筋的品种很多，热轧碳素结构钢和低合金结构钢常用于我国建筑业里的钢筋混凝土结构中。按直径分，钢筋的直径在6 ~ 40 mm范围内；钢丝的直径在2.5 ~ 5 mm范围内；2.5 mm以下者不能作配筋材料使用。按外形分，钢筋有光面圆钢筋和带肋钢筋，带肋钢筋又有月牙肋和等高肋之分（见图1–3）。按加工过程分，有热轧钢筋、冷拉钢筋、冷拔钢筋、碳素钢丝、刻痕钢丝和钢绞线等。热轧钢筋是指用加热钢坯轧成的条形钢筋，主要用于钢筋混凝土预应力混凝土结构的配筋。冷拉钢筋是指热轧钢筋在常温下经过冷拉，其能达到除锈、调直、提高强度和节约钢材的效果。冷拔钢筋是指将钢筋从孔径较钢筋直径略小的拔筋模中拔出，使钢丝断面缩小，长度伸长，强度提高。

（2）型钢

车间、仓库等建筑物常用各种规格的型钢（如角钢、槽钢、工字钢等）组成各种形式的钢结构作为主要承重结构。钢门窗框是小型型钢的一种形式。近年来，薄壁型钢有很大发展，这种型钢重量轻，用钢少，适用于作轻型钢结构的承重构件以及在建筑构造上使用。

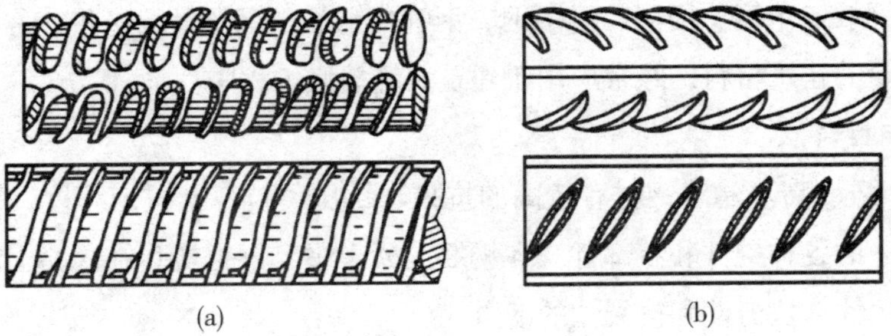

图1–3　带肋钢筋示意图

（a）等高肋；（b）月牙肋

（3）钢板

钢板有厚板、中板、薄板之分。建筑中厚板应用不多，中板应用较多，与各种型钢组成钢结构。花纹钢板具有防滑作用，常用作工业建筑中的工作平台板和楼梯踏步板。镀锌薄板又称白铁皮，水落管用其制作，压制成波形后，即成瓦楞铁皮，用于不保温房屋的屋面或围护。

薄钢板上施以瓷质釉料，烧制后即成搪瓷。在建筑中，陶瓷制品被搪瓷代替，用作浴缸、洗面器、洗涤槽、水箱等，有时也可代替陶瓷墙面砖，作为覆面及装饰材料。

薄钢板上敷以塑料薄层，即成涂塑钢板。涂塑钢板性能良好，防锈、防水、耐腐蚀和具有装饰性，可用作屋面板、墙板、排气及通风管道等。中夹保温层的复合涂塑钢板，是一种新型的轻质墙体材料，可用来组装活动房屋，或作为围护材料在轻型钢结构房屋上使用。

（4）钢管

钢管品种有焊接钢管、无缝钢管等。焊接钢管有镀锌的或不镀锌的，用作室内水管、工业建筑中的辅助构件等。主要在工业建筑设备的压力管道上使用无缝钢管。

3. 钢材选用

各种钢材的品种和规格选用，必须依据使用要求，做出具体的合理选择。

实际使用的钢材质量必须符合设计要求和国家有关规定或标准。结构用钢材应有出厂证明和质保单，并按规定作力学性能试验。

4. 钢材防锈

钢材表面的锈蚀是在一定的外部化学和电化学作用下产生的。锈蚀是钢铁材料的一大缺点，所以必须加强保护，以延长材料的使用寿命，使建筑物、构件和设备能长期正常地工作。

防锈的方法很多，多用表面覆盖法，如油漆覆盖、金属覆盖（如镀锌、镀锡等）、塑料覆盖等。最常用的钢铁防锈方法是油漆覆盖，但漆膜易老化变质，日久会失去保护作用，需要经常刷新。

低合金钢由于本身成分上的差异，防锈性能好于碳素结构钢。混凝土中的钢筋，因处在碱性介质中，如混凝土密实度良好，施工质量合格，有足够厚度的保护层，不会引起钢筋的锈蚀。

七、装饰涂料

（一）涂料的基础知识

1. 涂料的组成

各种涂料的组成成分并不相同，但基本上由主要成膜物质、次要成膜物质、辅助材料等组成。

2. 涂料的分类

涂料的分类见表1-8。

表1-8 涂料的分类

划分标准	种类划分
按所用基料（化学成分）不同分	无机涂料 有机涂料
按构成涂膜的主要成膜物质分	聚醋酸乙烯系列涂料 丙烯酸涂料 聚氨酯涂料
按建筑使用部位分	内墙涂料 外墙涂料 地面涂料
按功能不同分	防火涂料 防霉涂料 防腐涂料 抗静电涂料 发光涂料 耐磨涂料

续表

划分标准	种类划分
按涂膜状态分	薄质涂料 厚质涂料 平涂涂料 砂粒状涂料 凹凸花纹涂料

（二）涂料的品种

1. 内墙涂料

内墙涂料是创造整洁、明亮、美观的室内空间环境的主要装饰材料。

（1）特性

①色彩浅淡、明亮，质地光滑、细腻，品种多样，色调柔和。

②耐碱、耐擦洗、不易粉化、保持内墙面整洁。

③具有良好的透气性和吸湿排湿性。

④涂刷方便，重涂性好。

（2）品种

现在常用的内墙涂料是一种以合成树脂乳液为主要成膜物质（基料）的薄型涂料，室内墙面、顶棚的装饰多用此涂料。这类内墙涂料的质量等级分为优等品、一等品和合格品，同时又必须符合《室内装饰装修材料内墙涂料中有害物质限量》所规定的全部条文。内墙乳胶涂料的施工温度适宜在10℃以上。

常用的内墙乳胶涂料品种有以下几种：

①聚醋酸乙烯内墙乳胶涂料。聚醋酸乙烯内墙乳胶涂料的优点有无毒、无味、不燃、易加工、干燥快、透气性好、附着力强、颜色多而鲜艳、施工方便等。其耐水性、耐碱性、耐候性都好于水溶性涂料，是一种装饰效果好的中高档内墙装饰涂料，适用内墙（顶棚）装饰，不应用于外墙及潮气较大的室内装修（如厨房、浴室、卫生间等）。

②乙丙内墙乳胶涂料。乙丙内墙乳胶涂料是以聚醋酸乙烯与丙烯酸酯共聚乳液为主要成膜物质的半光或有光的内墙水乳型涂料。其无毒、无味、不燃、透气性好，外观细腻，保色性好，有光泽，耐碱性、耐水性、耐久性都比聚醋酸乙烯乳胶涂料好，是一种价格适中的较高档内墙装饰涂料。乙丙内墙乳胶涂料适用于内墙（顶棚）装饰，不应用于外墙及室内潮气较大的部位。

③苯丙乳胶涂料。苯丙乳胶涂料是以苯乙烯丙烯酸酯—甲基丙烯酸三元共聚

乳液为主要成膜物质的水乳型涂料。其具有丙烯酸酯类的高耐光性、耐候性、漆膜不泛黄等优点。漆膜外观细腻、颜色鲜艳、质地好，与水泥基层附着力好，它的耐碱性、耐水性、耐洗刷性都比上述涂料好，可用于内外墙装饰及潮气较大的部位，是一种高档内墙涂料，同时也是价格比较适中的外墙涂料。

④氯偏共聚乳液内墙涂料。氯偏共聚乳液内墙涂料是以氯乙烯与偏氯乙烯共聚乳液为主要成膜物质的一种水乳性涂料，具有无毒、无味、不燃、抗水、耐磨、涂层干燥快、施工方便、光洁等特点。并且还具有优良的耐水、耐碱、耐化学腐蚀性。因其透气性小，耐洗刷性能好，可施工于较潮湿的基层上。氯偏共聚乳液内墙涂料通常在工业与民用建筑物的内墙面装饰中起保护作用，在地下建筑工程和山中洞库的防潮效果更为显著。该涂料为双组分，配制使用在现场。

⑤隐形变色发光涂料。隐形变色发光涂料是一种集隐形、变色和发光于一体的建筑内墙涂料，用于舞厅、迪厅、酒吧、咖啡屋、地下水族馆等娱乐场所的墙面和顶棚装饰，舞台布景、广告、道具等也可应用到。

2. 外墙涂料

外墙涂料不仅使建筑物外立面更加美观，达到了美化环境的效果，且也能有效地保护外墙不受其他介质侵蚀，延长了建筑物使用寿命。

（1）特性

①品种多，色彩丰富，装饰性好。对于建筑外墙涂料而言，其品种很多，主要分为五类：石灰浆涂料、聚合物水泥涂料、乳液型涂料、溶剂型涂料和无机硅酸盐涂料，对各类建筑物的室外装饰要求可完全满足。

②耐水、耐候性好。由于外墙面直接暴露在室外环境中，要受日光、霜雪、雨水、风沙、冷热等作用，故要求外墙涂料涂层在规定的年限内，不应因上述作用而开裂、剥落、变色或粉化。

③耐污染性好。外墙涂料不可避免要受到室外尘土及其他物质污染，要求易于清洗涂层表面上的这些污染物。

④价格合理，施工方便。外墙涂料有各种档次和较多品种，可满足各类建筑装饰要求，且施工操作方便，不需大型机械设备，可人工涂刷。

（2）品种

外墙涂料分为合成树脂乳液外墙涂料、溶剂型外墙涂料、复层建筑涂料、硅溶胶外墙涂料、砂壁状建筑外墙涂料（彩砂涂料）、氟碳涂料等。

①合成树脂乳液外墙涂料。外墙乳胶涂料又可分为硅丙乳胶涂料、纯丙乳胶

涂料、苯丙乳胶涂料等。其中，目前被广泛使用的两种外墙涂料是纯丙乳胶涂料和苯丙乳胶涂料。硅丙乳胶涂料的拒水性（即憎水性）、透气性、耐污性、耐久性较好，是一种自洁性好的外墙涂料。

纯丙乳胶涂料特点：纯丙乳胶涂料涂膜光泽柔和，有良好的耐候性、保色性、耐洗刷性、耐污性，同时有无毒、不燃、干燥快等优点，施工温度在5℃以上，施工可以采用刷、滚、喷等工艺，可直接涂于墙或作为罩面涂料（防水胶）使用。

纯丙乳胶涂料质量等级分为优等品、一等品、合格品三个等级。

②溶剂型外墙涂料。溶剂型外墙涂料主要有丙烯酸酯外墙涂料、聚氨酯系列外墙涂料、氯化橡胶外墙涂料等三种涂料。

丙烯酸酯外墙涂料。丙烯酸酯外墙涂料是以热塑性丙烯酸酯合成的树脂为主要成膜物质，加入溶剂、颜料、填充料、助剂等，经混合、研磨制成，具有渗透性、耐污性、耐磨性好的特点，涂膜表面有一定的光洁度和自清性。所以丙烯酸酯外墙涂料长期装饰效果好，耐洗刷性好，施工时基体含水率不得超过8%，可以直接在水泥砂浆和混凝土基层上进行涂饰。

聚氨酯系外墙涂料。聚氨酯系外墙涂料是以聚氨酯或与其他合成树脂复合为主要成膜物质，加入颜料、填充料、助剂等制成的一种双组分固化型优质外墙涂料，其优点是固体含量高、层膜柔软、弹性好、有很高的光泽度，可配制成各种色彩，表面呈瓷质感，称仿瓷涂料。聚氨酯是外墙涂料与基层黏结力强，耐候、耐水性能好，故该涂料的价格较高。该类涂料与混凝土、金属、木材等材料黏结力强，可直接涂刷在水泥砂浆混凝土表面，但墙体表面含水率应低于8%，应将该涂料甲、乙两种组分按比例配制搅拌均匀后在施工中使用。

氯化橡胶外墙涂料。氯化橡胶外墙涂料是由氯化橡胶、溶剂、增塑剂、颜料、填充料和助剂配制成的。氯化橡胶涂料结膜干燥靠溶剂挥发，气温的降低是干燥速度减慢，其施工环境温度为20～50℃。氯化橡胶外墙涂料对混凝土和钢铁表面具有良好的附着力，耐水、耐碱、耐酸及耐候性都很好，且涂料的重涂性好。

溶剂型外墙涂料由于用有机溶剂作稀释剂，故施工时必须注意防火。

溶剂型外墙涂料分为优等品、一等品、合格品三个等级。

③复层建筑涂料。复层建筑涂料由多层涂膜组成，如底涂层、主涂层、面涂层等，按主涂层的基料可分为聚合物水泥类（代号CE）、硅酸盐类（代号SI）、合成树脂乳液类（代号E）、反应固化型合成树脂乳液类（代号RE）四大类。

④硅溶胶外墙涂料

特点。硅溶胶外墙涂料以水为分散剂。其特点为无毒、无味，施工性能好，耐污性强，质感细腻，紧密坚硬，耐酸碱腐蚀，有较好的装饰性，与基层有较强的黏结力。

用途。硅溶胶外墙涂料主要应用于无机板材、内墙、外墙、顶棚饰面。

⑤砂壁状建筑外墙涂料（彩砂涂料）。砂壁状建筑外墙涂料的涂膜表面具有砂壁一样粗犷的外表，是一种厚质涂料。该涂料是以合成树脂乳液为主要成膜物质，以各种颜色、不同粒径的彩砂和石粉为骨架材料，加工时配以增稠剂和助剂。

⑥氟碳涂料。氟碳涂料是在氟树脂基础上经改性、加工而成的涂料，属于性能最优良的一种新型涂料。

分类。氟碳涂料按固化温度的不同分为高温同化型（180℃以上）、中温固化型、常温固化型三种。

特性。氟碳涂料具有的耐候性、耐污性、自洁性、耐酸、耐碱、抗腐蚀性强，耐高低温性能好的优点。涂层硬度高，与各种材质有良好的黏结性能，使用寿命长，装饰性好，可以配出实体色、金属色、珠光色以及特殊色彩等各种颜色，涂膜细腻有光泽，施工方便，可以喷涂、辊涂、刷涂。

应用。氟碳涂料主要应用于制作金属幕墙表面涂饰、铝合金门窗、型材、无机板材、内外墙装饰以及各种装饰板涂层。

3. 地面涂料

（1）聚氨酯地面涂料

聚氨酯地面涂料分为薄质罩面涂料与厚质弹性地面涂料两类。薄质罩面涂料用于木质地板或其他地面的罩面上光，厚质弹性地面涂料刷涂水泥地面形成无缝弹性耐磨涂层，因此称为弹性地面涂料。

①特性。聚氨酯地面涂料涂膜具有优良的防腐性能，耐酸、耐水、耐油、耐碱、耐磨，与水泥地面黏结力强，有弹性，脚感舒适，光洁且防滑，不积尘，易清洁，色彩多样，可以做成各种图案，重涂性好，方便维修。但价格较贵是它的缺点，施工为双组分，现场配制施工操作复杂。

②用途。聚氨酯地面涂料适应用于图书馆、健身房、歌舞厅、影剧院、办公室、会议室、工业厂房、车间、机房、地下室、卫生间等，要求耐磨、耐油、耐腐的水泥地面装饰。

（2）环氧树脂地面涂料

环氧树脂地面涂料又被称为环氧树脂地面厚质涂料，是一种双组分常温固化型的涂料。

①特性。涂膜坚硬，优点是耐磨性、耐水、耐酸、耐碱、耐有机溶剂、耐化学腐蚀性好，涂膜有一定韧性，但施工操作比较复杂。

②用途。环氧树脂地面涂料适用于机场、车库、实验室、化工厂以及要求有耐磨、防尘、耐酸、耐有机溶剂、耐水的水泥地面装饰。

（3）聚醋酸乙烯地面涂料

聚醋酸乙烯地面涂料是由聚醋酸乙烯乳液、水泥及颜料、填充料共同配制而成的一种地面涂料。是有机与无机相结合的聚合物水泥地面涂料。

①特性。无毒，无味，早期强度高，与水泥地面结合力强，不燃，耐磨，抗冲击性能好，有一定弹性，装饰效果好，价格适中。

②用途。聚醋酸乙烯地面涂料取代塑料地板或水磨石地坪，用于实验室、仪器装配车间等水泥地面。

4. 防火涂料

（1）分类

①按防火原理分为膨胀型防火涂料、非膨胀型防火涂料两种。

②按用途分为饰面防火涂料（木结构等可燃基层用）、钢结构防火涂料、混凝土防火涂料。

（2）品种

①饰面防火涂料。饰面防火涂料是指材料表面涂上膨胀型防火涂料，在持续高温或火焰作用下形成碳化泡沫隔热层，隔绝氧气，阻止了热量向材料可燃基层上传递，从而达到阻燃的效果。饰面防火涂料主要适用于木材及其他可燃材料的表面防火处理。

②钢结构防火涂料。钢结构是一种不燃材料，是不耐火烧，其原因是钢结构在火灾温度下15分钟自身温度就升至540℃；强度下降50%以上，很快就会软化变形，失去支撑力导致钢结构垮塌。

钢结构防火涂料分类：有机膨胀型防火涂料（薄型），裸露的钢结构用其保护；无机防火涂料（厚型），隐蔽的钢结构也用其保护。

③混凝土防火涂料。按建筑设计防火规范要求，1级耐火极限建筑物楼板的

耐火极限为1.5小时，Ⅱ级为1小时。而耐火极限仅有0.5小时的预应力混凝土楼板被广泛应用，所以应进行防火处理，以避免楼板断裂。

混凝土防火涂料具有热导率小、隔热、隔火、耐老化的特点，可以提高预应力混凝土楼板的耐火极限。

5. 木器常用涂料（油漆）

油漆是涂料中的另一大类，它主要起木制品、钢制品等材料表面的装饰和保护作用。木器常用涂料特性见表1-9。

表1-9 木器常用涂料的特性

名称	品种	特点	缺点	用途
油脂漆	油脂漆是以具有干燥能力的油类为主要成膜物质的漆种。常用的油脂漆有清油、厚漆和油性调和漆	它装饰方便、渗透性好、价格低、气味与毒性小。干固后的涂层柔韧性好	涂层干燥缓慢，涂层较软、强度差、不能砂磨抛光、耐温性和耐化学性差	—
天然树脂漆	天然树脂漆是以各种天然树脂加干性植物油经混炼后，再加入催干剂、溶剂、颜料等制成的。常用的天然树脂漆有虫胶漆、大漆等	与油脂类相比。天然树脂漆的成膜性、装饰性较好，气味和毒性小，使用方便	易变样走色，特别是直接暴露在大气条件下，在短期内会发生失光、粉化、裂纹等弊病	—
酚醛树脂漆	酚醛树脂漆是以酚类和醛类在酸或碱化剂存在时，经缩聚反应而制得的酚醛树脂为主要成膜物质的漆，属油性漆	酚醛树脂漆的漆膜柔韧耐用，光泽较好，有很好的耐水、耐酸碱、耐磨以及耐化学药品的性能，施工方便，价格较低，酚醛树脂清漆中添加颜料，可制得各种颜色的酚醛树脂磁漆和底漆	颜色较深，易泛黄，漆膜软，涂层干燥慢，不能砂磨抛光，光洁度差，涂层干后稍有黏性	—
醇酸树脂漆	醇酸树脂漆是以醇酸树脂为主要成膜物质的油漆，属油性漆	醇酸树脂与其他树脂有较好的混溶性，能与其他多种油漆混合使用，且漆不易老化。光泽持久时间长，无毒。漆膜柔韧、耐磨，综合性能高于酚醛树脂漆。醇酸树脂漆的表面干结成膜速度较快	完全干透时间很长、保光性、耐水性、耐碱性差，漆膜有泛黄现象，漆膜较软而不宜打磨抛光	—

续表

名称	品种	特点	缺点	用途
硝基漆	硝基漆又称蜡克。曾是我国家具竹、木地板饰面的基料之一。其品种有硝基本器清漆、硝基本器磁漆及其底漆等	干燥快，装饰性好，透明度高。可充分显示木材的自然花纹，耐磨，耐候，便于修复	含固量低，溶剂挥发多，易造成环境污染，费工，费时	硝基漆主要作为竹、木地板，家具及木制品的涂料
聚酯树脂漆	以不饱和聚酯树脂和苯乙烯为主的聚酯树脂漆是无溶剂型漆．漆中苯乙烯有双重作用	①不饱和聚酯树脂漆可以常温同化。也可以加温固化，干燥迅速 ②涂膜丰满厚实，有较好的光泽度、保光性及透明度，可以充分显现木材的自然花纹。漆膜硬度高，耐磨，保光、保温性好。具有较高的耐热性、耐寒性、耐温变性，同时。还有耐水、耐多种化学药品的作用 ③固体含量高，同化时溶剂挥发少、污染小	①涂膜附着能力不好，稳定性差，涂膜硬而脆，不能受过重的冲击力 ②因为是双组分固化型，所以要在施工现场配制。比较麻烦 ③涂膜破损不易修补 ④施工不能用虫胶漆或虫胶腻子打底，否则会降低黏附力 ⑤施工温度不小于15℃，否则固化困难	不饱和聚酯树脂漆主要用于高级地板涂饰，也可用于家具涂饰
聚氨酯漆	—	①涂膜坚硬有韧性．与各种材料表面有优异的附着力，涂膜机械强度高，高度耐磨 ②装饰效果好，聚氨酯涂料可制成高光和亚光的丰满涂层，对木地板具有保护功能。涂膜的弹性、耐磨性可根据需要调节成分配比，可以从极坚硬词至极柔韧的弹性耐磨涂层。能高温固化也能常温或低温（0℃以下）固化。所以。可以在现场施工，也可以工厂化涂饰 ③具有优良的耐溶性和耐化学腐蚀性	①含有游离异氰酸酯（TDI），污染环境，对人体有害 ②含有大量活性很高的异氰酸酯基，遇水或潮气时易胶凝起泡 ③受紫外线照射后易分解。使涂膜泛黄，保色性差	广泛用于竹、木地板、船甲板

第二节　常用装饰装修工具、机具

一、常用手工工具

（一）抹子

常用抹子构造、用途见表1–10。

表1–10　常用抹子构造、用途

序号	名称	构造	用途	示意图
1	铁抹子	方头或圆头两种	抹底层灰或水刷石、水磨石面层	
2	钢皮抹子	外形与铁抹子相似，但比较薄，弹性大	用于抹水泥砂浆面层等	
3	压子	—	水泥砂浆面层压光和纸筋石灰麻刀石灰罩面等	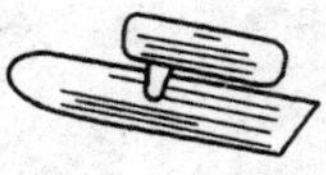
4	铁皮	用弹性好的钢皮制成的	小面积或铁抹子伸不进去的地方抹灰或修理，以及门窗框嵌缝等	
5	塑料抹子	用聚乙烯硬质塑料制成有方头和圆头	纸筋石灰麻刀石灰面层压光	
6	木抹子（木蟹）	方头和圆头两种	砂浆的搓平和压实	
7	阴角抹子（阴角抽角器、阴角铁板）	尖角或小圆角两种	阴角抹灰压实压光	
8	圆阴角抹子（明沟铁板）	—	水池等阴角抹灰及明沟压光	
9	塑料阴角抹子	用聚乙烯硬质塑料制成	纸筋石灰、麻刀石灰面层阴角压光	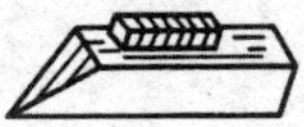
10	阳角抹子（阳角抽角器、阳角铁板）	有尖角和小圆角两种	阳角抹灰压光做护角线等	
11	圆阳角抹子	—	防滑条捋光压实	

续表

序号	名称	构造	用途	示意图
12	捋角器	—	捋水泥抱角的素水泥，做护角等	
13	小压子（抿子）	—	细部抹灰压光	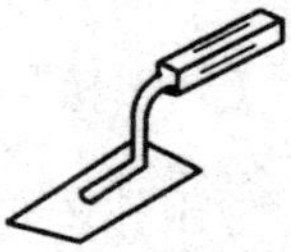
14	大、小鸭嘴	—	细部抹灰修理及局部处理等	

（二）木质手工工具

常用木质手工工具见表1–11。

表1–11　常用木质手工工具

序号	名称	规格	构造	用途	示意图
1	托灰板	—	—	抹灰操作时承托砂浆	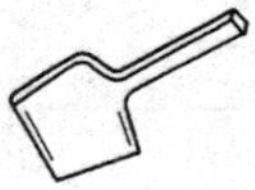
2	木杠（大杠）	250 ~ 350 cm 200 ~ 250 cm 150 cm左右	长杠中杠短杠	刮平地面和墙面的抹灰层找平	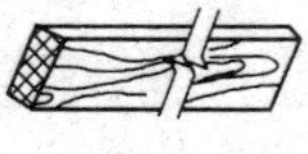
3	软刮尺	80 ~ 100 cm	—	抹灰层找平	
4	八字靠尺	长度按需截取	—	做棱角的依据	
5	靠尺板	厚板	3 ~ 3.5 m	厚板和薄板两种抹灰线做接角	
6	钢筋卡子	直径8 mm	—	卡紧靠尺板和八字靠尺用	
7	方尺（兜尺）	—	—	测量阴阳角方正	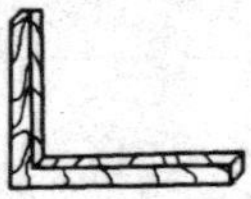
8	托线板（调担尺）	长12 m	配以小线铜线锤	靠尺垂直	
9	分格条（米厘条）	—	断面及尺寸视需要而定	墙面分格及做滴水槽	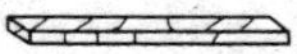

续表

序号	名称	规格	构造	用途	示意图
10	量尺	—	木制折尺和钢卷尺	丈量尺寸	
11	木水平尺	—	—	用于找平	
12	阴角器	—	—	墙面抹灰阴角刮糊细	

（三）刷子和盛水工具

刷子和盛水工具见表1–12。

表1–12　刷子和盛水工具

序号	名称	构造	用途	示意图
1	长毛刷软毛刷子	—	室内外抹灰、洒水用	
2	猪鬃刷	—	刷洗水刷石、拉毛灰用于长毛刷刷不到的地方	
3	鸡脚刷	—	用于长毛刷刷不到的地方，如阴角等	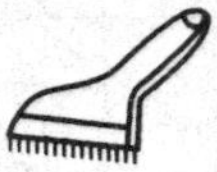
4	钢丝刷	—	用于清刷基层	
5	茅草帚	茅草扎成	用于木抹子搓平时洒水	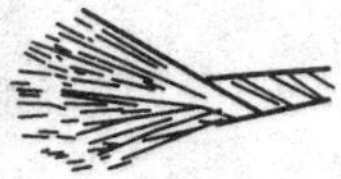
6	小木桶	铁皮制或油漆空桶代用	作业场地盛水用	
7	喷壶	塑料或白铁	洒水用	
8	水壶	塑料或白铁皮制	浇水用	

（四）砂浆拌制、运输、存放工具

砂浆拌制、运输、存放工具见表1–13。

表1–13 砂浆拌制、运输、存放工具

序号	名称	规格	构造	用途	示意图
1	铁锹（铁锨）	—	分尖头和平头两种	—	
2	灰镐	—	—	手工拌和砂浆用	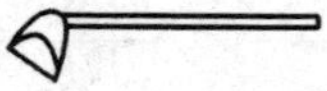
3	灰耙（拉耙）	—	—	手工拌和砂浆用。	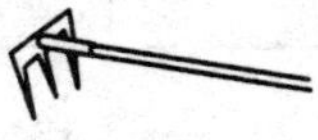
4	灰叉	—	有三齿和四齿	手工拌和砂浆及装砂浆用	
5	筛子	筛孔	10、8、5、3、15、1 mm	筛分砂用	
6	灰勺	—	长把和短把两种	舀砂浆用	
7	灰槽	—	铁制和木制两种	储存砂浆	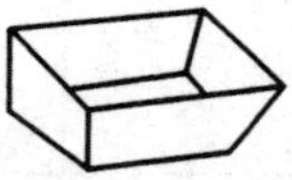
8	磅秤	吨级	—	称量砂、石灰膏	
9	运砂浆小车	—	铁制胶轮	运砂浆用	
10	运砂手推车	—	铁制胶轮	运砂等材料用	
11	料斗	0.3 ~ 0.5 cm^3	铁制	起重机运输抹灰砂浆时的转运工具	

（五）其他手工工具

其他手工工具见表1–14。

表1-14　其他手工工具

序号	名称	构造	用途	示意图
1	粉线包	—	弹水平线和分格线	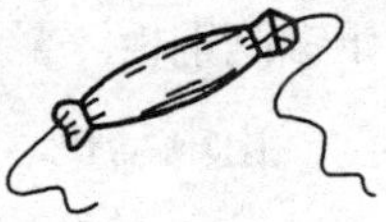
2	墨斗	—	弹线用	
3	分格器（劈缝溜子或抽筋铁板）	—	抹灰面层分格	
4	滚子（滚筒）	直径200～300 mm钢管、内灌混凝土	地面压实	
5	钻子、手锤	—	清理基层，剔凿孔眼用	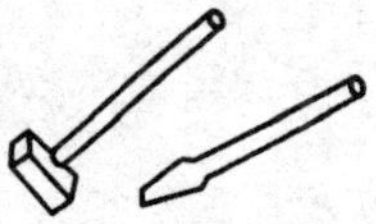
6	溜子	按缝宽用不同直径钢筋制成	用于抹灰分格缝	

注：要熟悉各类工具的作用，同时使用时要注意安全。

二、常用机具

现代装饰装修工程中已经用轻便的专用机械工具代替了传统的手工操作方式，这样既减轻了劳动强度、提高了工作效率、加快了操作进度，又保证了工程质量。装饰装修专用机械工具的主要特点是体积小、质量轻、便于携带、运用灵活、操作方便，其工效与手工操作相比，具有明显的优势。

（一）砂浆搅拌机

砂浆搅拌机（见图1-4）是建筑装饰抹灰的常用拌和机具，又称灰浆拌和机。现场使用的砂浆搅拌机通常为强制式，也有利用小型鼓筒混凝土搅拌砂浆。砂浆拌和功能一机多用还可拌和面罩的灰浆、纸筋灰等。

（二）电动曲线锯

电动曲线锯（见图1-5）是型材加工、管线布置、设备安装以及制作装饰图案、广告牌等应用中普遍使用的一种机具，其主要特点是可以更换不同的锯条，在金属、木材、塑料、橡胶、皮革等材料的板材上进行曲线和直线锯割。通常粗齿锯条适用于锯割木材；中齿锯条适用于锯割有色金属板、压层板；细齿锯条适用于锯割钢板。至于锯割的厚度，因曲线锯功率或被切割材质的不同而有所不同。

由电动机、往复机构、风扇、机壳、开关、锯条等组成电动曲线锯。

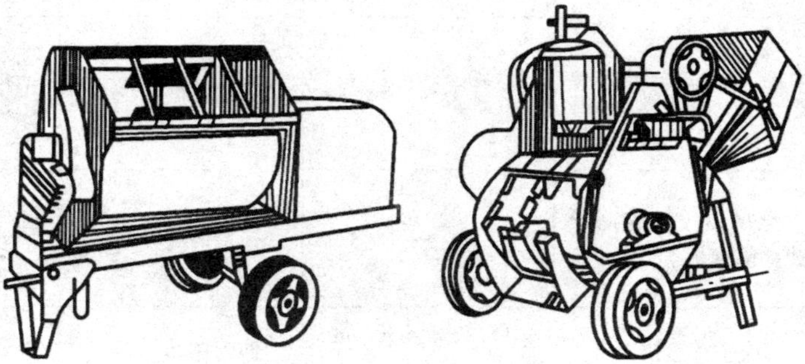

(a) (b)

图1-4 砂浆搅拌机

（a）倾翻出斜式；（b）底侧活门式

（三）电剪刀

电剪刀（见图1-6）是可以在各类金属（如钢板、镀锌铁皮等）薄板、塑料板、橡胶板等上按实际需要剪裁出各种曲线形状的电动工具，其特点是使用安全、操作方便。

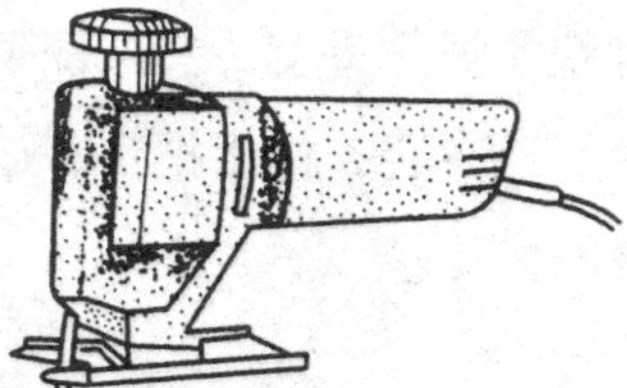

图1-5 电动曲线锯

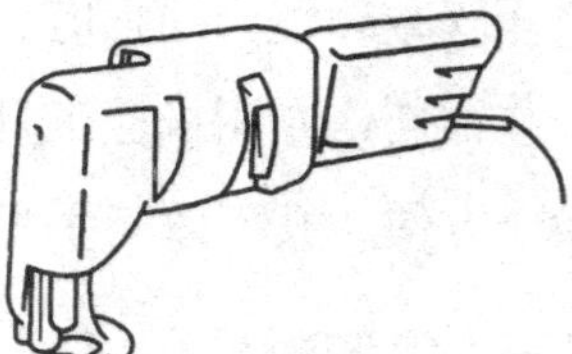

图1-6 电剪刀

电剪刀由单相串激直流两用电动机、偏心齿轮、外壳、刀杆、刀架、上下刀头等零件组成。

（四）型材切割机

型材切割机（见图1-7）是主要适用于切割金属型材的高效率电动工具。按照砂轮磨削原理，借助高速旋转的薄片砂轮来切割圆形钢管、异型钢管、角钢以及槽钢等各种型材，也可用于切割饰面砖，普通黏土砖、石材等，但效率较低，且操作有较大危险性。将砂轮换成合金锯片时，可用于切割木材、硬质塑料及铝合金型材。新型材切割机，可以转动其台座，并刻有角度值，可以对铝合金型材进行各种不同角度的切割，施工安全，极为方便。

型材切割机由切割动力头、可转夹钳、驱动电动机、机座等组成。

（五）电刨

电刨（见图1–8）是刨削木材表面的专用工具，使用该工具不仅减轻了劳动强度，而且能保证质量。现场用得较多的是手提式电刨，其操作灵便，不拘于场地、部件。若大批量刨削木板，也可用小型台式电刨，安装与操作也比较简单。

手提式电刨由电动机、刨刀、刨刀调整装置和护板等组成。

图1–7　型材切割机

图1–8　电刨

（六）电锤

电锤（见图1–9）在装饰装修工程中可在砖、石、混凝土等结构上打孔、开槽，在铝合金门窗、金属吊顶、设备、石材等安装工程中可钻孔，埋置膨胀螺栓。

电锤具有利用特殊的机械装置将电动机的旋转运动变为冲击运动，或冲击带旋转运动的特点。按其冲击旋转的形式，可分为动能冲击锤、弹簧冲击锤、弹簧气垫锤、冲击旋转锤、曲柄连杆气垫锤、电磁锤等六种主要类型。

电锤由交直流两用或单相串激式电动机、传动系统、曲轴连杆、活塞及壳体等部分组成，具有冲击和旋转两种功能。

（七）冲击电钻

冲击电钻（见图1–10）是旋转带冲击的特种电钻。当把控制旋钮调到纯旋转位置时，装上钻头，则与普通电钻相同；若把旋钮调到冲击位置，装上镶硬质合金冲击钻头，就可以对混凝土、砖墙等进行钻孔。限制常用的膨胀螺栓，就是先用冲击钻钻孔，然后将膨胀螺栓放入。

图1-9　电锤

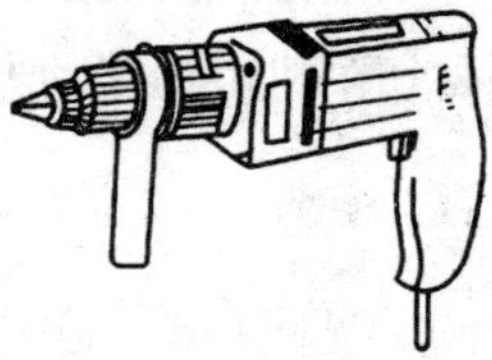

图1-10　冲击电钻

三、专用工具

（一）涂料装饰工具

1. 基层处理工具

基层处理工具如图1-11所示，主要有锤子、刮刀、锉刀、刮铲和钢丝刷等，用于打、磨、敲、铲，清除基层面上的锈斑、污垢、附着物和尘土等。

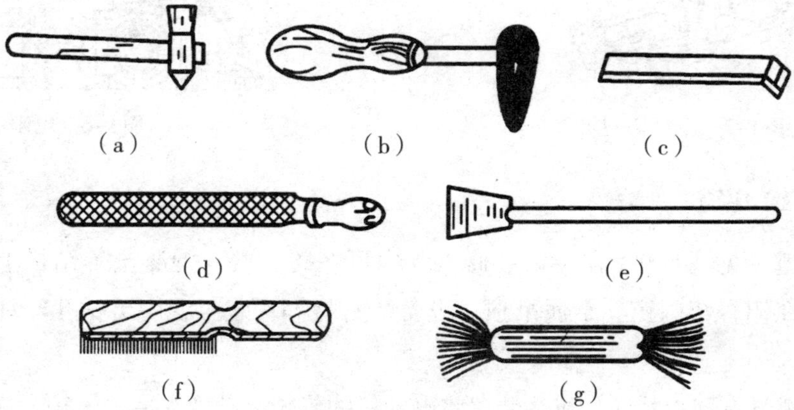

图1-11　基层处理工具

（a）（b）尖头锤；（c）弯头刮刀；（d）圆纹锉；（e）刮铲；（f）钢丝刷；（g）钢丝束

2. 施涂工具

施涂工具如图1-12所示，油刷主要用于涂刷黏度较大的涂料，是手工涂饰的主要工具；因排笔的刷毛质地较软，涂刷黏度较低的涂料为宜；涂料辊用于涂刷大面积的涂料。

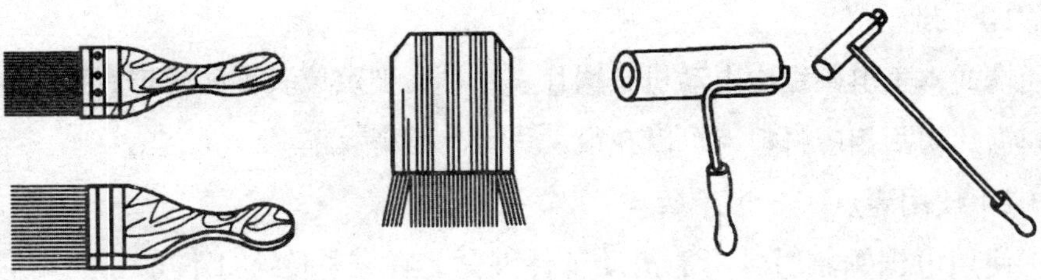

图1-12　施涂工具

（a）油刷；（b）排笔；（c）涂料辊

（二）喷涂器（机）具

1. 标准喷枪

标准喷枪主要用于精细类涂料或油漆类涂料的表面喷涂，料斗有吸上式和重力式两种。

2. 手提式涂料搅拌器

手提式涂料搅拌器有气动和电动两种。使用时把搅拌头放入涂料中，搅拌头高速转动，将涂料搅拌均匀，以满足涂料稠度和颜色的要求。

3. 高压无气喷涂机

高压无气喷涂机是利用喷枪的特殊喷嘴将高压泵提供的高压涂料均匀雾化，从而实现高压无气喷涂。它有气动、电动、燃气三种。涂料泵有活塞式、柱塞式和隔膜式三种。隔膜式使用寿命较长，喷涂水性和油性涂料比较合适。

（三）木工施工工具

1. 电锯

电锯，是切割木材、纤维板、塑料和软电缆的常用工具。便携式木工电圆锯，自重轻，效率高，是装饰施工最常用的工具，如图1-13所示。

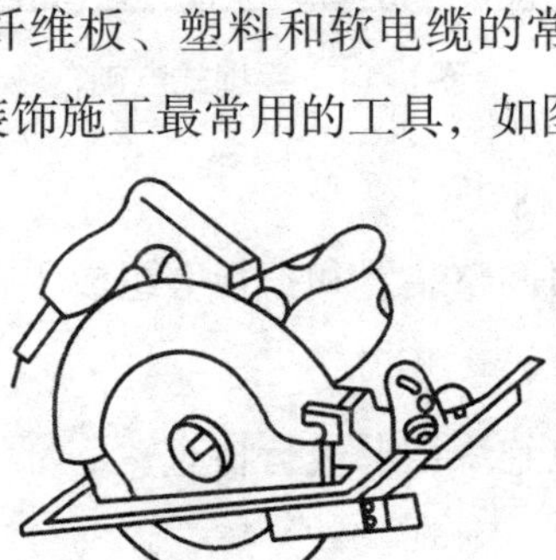

图1-13　电圆锯

（1）构造

便携式木工电圆锯由电动机、锯片、锯片高度定位装置和防护装置组成。选用不同锯片切割相应材料，可以在很大程度上提高效率。

（2）使用要点

①使用电锯锯割时，不能滑动工件夹紧。在锯片吃入工件前，立即启动电锯，转动正常后，按画线位置下锯。锯割过程中，改变锯割方向，可能会产生卡锯、阻塞、甚至损坏锯片等问题。

②根据切割不同材料，选用不同锯片，如纵横组合式锯片，可适应多种切割；细齿锯片能快速割软、硬木的横纹；无齿锯片还可以锯割砖、金属等。

③要保持右手紧握电锯，左手离开。同时，锯片应避开电缆，以避免妨碍作业和锯伤。

④锯割快结束时，要强力掌握电锯，避免发生倾斜和翻倒。锯片没有完全停转时，人手不能靠近锯片。

⑤更换成片时，要将锯片转至正常方向（锯片上有箭头表示）。要使用锋利锯片，提高工作效率，也可避免钝锯片长时间摩擦而引起危险。

2. 手提式电刨

手提式电刨，是用于刨削木材表面的专用工具。体积小，效率高，与手工刨削相比，提高工效10倍以上。同时携带方便，刨削质量也容易保证，如图1–14所示。

图1–14 手提式电刨

（1）构造

由电动机、刨刀、刨刀调整装置和护板等组成手提式电刨。

（2）使用要点

①使用前，对电刨的电绝缘情况进行检查，零部件是否完好，确认没有问题后，方可投入使用。

②按电刨性能，调节刨削深度，提高刨削的效率和质量。

③双手前后握刨，推刨时平稳均匀地向前移动，刨到端头时要将刨身提起，防止损坏刨好的工作面。

④刨刀片用钝后，立即卸下重磨或更换。

⑤按使用说明书及时进行保养与维修，延长电刨使用时间。

3. 地板刨平机和磨光机

地板刨平机，用于木地板表面粗加工，确保安装的地板表面初步达到平整，如图1–15所示。地板磨光机是更进一步磨光和装饰的机具，如图1–16所示。

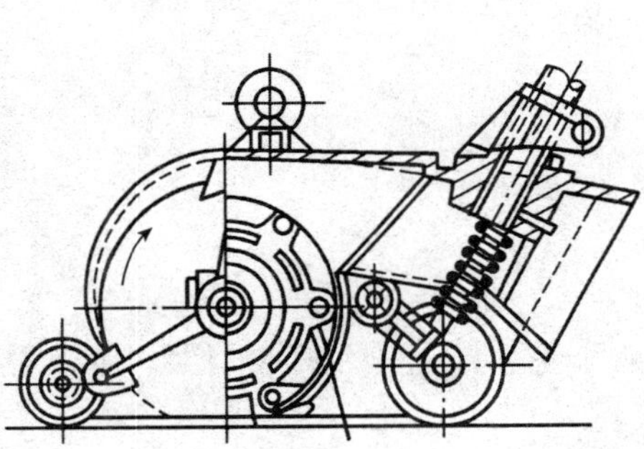

图1–15　地板刨平机

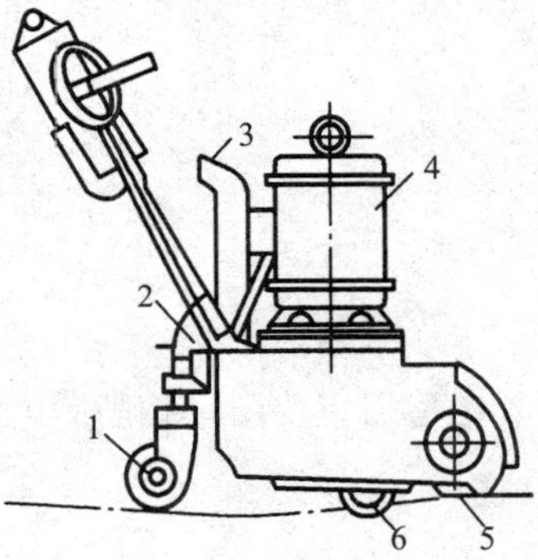

图1–16　地板磨光机

1–后滚轮；2–托座；3–排泄管；4–电动机；5–磨削滚筒；6–前滚轮

（1）构造

分别由电动机、刨刀滚筒、磨削滚筒、刨刀、机架等部分组成地板刨平机和地板磨光机。

（2）使用要点

①使用前要检查机械各部紧固、润滑等情况，特别是工作机构滚筒、刨刀完好情况，保证刨刀完好锋利。

②刨平工作一般进行两次，即顺刨和横刨。第一次刨削厚度2～3 mm，第二次刨削为0.5～1 mm。

③操作磨光机要平稳，速度均匀。高级硬木地板磨光时，先用带粗砂纸的磨光机打磨，后用较细的砂纸磨削，最后用盘式磨光机研磨。机械不能磨削的作业面，应使用手持磨光机进行打磨。

④工作结束后，要切断电源，及时保养擦拭机具。

（四）窗施工机具

1. 电剪刀

电剪刀，是用来剪切镀锌钢板、薄钢板等板材的有效机具。它能剪切1.5 mm以下的金属板、塑料板等。剪切效率高，操作方便，使用安全，可以剪切各种几何形状的工件，修剪边角，如 图1–17所示。

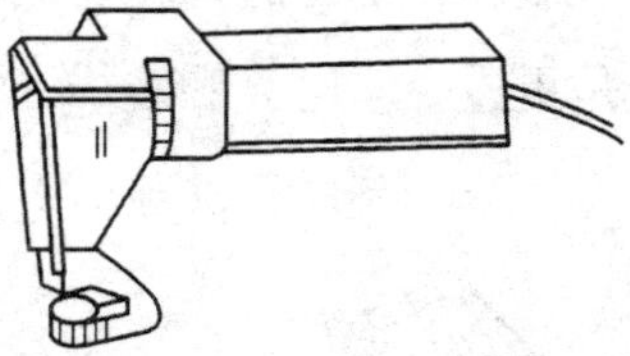

图1–17　电剪刀

（1）构造

电剪刀主要由单相串激电动机、偏心齿轮、外壳、刀杆、刀架、上下刀头等组成。

（2）工作原理

电动机的旋转运动，经过二级齿轮变速后，由偏心轴带动连杆做往复运动，使随连杆运动的上刀片在相对固定的下刀片之间做剪切运动。

2. 手电钻

手电钻，该电动工具是装饰装修作业中最为常用的。它对金属、塑料、木材等进行钻孔作业。按使用电源种类的不同，手电钻有单相串激电钻、直流电钻、三相交流电钻等三种，近年来更发展了可变速、可逆转或充电电钻。在形式上，也有直头、弯头、双侧手柄、枪柄、后托架、环柄等多种形式，如图1–18所示。

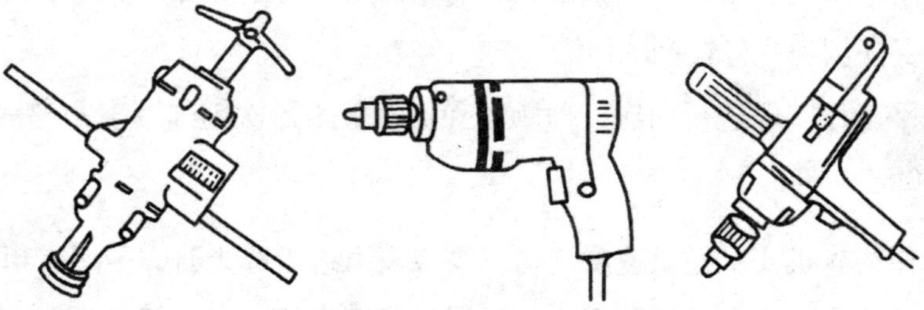

(a)　(b)　(c)

图1–18　手电钻

（a）三相电钻；（b）枪柄；（c）双侧手柄

（1）构造

手电钻结构简单，通常为单相电动机直接带动钻卡头。直流电钻则配置电池盒。

（2）使用要点

①手电钻应在标准规定的环境条件下使用。

②使用前，确保电钻各部零件完好，尤其是绝缘情况。电线、插头完好，钻头直径要与电钻钻孔能力相匹配。

③操作时，平稳进给，不可用力过猛过大。如若遇钻机难以钻进或有较大震动，要马上停钻，退出钻孔检查。

④按使用说明书，定期保养，保持完好。

3. 射钉枪

射钉枪，是一种直接完成型材安装紧固技术的工具，如图1–19所示。射钉枪是靠弹内燃料将射钉射入钢铁、混凝土和砖砌体中的方法。射钉枪直接在固定部位将构件钉上，如固定木件、窗帘盒、木护墙、踢脚板、挂镜线、固定铁件、铁板、钢门窗框、轻钢龙骨、吊灯等。

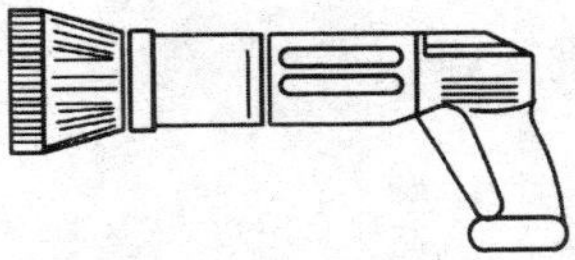

图1–19　射钉枪

（1）构造

射钉枪由活塞、弹膛组件、击针、击针弹簧、钉管及枪体外套等组成。轻型射钉枪有半自动活塞回位，半自动退壳。半自动射钉枪有半自动供弹机构。

（2）使用要点

①装钉子。将钉子装入钉管，借助通条把钉子推到底部。

②装射钉弹。把射钉弹装入弹膛，关上射钉枪，拉回前半部，按顺时针方向旋转到位。

③击发。将射钉枪垂直压紧在工作面上，扣动扳机击发，如有弹不发火，重新把射击枪垂直压紧于工作面上，扣动扳机击发。若两次均不发出弹，应保持数秒钟原射击位置不动，再将射钉弹退出。

④在使用结束时或更换零件以及断开射钉枪之前，射钉枪不允许装射钉弹。

⑤退弹壳。转动射钉枪的前半部分，拉向前，断开枪射，自动弹出弹壳。

⑥射钉枪要由专人保管使用，并注意保养。

第二章 正投影原理与工程制图

世间一切物体都有体量，只是形状不同、大小不同，或者是在空间中的位置不同，科学的表达方式称为三维坐标系统，也就是我们常说的三度空间。但如果我们全部采用三维的空间形式去表达、描述物体将会有诸多不便，即使我们采用了先进的三维技术，在实际的工程和设计中仍存在许多困难。如观测的角度问题、坐标问题、尺寸度量问题等。因此，全世界的设计行业，都采用正投影方式规范物体的视图、绘制工程图样，使之成为一种全球性的工程语言。因此设计师除了要学会正规的制图手段和规则外，施工技术人员也要能够看懂、读懂施工图，从而保证设计方案的正确实施。

第一节 投影原理

当用一个平面图形描绘我们观察的一个物体时，有四大要素必不可少：

（1）视线。也叫投影光线，可以理解成从人眼到物体之间的连线。

（2）画面。也叫投影平面，可以理解成用来描述物体的画板。

（3）物体。也叫投影对象，是我们所要描绘的对象。

（4）投影。也叫图像，是物体在画面上表达出来的形式，也就是从人眼到物体之间的连线在画面上的交点，如图2–1所示。

对于一个简单的物体，比如球体，不论我们从哪一个角度去观察，其投影（图像）都是一个圆。

对于一个标准的正方体，只要物体的一个面平行于投影平面，其投影（图像）都是一个正方形。对于一个边长不等的长方体来说，虽然投影的形状都很相似，但它们的比例和尺寸是不同的。在实际工程设计中，简单的几何形体并不多见，要正确地描绘一个复杂物体，需要通过多角度的投影才能反映物体的真实形状和全貌。

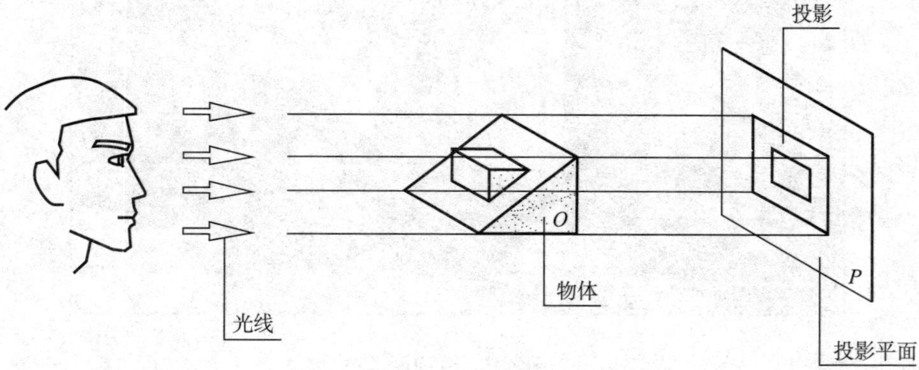

图2–1　投影原理（投影平面在物体后方）

根据投影平面放置的位置不同，世界上不同国家在讲授投影原理时所用的方法不同。我国把投影平面放在物体的后方，视线通过物体时在投影平面上得到投影，如图2–1所示。这种方法的优点是可以把投影和阴影结合在一起讨论，就好像用幻灯机把物体投射到墙面上的原理一样。

有些国家把投影平面放在视线与物体之间，如图2–2所示，投影平面就好像一块透明的玻璃板一样，这种方式与西方透视学的形成原理极为相似，如图2–3所示，就好像用照相机把物体感光到胶片上的原理一样。不论采取哪一种方法，所形成的投影都是一样的。

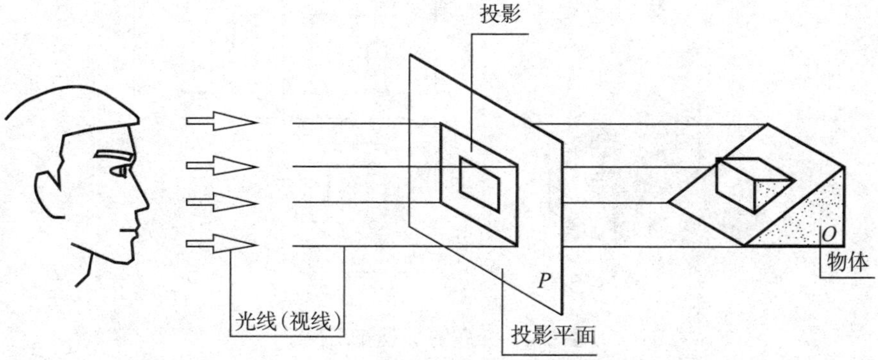

图2–2　投影原理（投影平面在物体前方）

图2-3　透视原理

第二节　正投影与三视图

正投影是视线（平行光线）与投影平面垂直时形成的特殊投影。在现实环境中具有垂直（正交）坐标体系的物体最常见，比如道路、桥梁、建筑物、家具等。利用正投影的方法在相互垂直的投影平面上（一般为水平面、正立面和侧立面）所形成的投影图，是实际工程设计中最重要的图示方法，也是我们大家所熟识的三视图，如图2-4所示。

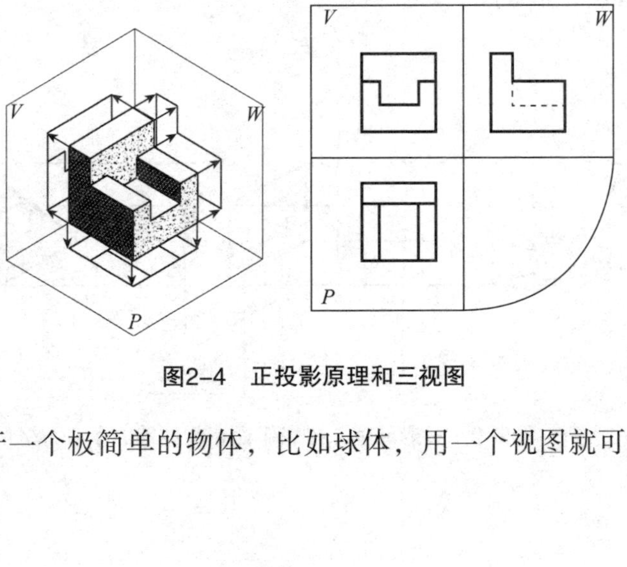

图2-4　正投影原理和三视图

（1）对于一个极简单的物体，比如球体，用一个视图就可以把它表达清楚，如图2–5所示。

（2）对于一个不太复杂的物体，有时用2~3个视图就可以表达清楚了，如图2–6所示。

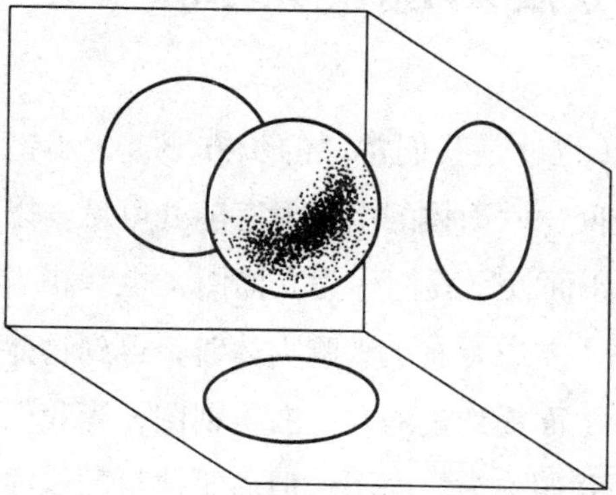

图2–5　球体的投影图

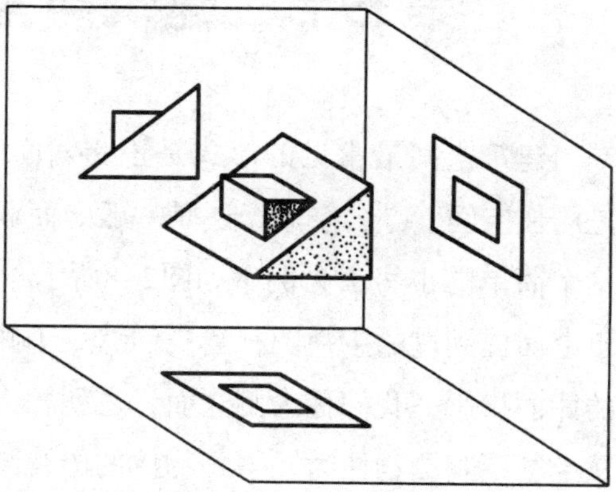

图2–6　简单物体的三面投影图

（3）对于一个复杂的物体，有时候用三个视图还不能表达清楚，就需要用多向视图来描述它，于是就产生了主视图、俯视图、左视图、右视图、仰视图、背视图等，如图2–7所示。

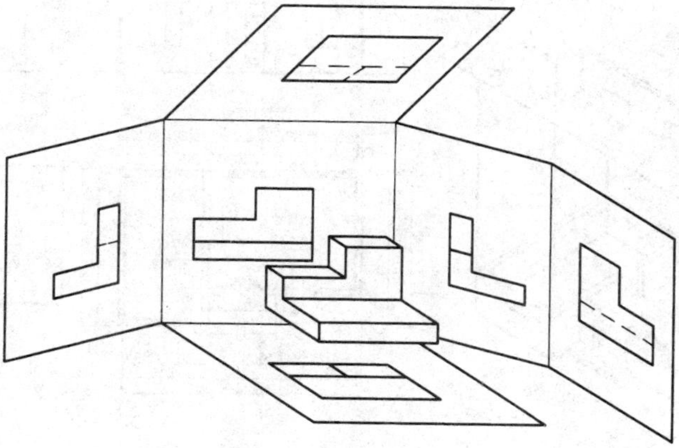

图2–7　复杂物体的多面投影图

在实际工程中常用到的投影图还有其他许多种，比如剖面图和断面图，用来表达形体内部的材料、构造等详细情况。关于投影图的详细情况，我们会在第三章中讲解。

第三节　建筑与室内投影图的形式

建筑空间最常见的形式是正交六面体（也就是我们常说的长方形），不论是居住空间、办公空间，还是一般的商业空间，六面体的空间形态随处可见。以一个简单的小房子为例（如图2-8所示），正面投影我们称为立面图，也就相当于上面提到过的主视图；当我们从一个侧面（左或者右）观测物体时，得到物体的侧面投影，我们称为侧立面，也就相当于上面提到过的左（右）视图；当我们从上往下观测物体时，得到物体的俯视图，我们称为屋面图；但由于建筑的屋面遮挡了房间的平面布局，并且屋面的造型和尺寸与建筑的平面和墙体往往不是对应关系，所以还需要一个反映建筑平面形状和尺寸的视图。于是就产生了建筑平面图。

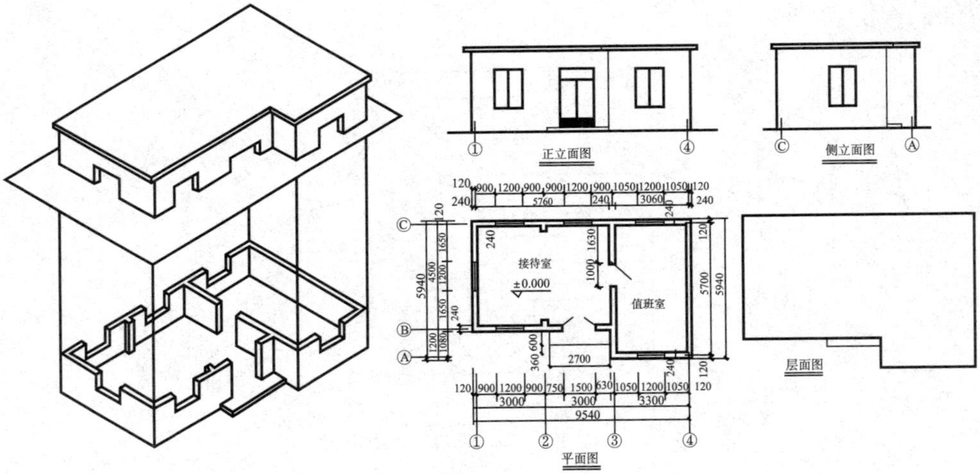

图2-8　建筑图的表示方法

平面图的形成原理是将建筑物用一个水平面（一般在窗台的上方）剖开，再向下投影得到的俯视图（如图2-8所示的立体示意图）。在平面图中我们不仅可以看到建筑物的平面形状和尺寸，还能看到房间内墙体的布局和大小，同时，窗户、门的位置和尺寸也清楚地了解。

我们把三视图与建筑图的关系进行比较说明：

（1）立面图。相当于主视图，反映出物体长度和高度方面的形状和尺寸。

（2）侧立面图。相当于左（右）视图，反映出物体厚度和高度方面的形状和尺寸。

（3）屋面图。相当于俯视图，反映出屋面的形状和尺寸。

（4）平面图。相当于水平剖面图，反映出建筑物的平面形状和尺寸。

在绘制和阅读建筑图（三视图）时，各个视图之间存在着一定的逻辑关系：

（1）主俯长对正——立面（主视图）和平面（俯视图）图在长度方向一定相等。

（2）主左高平齐——立面（主视图）和侧立面（左视图）图在高度上一定相等。

（3）俯左宽相等——平面（俯视图）和侧立面（左视图）图在宽度上一定相等。

以上三点是绘图、读图时务必遵循的规则，大家一定要牢记。

第三章　图样种类及规范

设计最终要通过图样来呈现，施工技术人员要依据设计图样进行施工，使一个好的设计变成现实。在设计方案初始阶段，设计师要通过多种表达方式（如透视图、立体图以及模型等）推敲设计、交流思想；在设计方案确定后，设计人员要绘制正规的施工图样，将建筑空间各部分的形状大小、内部布局、细部构造、材料工艺、施工要求等准确而详细地表达出来，作为施工的依据。不论是表现图、方案图和施工图，都是运用建筑制图的基本理论和基本方法绘制的，都必须符合国家统一的建筑制图规范和标准。

第一节　建筑工程设计图样的种类

一、透视图

透视图是按照人眼的视觉特征（相当于照相机）绘制的直观投影图。透视（英文perspective）一词是从拉丁文“perspclre”译过来的，原指“看透”的意思。当初西方人在研究透视时将一块透明的平面玻璃放在眼前，通过这个平面去观看景物，把看到的样子丝毫不差地描绘在透明板上，这就得到了该景物的透视图，如图3-1所示。

(a)　　(b)

图3-1　透视图

（a）建筑外观透视图　　（b）室内空间透视图

一张照片可以十分逼真地反映出建筑和室内空间的外观形状，这是因为物体通过照相机形成的图像，与我们观看物体在视网膜上所形成的图像是基本一致的。透视图能够直观、逼真地表现出物体的空间形状，为我们了解和评价设计方案、修改和推敲设计、交流信息提供了极大的方便，如图3-1所示。

透视图虽然具备上述优点，但是它不具备施工图的特性。在透视图中物体看上去近大远小、近高远低、近长远短，相互平行的直线会在无限远处交于一点，这给按图施工和尺寸度量带来了麻烦。所以，透视图只能作为设计和施工的参考图样。

二、轴测图

轴测图是一种能够表达三维尺寸的投影图，“轴测”是指沿轴向进行测量。

轴测投影形成的原理有两种：一种是用正投影原理，另一种是用透视原理。

（1）用正投影的投影原理，将物体倾斜地摆放在投影平面中（倾斜的角度不同，可以得到不同样式的轴测投影），由于物体的直角坐标与投影平面不存在平行或垂直的关系，我们所看到的物体就会有多个体面显现出来，人们习惯地将其称为立体图。

（2）用透视图生成的原理，将人的眼睛置于无穷远处，所有的投影线（视线）就会彼此平行，这时形成的透视图就没有近大远小的透视变化，也是一种立体图。

最常见的轴测图有两种：一种叫正轴测图，另一种叫斜轴测图。

图3-2画的是一种轴间角相等（X、Y、Z轴夹角均为120°）的正轴测图。这种轴测图的最大优点是可以分别沿着X、Y、Z轴向进行度量，并且度量单位（变形系数）为1：1。

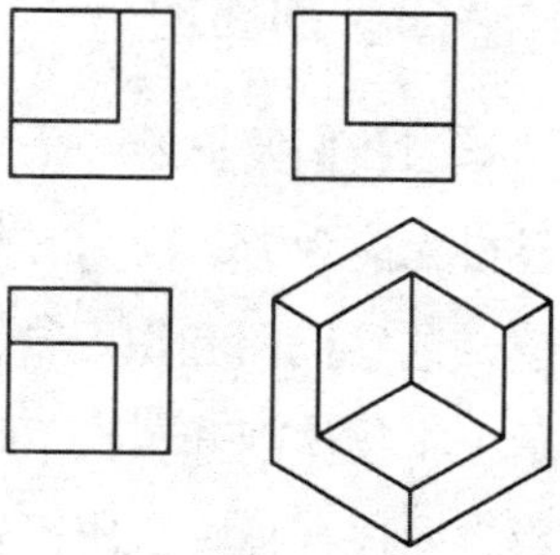

图3-2　正轴测图

图3-3画的是一种正面为物体实形（X、Z轴夹角为90°，Y轴呈45°夹角）的斜轴测图。这种轴测图的最大优点是正面为主视图正投影，其度量尺寸为1：1，Y轴方向的度量单位为1：2（图上尺寸为实际尺寸的1/2）。

图3–4画的是一种水平面为物体实形（X、Y轴夹角为90°，Z轴方向可变）的斜轴测图。这种轴测图的最大优点是水平面为平面图正投影，并且尺寸为1∶1，Y轴方向的度量单位也是1∶1（考虑到作图的方便）。

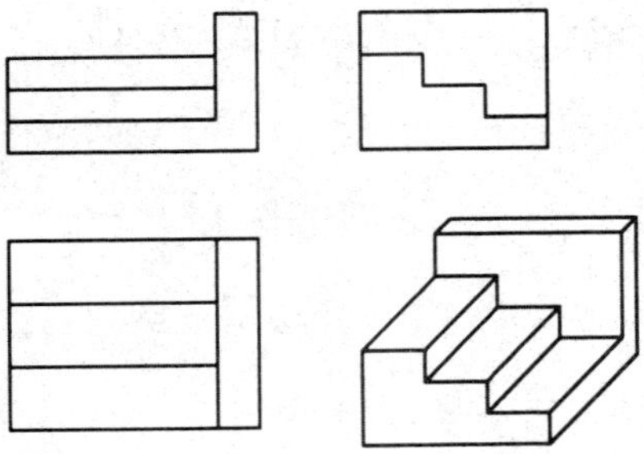

图3–3　正面斜轴测图

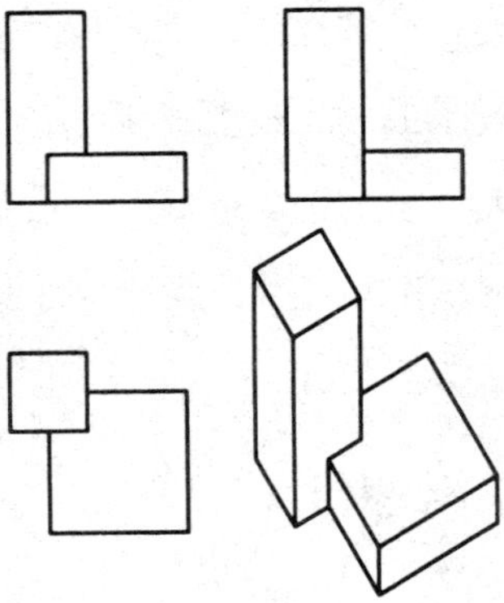

图3–4　水平斜轴测图

三、平面、立面图

在描绘建筑物的平面形状和空间布局时，我们用一个水平面将建筑物水平切开，为了更好地表现建筑物墙体的尺寸和门、窗口的位置，一般将水平剖切的位置放在窗台的上方（相当于1.5 m左右的高度），剖切后的水平投影（俯视图）叫作建筑平面图。

建筑的立面图或侧立面图，与上面讲授的正投影主视图和左（右）视图基本一样，只不过是在视图名称上有所不同，比如南立面图、北立面图、正立面图等。

四、剖面图

当我们要描绘一个复杂的物体时，运用最基本的投影图（三视图）画法有时显得无能为力。因为有些看不见的部分需要用虚线来表达，并且标注起来也很麻烦，这给读图和识图带来了许多不方便。利用一个假想的剖切平面（如图3–5所示）将物体剖开，把不用表达的部分移走，将剩余的部分向平行于剖切平面的投影方向进行投影，所得到的图形称为剖面图。

五、断（截）面图

断面图的形成原理与剖面图完全一样，所不同的是剖切平面将物体剖开后，直接把剖切平面上留下的痕迹描绘出来，就称为断面图（也称为截面图），如图3-5所示。

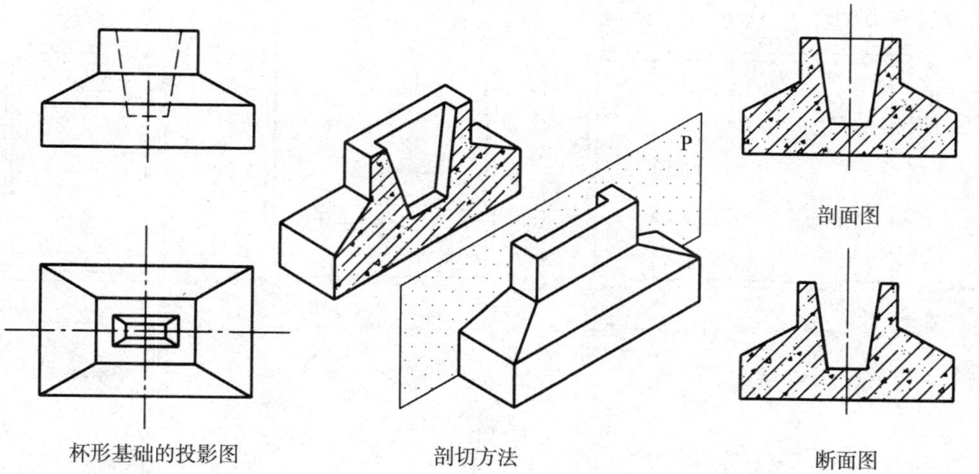

图3-5　剖面图形成原理

不论是剖面图还是断面图，剖切后物体内部材料的图示方法和标注方法都有其相应的规范要求。

六、节点大样图

在建筑和室内装修施工图中，有许多关于细部构造和材料的图示方法。一般我们把描绘物体内部（细部）构造、材料、尺寸及工艺的大比例剖面或截面图统称为节点大样图。

第二节　建筑制图的国家标准

一、图幅及规格

图幅即图样幅面，指图样的大小规格。为了方便图样的保管、查阅、装订以及文档交流，对图样的大小和规格进行了统一规定。

图幅分横式和竖式两种，如图3-6所示。由于受到纸张制作的限制，最大的横幅图样的宽度为1 189 mm，常用的图幅为A0、A1、A2、A3、A4。小一号图样的长边是大一号图样的短边，从A0到A4依次为对折的关系，见表3-1。

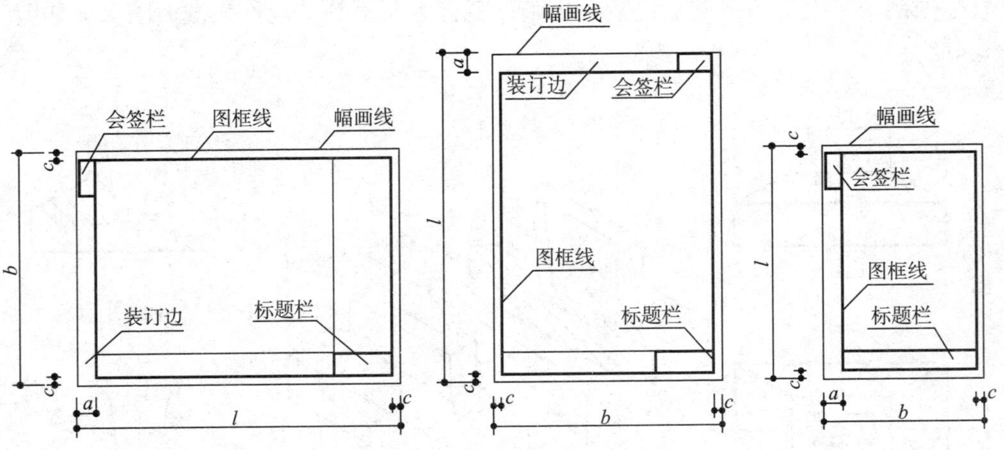

A0~A3模式幅面　　A0~A3立式幅面　　A4幅面

图3-6　图幅及边框规格

表3-1　幅面及图框尺寸（单位：mm）

尺寸代号 mm	幅面代号				
	A0	A1	A2	A3	A4
b×1	841×1 189	594×841	420×594	297×420	210×297
c	10			5	
a	25				

（1）由于图面构图的需求或是为了装订的方便，允许各种图幅长边加长。

（2）标题栏的款式和大小尺寸，依不同设计单位要求暂时没有统一规定。但一般都放在图样的下边、右边和右下角，如图3-7所示。

二、图线

施工图样都是用线条绘制成的，不同的线条代表不同的含义。要读懂建筑及装修施工图，必须熟悉各种图线的用途和性质。表3-2列出了不同线条的特性和用途。

三、尺寸标注

要想读懂施工图样，除了要看懂图形和线条表示的含义外，还必须学会看懂尺寸标注。图形只能表达物体的轮廓和形状，还不能作为施工、放样和加工的准确依据。如果尺寸有误，势必会给施工带来困难和损失。

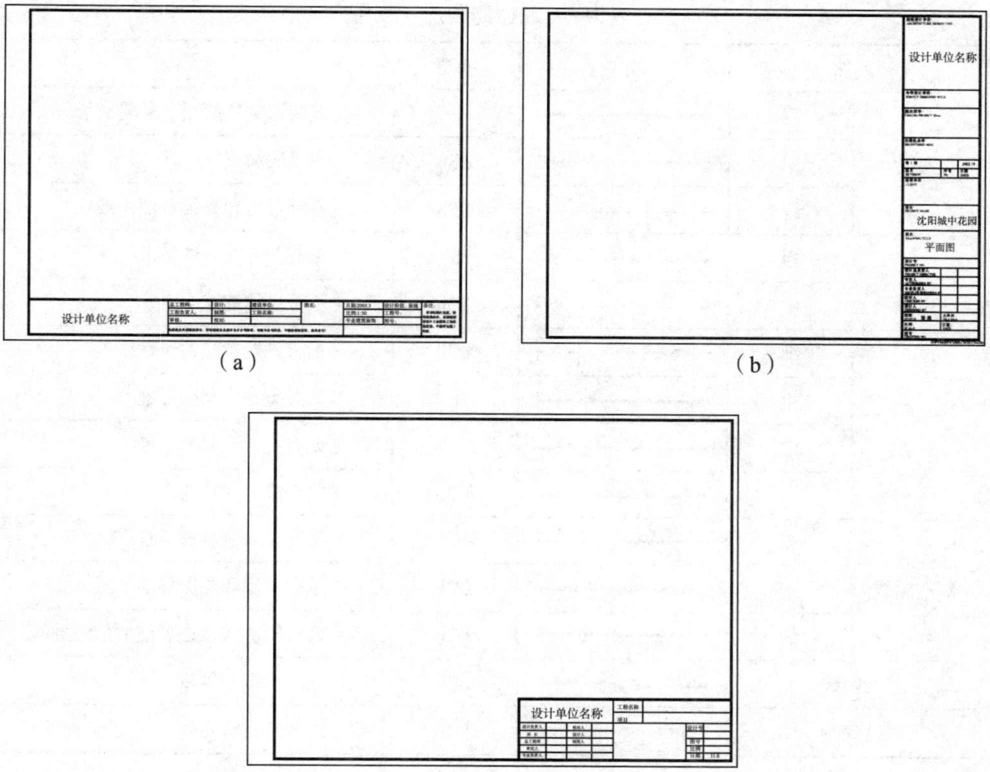

（a）　（b）　（c）

图3–7　标题栏的款式

（a）横式标题栏　（b）竖式标题栏　（c）角式标题栏

建筑及装修图样上的尺寸一般由尺寸界线、尺寸线、尺寸起止符号和尺寸数字四部分组成，如图3–8所示。

（1）尺寸界线是控制所标注尺寸范围的线段，一般与被标注的图形轮廓垂直；如果建筑图中有轴线和中心线，也可作为尺寸界线。

（2）尺寸线用于注写尺寸，一般与被标注的轮廓平行且等长，尺寸线不能超出尺寸界线。

（3）尺寸起止符号用于尺寸界线与尺寸线的交点处，一般称箭头。箭头的画法很多，有些地方真正画上一个箭头，如图3–9（a）所示；建筑图上习惯用45°的短线作为尺寸起止符号，如图3–9（b）所示；装修图样更多地采用圆点作为尺寸起止符号，如图3–9（c）所示。

表3-2　线型的画法及应用

名称		线型	线宽	一般用途
实线	粗		b	主要可见轮廓线、外轮廓线
	中		2/3b	可见轮廓线
	细		1/3b	次要可见轮廓线、图例线
虚线	粗		b	见有关专业制图标准
	中		2/3b	不可见轮廓线
	细		1/3b	不可见轮廓线，图例线等
点画线	粗		b	见有关专业制图标准
	中		2/3b	见有关专业制图标准
	细		1/3b	中心线，对称线等
双点画线	粗		b	见有关专业制图标准
	中		2/3b	见有关专业制图标准
	细		1/3b	假想轮廓线，成型前原始轮廓线
折断线			1/3b	断开、省略界线
波浪线			1/3b	断开、省略界线

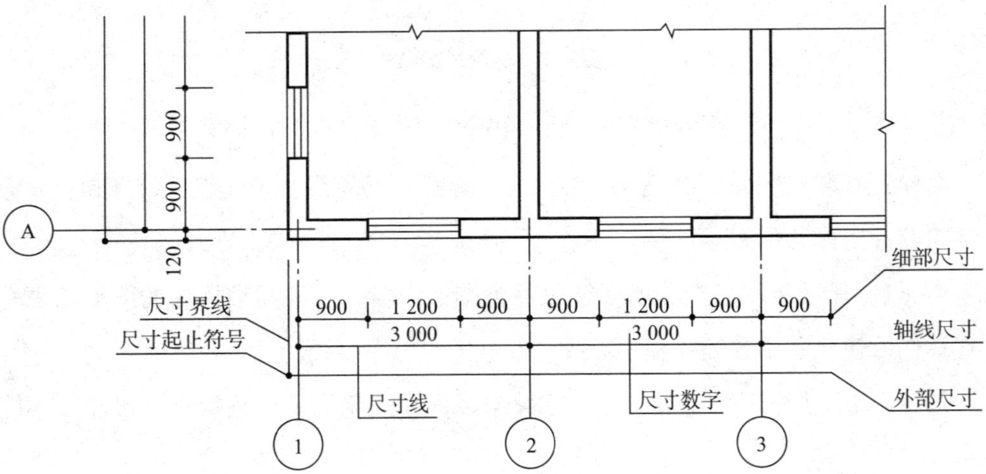

图3-8　尺寸的组成及画法

（4）尺寸数字以mm为单位，一般写在尺寸线的中部上方，如果没有足够的地方标写，也可引出标写。

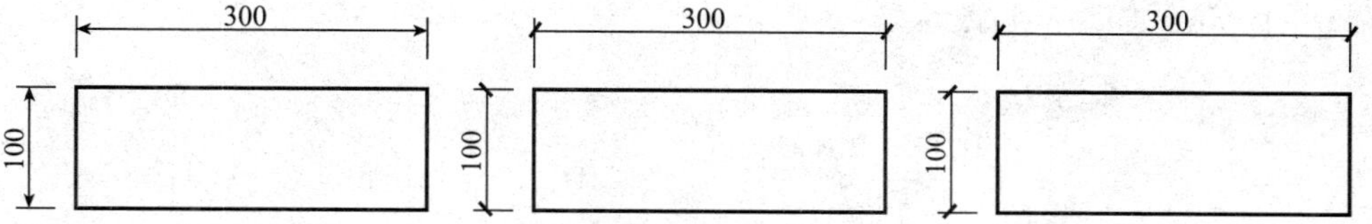

图3-9　尺寸起止符号

(a) 用箭头画尺寸起止符号　　(b) 用短线画尺寸起止符号　　(c) 用圆点画尺寸起止符号

四、比例

比例用来表示物体真实尺寸与图样尺寸缩放大小的倍数关系。当一个物体用真实的大小画在图样上时，它的比例为1：1（俗称足尺）。一般情况下，建筑图都采用缩小的比例绘制图样，常用的比例有1：5、1：10、1：20、1：50、1：100、1：500等。比例一般都选用整数，尽量选用比例尺上常用的比例绘图，便于阅读、换算和度量。

如果在一张图样上所绘制的图形都采用同一个比例，可以在图样的标题栏中标注比例数；如果在一张图上有几种比例，一般把该图形的比例标注在该图下方图样名称的后边或横线的下面以方便阅读，如图3-10所示。

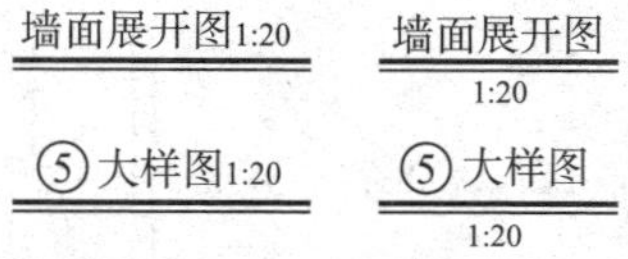

图3-10　比例标注的位置

五、轴线

轴线在建筑图中起定位作用。为了使建筑物的设计、施工、建材生产以及使用单位和管理机构之间容易协调，用标准化的方式使建筑制品、建筑构件和配件等实现工业化生产，建筑上采用了模数标准。轴线根据建筑的模数而定。比如房间的开间尺寸通常为2 400 mm、2 700 mm、3 000 mm、3 300 mm等，一般以300 mm为一个递增值。

（1）水平方向的轴线从左到右用阿拉伯数字以依次连续编为①②③……

（2）垂直方向的轴线从下到上用大写拉丁字母依次连续编为ⒶⒷⒸ……

（3）附加轴线（又叫分轴线）介于两个主轴线中间，用以标记非承重墙、隔墙的定位，如图3–11所示。

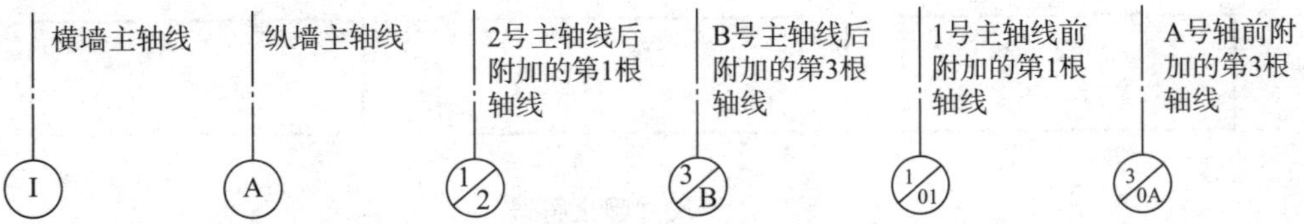

图3–11　轴线、附加轴线的标注方法

六、标高

标高是用来标记物体表面高度的符号。在建筑总平面图中，一般要标出建筑物室内地坪面的绝对标高（以中国山东省青岛市外黄海海平面年平均高度为±0.00的标高），各楼层要标出相对标高（以建筑物底层室内地面为±0.000的标高）；在装修图样中使用的相对标高，多用来表示装修后的天花板或装修后地面的相对高度（参考坐标为同一个房间或空间），如图3–12所示。

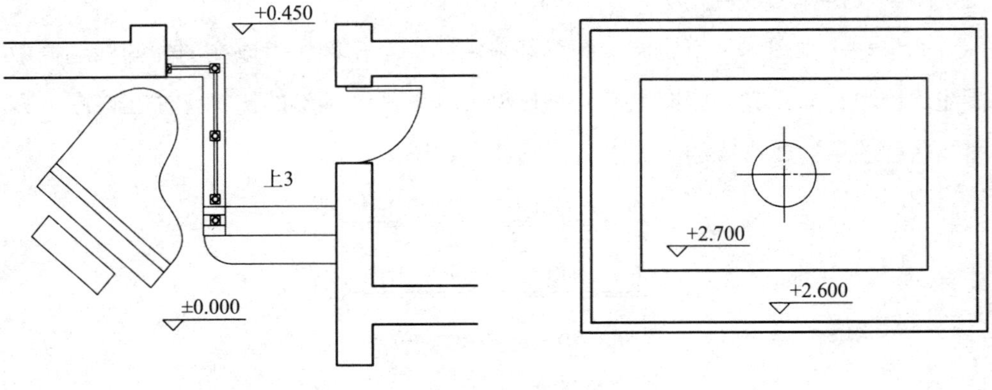

图3–12　标高符号

(a) 地面图中的标高符号　　(b) 天花板图中的标高符号

七、索引及符号

不论是建筑施工图，还是装修施工图，都有许多种索引和符号，用于引导看图者查找相关的信息或引出的内容。这使图样的设计和阅读带来了层次分明，设计的详尽内容可以从宏观到微观、由浅入深、由表及里地分层次展开。在装修施工图中有以下常用的索引和符号：

1. 详图索引

（1）索引符号是在被索引的部位画出的图示符号，用于指明放大细部的准确位置及大样图的查找方式，如图3–13所示。详图索引包括剖面详图索引和大样索引两种方式，如图3–13 (a) 和3–13 (b) 所示。

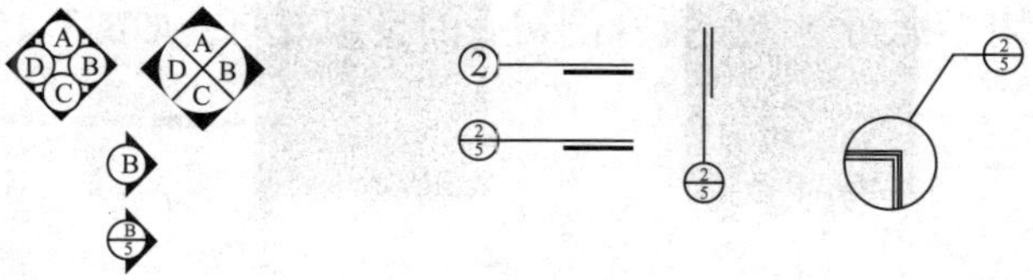

图3–13　索引符号

(a) 立面投影图索引符号　(b) 剖面图索引符号　(c) 节点大样图索引符号

（2）索引符号由引出线和圈内数字组成。圈内上部数字是详图图样名称，圈内下部数字是详图图样所在的图样页码。②表示详图在本图样页内，详图的名称为②；④表示详图不在本图样页内，可按索引提示的页码到相应的图样中查到详图。从图3–14中可以看出，在2号图上有两个详图索引①和②，节点图画在3号图样上。

（3）详图标志是索引部分的图样名称和标志。有详图标志的节点大样图可以提醒人们它是哪一部分的详图及原图所在的图页。从图3–14中可以看出，在3号图上有两个详图①和②，它们是2号图上的细部大样。

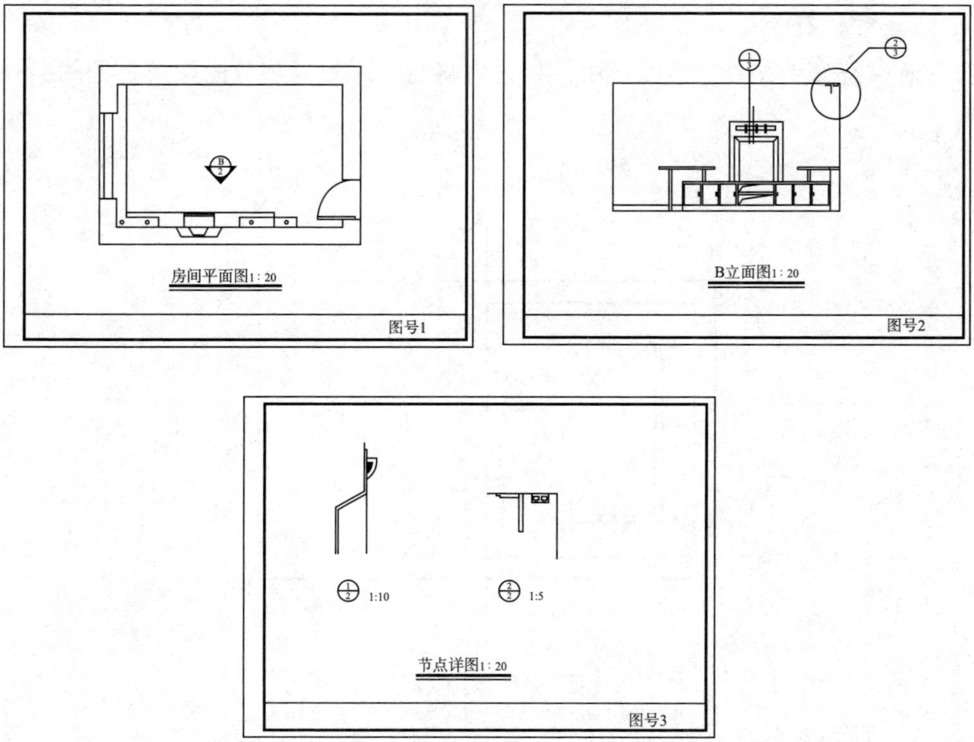

图3–14　索引符号与详图标志的关系

2. 剖面位置符号

剖面位置符号用于标明剖切位置及剖切后的投影方向，如图3–15所示。

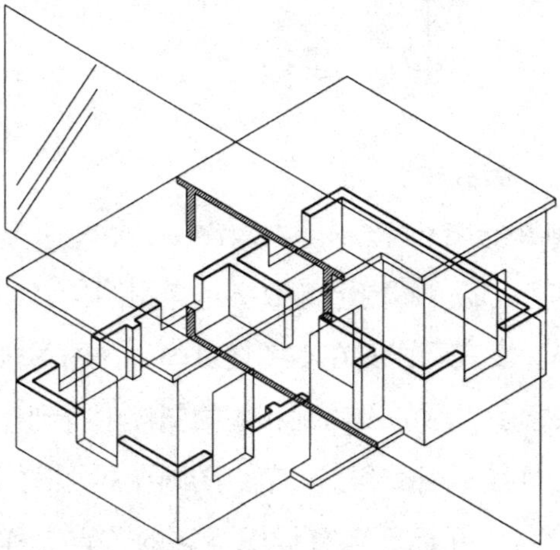

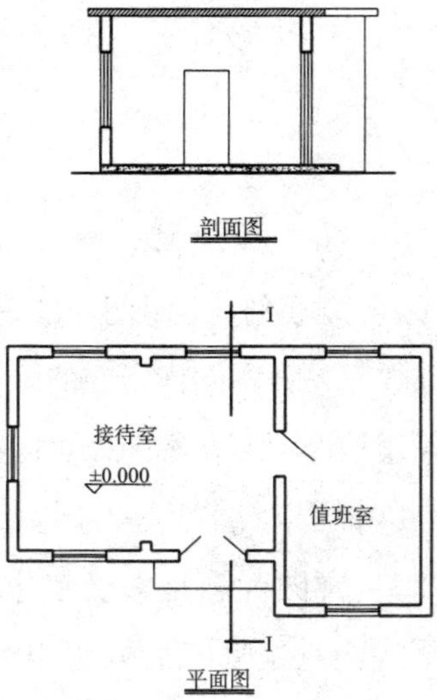

图3–15 剖面位置符号

3. 对称符号

对称符号用在对称性图形中，用来省略对称、重复部分的图样，如图3–16所示。

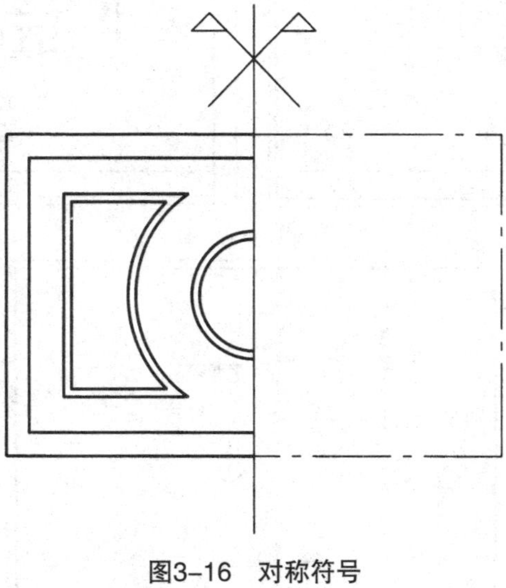

图3–16 对称符号

4. 投影索引

在室内设计及装修施工图中，经常要画出每个房间多个墙面的投影图（墙面展开图）。为了方便阅读和查找相应的墙面施工图样，需要在平面图上用特殊的符号标记哪一个墙面有相应的展开图，以及展开图画在哪张图样上。由于目前国家尚未实行统一的标记符号，所以各地区和各部门所使用的墙面投影符号五花八门，但是总体上要满足两个原则：一是要标明投影观看的角度和方向；二是要标明该图样的符号及所在的页码。

5. 省略符号

在绘制施工图时，经常会遇到一些不必要画出的部分，比如空白的墙面，或是完全重复的装饰造型，通常采用省略的符号略去无用的图样，也使图面看起来简洁明了。图3-17画出了两种常用的省略符号。

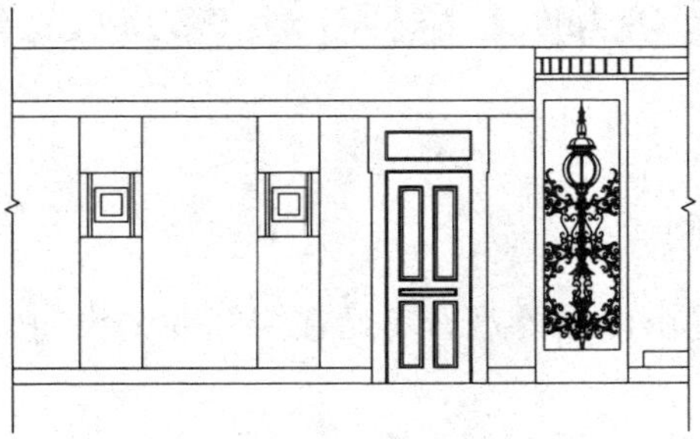

(a) 用折断线表示省略

(b) 用波浪线表示省略

图3-17　省略符号

6. 门窗编号

门窗是建筑物用量最多的构件，有时在一栋建筑中就有几十种甚至上百种形状和大小不同的门窗，为了便于统计和加工，一般在施工图上对门窗进行编号，并附有详细的门窗统计表。常用的门窗编号如下：

（1）M代表门，M1、M2、M-1、M-2等都是门的编号。

（2）C代表窗，C1、C2、C-1、C-2等都是门的编号。

（3）MF表示防盗门。

（4）LMT表示铝合金推拉门。

（5）LMC表示铝合金门连窗。

（6）LC表示铝合金窗。

各种材料和规格的门窗编号尚无统一的国家标准。

各施工图中所采用的编码所代表的含义并不一定相同，需要查看详细的门窗表和代码说明。

第三节　建筑施工图与装修施工图的差异

一、投影方向不同

（1）墙面展开图是由内向外观看（站在房间的中央向四周看），而建筑立面图是从外向内观看。

（2）平面图和地面图的投影方向与建筑图相同，都是从上往下看的俯视平面图。

（3）室内天花板图与建筑屋面图的投影方向刚好相反，室内天花板图是站在屋内向上看，然后把看到的平面图“镜像”过来；建筑屋面图是从上往下看到的俯视平面图。两者画出的结果完全不同。

二、空间界面多

装修是对建筑内部空间各个界面进行的装饰。对于一个立方体空间，一般都有六个面：地面、天花板和四个墙面。在装修施工图中，每一个界面都有相应的设计施工图，所以装修施工图样所表达的内容和图样量要比建筑图多许多。

三、细部尺寸多

由于装饰材料和装修造型的多样性，装修施工图的细部尺寸非常多。对于一个比较精致的细部处理，往往需要大比例的详图才能够将其尺寸、构造和材料等表示清楚。

四、标注内容多

装修构造和工艺比起建筑构造和施工工艺要复杂得多。在装修施工图中，关于材料、工艺等具体施工方法都有详尽的标注和说明。在阅读装修施工图时，了解和掌握这些必要的标注内容十分重要。

装修施工图的尺寸标注基准与建筑图有所不同。建筑图一般以轴线为基准，而装修图样一般以内墙为基准。这是因为在装修施工中很难以建筑轴线为参照物，同样开间和进深尺寸的房间，在施工现场度量起来误差很大。

五、节点详图多

在建筑施工图中，有许多构造和材料的节点在建筑图集（各地区和城市有自己编制的构造和节点标准图）中可以找到，只要在图中标出相应的节点编号就可以了。而装修施工所涉及的节点非常复杂，并且更新很快，目前又尚无统一的标准和规范，所以装修施工图比建筑施工图的节点详图更多。这些节点详图对保证装修质量和提高装修档次是至关重要的。就以大理石贴面为例，同样是大理石贴面，五星级宾馆的大理石贴面要比普通场合的处理方法精细得多，当然工程造价也就随之而提高。

第四章 建筑抹灰工程

第一节 常用抹灰材料

抹灰工程中常用材料有胶凝材料、骨料、纤维材料、颜料、外掺剂等。

一、胶凝材料

胶凝材料的用途是利用其“胶凝固结”的特性，使砂浆与基层之间、砂浆与砂浆之间形成牢固凝结。胶凝性材料分为水硬性材料和气硬性材料两类。水硬性材料，是既能在水中硬化又能在空气中硬化的材料，常见的有水泥。气硬性材料是只能在空气中硬化的材料，常见的有石灰、石膏、苛性菱苦土等。介绍如下：

1. 水泥

水泥的品种很多，在建筑施工中应用最广泛的是硅酸盐类水泥。而硅酸盐类水泥也有许多种，抹灰常用的有：普通硅酸盐水泥（简称普通水泥）、火山灰硅酸盐水泥（简称火山灰水泥）、矿渣硅酸盐水泥（简称矿渣水泥）、粉煤灰硅酸盐水泥（简称粉煤灰水泥）、白色硅酸盐水泥（简称白水泥）、硅酸盐膨胀水泥等。

（1）水泥的标号、性能和适用范围。

①水泥的标号。分别有：22.5、27.5、32.5、42.5、52.5、62.5。标号越大，凝结硬化后的抗压强度就越高。抹灰工程中常用的水泥标号为42.5号。为了保证工程质量，不得使用过期或受潮的水泥及小土窑生产的水泥。

②普通水泥。优点：凝结硬化快、早期强度高，抗冻、耐磨、不透水等性能较好。缺点：水化热高（水泥与水按一定比例拌和后，拌和物在凝结硬化过程中温度有较大的升高），抗硫酸盐侵蚀性差。适用范围：适用于冬季、干燥环境抹灰，宜用于抗渗砂浆、耐磨砂浆等，不得用于有硫酸盐侵蚀的工程。

③火山灰水泥。优点：保水性和耐蚀性好，水化热低，抗水性能和耐热性能

好。缺点：早强低，抗冻性差，干缩大，有泌水现象。适用范围：宜用作抗渗砂浆、远距离运输砂浆，不得用于干燥环境和有耐磨要求的工程。

④矿渣水泥。优点：耐腐蚀性、耐热性好，水化热低。缺点：抗冻性和保水性差，早强低、干缩大。适用范围：宜用于高湿度或水下环境，不宜用于有抗渗要求的工程。

⑤粉煤灰水泥。优点：耐蚀性好，水化热低，干缩性小，抗水性能和耐磨性能好。缺点：早强低，抗冻性、耐热性较差。抗碳化能力较差。适用范围：宜用于高湿度或水下环境和有耐磨要求的工程，不得用于高温干燥环境。

⑥白水泥。其白度分为一级、二级、三级、四级，标号分为32.5号和42.5号两种。性能和用途与普通硅酸盐水泥相同，一般用作装饰抹灰。掺入颜料即成为彩色硅酸盐水泥，简称彩色水泥。

（2）水泥的安定性。水泥在硬化过程中，体积要发生变化，体积变化的均匀程度称为安定性。由于水泥中含有较多的游离石灰、游离氧化镁、石膏，所以，水泥构件在凝结硬化过程中就会出现龟裂、弯曲、松脆以至崩溃等不安定现象。使用安定性不好的水泥进行砼工程施工，就会使砼构件发生变形造成事故。

（3）水泥的凝结时间。水泥加水拌和成水泥浆后，会逐渐失水，从而失去其流动性，由半流动体状态逐渐转变为固体状态，这种过程称为水泥的凝结。

水泥的凝结时间分为初凝和终凝。初凝是水泥加水拌和至水泥浆开始失去可塑性的时间；终凝是水泥加水拌和至水泥完全失去可塑性并开始产生强度的时间。

水泥凝结的时间是准确掌握施工进度和工程质量不可缺少的依据之一。为了保证砂浆有充分的时间搅拌、运输、涂抹等，水泥的初凝时间不能过短。但当施工完毕后，又要求尽快硬化，产生强度，因此，终凝时间不能太长。

硅酸盐水泥的初凝时间不得早于45分钟，终凝时间不得迟于12小时。实际上，国产硅酸盐水泥初凝时间为1～3小时，终凝时间为5～8小时。

（4）水泥的保管方法和要求。水泥是一种水硬性胶结材料，因此，要特别注意水泥的防潮和防水问题。水泥受潮后就会凝结成块，强度也会降低，甚至不能使用。所以要求存放水泥的仓库要干燥，屋顶和外墙不得漏雨渗水；堆垛要用方木和木板架空，离地约300 mm；堆垛四周要离墙约300 mm；堆高一般不超过10～12袋，矿渣水泥以8～10袋为宜，以免底层水泥受压过重纸袋破裂，或堆压过高，又久不翻搬，造成底层水泥整袋硬结不能使用。此外，还应按生产厂别、品种、标号及出厂日期分别堆存，不得混杂，并且要有明显标志。

散装水泥罐结构要严密，容器要完好，不能有漏水透风现象。水泥入罐前要查清罐内原有水泥的品种、标号，不得混杂。入罐水泥要在有效时间内使用完，罐底清理要及时，不得超过3个月。

水泥储存期不宜过长，因为在一般条件下，存放3个月后的水泥强度要降低10%～20%，时间越长，强度降低越多，所以应注意出厂日期，尽可能在3个月内使用，否则要重新检验确定标号，方可使用。

2. *石灰*

石灰分为生石灰和熟石灰两类。熟石灰通称石灰膏，施工现场配制砂浆用的石灰膏，是由生石灰经过用水熟化而成的，需要储存一定的时间后才能使用。

（1）石灰膏的技术性能。石灰膏具有良好的可塑性，它是一种硬化缓慢的材料，而且硬化只能在空气中进行，硬化后的强度不高，如1∶3石灰砂浆标准养护28日，其抗压强度通常只有0.2～0.5 MPa，在受潮后强度更低，在水中还会溶解溃散，所以石灰不宜在潮湿的环境下使用，也不宜用作重要建筑物的基础。

石灰膏在硬化过程中，蒸发出大量的游离水而引起显著的收缩，所以除用于调制石灰浆刷浆外，一般不宜单独使用，常在其中掺入砂、纸筋、麻刀等以减少收缩。

（2）对石灰的技术要求。抹灰用的石灰必须是经过充分熟化的石灰膏，要求在25℃下，熟化时间不少于15日。如果是罩面灰，熟化时间应不少于30日，并用筛孔小于3 mm×3 mm的筛子过滤，不得夹有未熟化的颗粒。冻结、风化和干硬的石灰膏不得使用。若有条件，则可用生石灰粉代替石灰膏，生石灰粉的粒度，应通过每平方厘米4 900孔筛，筛余量不得超过5%。

3. *石膏*

（1）石膏的种类。按结晶水的多少，可分为二水石膏（生石膏）、半水石膏（熟石膏）、无水石膏（硬石膏）三种。

建筑石膏是将二水石膏在107～190℃的温度下煅烧成半水石膏和无水石膏，再经磨细而成。常用的是半水石膏。

（2）石膏的硬化过程。建筑石膏的凝结是半水石膏加水后重新水化成坚硬的二水石膏的过程。由于二水石膏的溶解度约0.2%，当半水石膏连续不断地水化时，二水石膏也不断从过饱和溶液中析出晶状体，所析出的二水石膏成为结晶中心，从而更加速了结晶析出的速度，并且速度逐渐增长，直到完全干燥，晶状体之间的摩擦力和黏结力不断增加，并具有一定强度。这就是石膏的硬化过程。

（3）建筑石膏的凝结时间和性能。建筑石膏的凝结时间是随燃烧火候和杂质含量而定，一般需要数分钟至30。在室内自然干燥条件下，达到完全硬化的时间约需要一星期。硬化后的强度比较低，上等石膏7天的抗压强度约10 MPa，密度较小（表观密度为每立方米800～1 000 kg），导热性较低，凝固时不易产生收缩，反而略有膨胀，其膨胀量为1%，硬化时不产生裂缝，凝固速度比石灰快得多，为了便于施工，加入缓凝剂，如胶水、明矾水等，还可以加入各种颜料。石膏还具有抗火性，遇火灾时，二水石膏中的结晶水蒸发，吸收热量。表面生成的无水物为良好的热绝缘体。石膏硬化后具有较强的吸湿性，在潮湿环境中，晶状体间黏结力削弱，强度显著降低，遇水则晶状体溶解，吸水后受冻，使孔隙中水分冻结而崩裂，所以其耐水性和抗冻性较差。

石膏凝结很快，在掺水几分钟后就开始凝结，初凝应不小于6分钟，终凝应不大于30分钟。石膏的凝结时间可根据施工情况进行调整。如需要加速凝固，可掺入少量磨细的、未经煅烧的石膏；如需要减缓凝固，则可掺入水重0.1%～0.2%的胶或亚酸盐酒精废渣、硼砂等。

（4）建筑石膏的应用和保管。建筑石膏适用于室内装饰、隔热保温、吸声和防火等，但不宜靠近65℃以上高温，因为二水石膏在此温度下开始脱水分解，故在建筑上一般是做成石膏抹面灰浆、石膏零件和石膏板等。石膏在运输及储存时，应注意防潮，一般石膏储存3个月后，强度降低30%左右。

4. 苛性菱苦土（简称菱苦土）

菱苦土是天然镁矿经800～850℃煅烧后磨成细粉而得到的一种强度较高的气硬性胶凝材料。

菱苦土在使用时需用氯化镁溶液进行拌和。用氯化镁溶液拌和比用水拌和硬化快，强度高。用菱苦土与松木屑按3∶1的比例调制的混合物，在空气中养护28日，其抗压强度可达40 MPa以上。

菱苦土与植物纤维能很好地黏结，而且碱性较低，不会腐蚀纤维，施工方便。常用它做菱苦土楼（地）面，调制镁质抹灰砂浆，制造人造大理石、水磨石、木丝板及木屑板等。在装饰工程中应用极广。

二、骨料

抹灰工程中常用的骨料有砂、石粒、瓷粒、蛭石、珍珠岩等。

1. *砂*

（1）普通砂。由岩石风化而成的，粒径小于5 mm的岩石颗粒称为砂。由于产地不同，普通砂又分为山砂、海砂、河砂。山砂表面粗糙，与水泥黏力好，但混杂有土及有机物；海砂表面光滑洁净，但混有贝壳碎片及含盐分；河砂颗粒表面粗糙程度介于山砂与海砂之间，比较干净，且分布广泛。因而，一般工程上都采用河砂。在工程中，根据颗粒直径大小，将砂分为粗砂、中砂、细砂、特细砂四种。

粗砂：平均粒径大于0.5 mm。

中砂：平均粒径为0.35 ~ 0.5 mm。

细砂：平均粒径为0.25 ~ 0.35 mm。

特细砂：平均粒径小于0.25 mm。

抹灰砂浆中的砂要求干净，尽量不含杂质（若含有杂物，其含量不应超过3%），使用前应过3 mm × 3 mm的筛孔，含泥量较高的砂子在使用前必须用清水冲洗干净后再使用。通常用于底层和中层的砂浆宜选用中砂，而罩面灰则用细砂。

（2）石英砂。石英砂分天然石英砂、人造石英砂和机制石英砂三种。人造石英砂和机制石英砂是将石英石焙烧后，经人工或机器破碎、筛分而成，因而比较纯净，质量好。在抹灰工程中，石英砂可用于配制耐酸砂浆。

2. *石粒*

石粒是由天然大理石、白云石、方解石、花岗石以及其他天然石料破碎筛分而成。

在抹灰工程中用来制作水磨石、水刷石、干粘石、斩假石等。比较常用的是大理石石粒。

大理石石粒具有多种色泽，多用作水磨石、水刷石、斩假石的骨料，其常用品种甚多，规格按粒径大小分为大二分（约20 mm）、大一分半（约15 mm）、大八厘（约8 mm）、中八厘（约6 mm）、小八厘（约4 mm）、米粒石（2 ~ 4 mm）等。

彩色瓷粒以石英石、长石和瓷土为主要原料经煅烧而成。粒径为1.2 ~ 3.0 mm，颜色多样。彩色瓷粒具有大气稳定性好、颗粒小、表面瓷粒均匀、露出黏结砂浆少、整个饰面厚度较薄、自重较轻等优点。

抹灰工程中常用的还有绿豆砂、白凡石、瓜米石、石屑等。这些石粒用于水刷石、干粘石、斩假石及配制外墙喷涂饰面用的聚合物砂浆等。

抹灰用的石粒质量要求颗粒坚硬、有棱角、洁净、不含有风化的石粒及其他有害物质。石粒使用前应冲洗过筛，按颜色规格分类堆放。

3. 其他骨料

（1）膨胀珍珠岩。膨胀珍珠岩是珍珠岩矿石经破碎、筛分、预热而成，呈白色或灰白色，颗粒结构为蜂窝泡沫状，重量特轻，风吹可飞扬。其作用主要有保温、隔热、吸音，具有无毒、无臭、不燃烧等优点。其用途主要是与水泥等胶结材料制成保温、隔热、吸音等灰浆，用于墙面、屋面、管道等处。

（2）膨胀蛭石。膨胀蛭石由蛭石经过晾干、破碎、筛选、煅烧膨胀而成。其特性主要是密度小、自重轻、耐火、防腐、导热系数小。其用途主要是用于厨房、浴室、地下室及湿度较大的车间等内墙的墙面和天棚等处。

三、纤维材料、颜料

纤维材料在抹灰饰面中起拉结和骨架作用，提高抗裂和抗拉强度，增强弹性和耐久性。

1. 麻刀（又名麻筋）

由白麻丝剪切而成，长度不大于30 mm，要求坚韧、干燥、不含杂质，随用随打松散，每100 kg石灰膏掺入1 kg麻刀，经搅拌均匀，即可成为麻刀灰。

2. 纸筋（又名粗草纸）

有干纸筋和湿纸筋两种。使用前应浸透、捣烂，再按一定比例加入石灰膏中。干纸筋的用法是：

在淋灰时，先将纸筋撕碎，除去尘土后泡在清水桶内浸透。然后按每100 kg石灰膏掺入2.75 kg的比例，倒入淋灰池内。使用时再用3 mm孔径的筛过筛或用小钢磨搅磨成纸筋灰。

3. 草秸

一般将稻草麦秸切碎成长度不大于30 mm的碎段，并经石灰水浸泡15天后使用。也可以用石灰或水碱浸泡软化后碾轧成纤维质当纸筋使用。

4. 抹灰工程中常用颜料的种类和质量要求

常用的有天然颜料和合成颜料两类（包括矿物颜料和无机颜料）。一般抹灰装饰工程用的主要是矿物颜料和无机颜料，要求具有高度的磨细度和着色力，耐碱性能要优良，并要求pH值在7～9，耐石灰、耐水泥，不得含有石膏、白垩、盐类、酸类、腐殖土及碳质等物。外墙粉刷用的颜料，耐光性能要在7级以上。抹灰装饰工程常用的颜料颜色有：黄色、红色、蓝色、绿色、棕色、紫色、黑色等。

5. 装饰砂浆常用的颜料品种

（1）黄色颜料。氧化铁黄、铬黄（铅铬黄）。

（2）红色颜料。氧化铁红、甲苯胺红。

（3）蓝色颜料。群青、钴蓝。

（4）绿色颜料。铬绿。

（5）棕色颜料。氧化铁棕。

（6）紫色颜料。氧化铁紫。

（7）黑色颜料。氧化铁黑、炭黑、锰黑、松烟。

四、外掺剂

抹灰工程中常用的外掺剂有胶粘剂、憎水剂、分散剂等。

1. 胶粘剂

抹灰施工中常用的胶粘剂有聚乙烯醇缩甲醛和聚醋酸乙烯乳液。

（1）聚乙烯醇缩甲醛。俗称107胶，它是以聚乙烯醇和甲醛为主加入少量盐酸和氢氧化钠以及大量的水在一定的温度条件下，缩合反应而生成的一种可溶于水的无色胶粘剂。其固体含量10%～12%，体积密度为1.05 t/m^3（1.05 g/cm^3），pH值为6～7。它是抹灰工程中一种经常使用的有机聚合物，在素水泥浆或水泥砂浆中掺入适量的107胶，可将其黏结性能提高2～4倍。

107胶的主要作用：可以提高面层的强度，免致粉酥掉面；增强涂层或砂浆层韧性与弹性，减少开裂；加强涂层或砂浆层与基层之间的黏结力，使其不易爆皮或起鼓脱落。

使用107胶的注意事项：107胶的掺量不宜超过水泥用量的40%；107胶要用耐碱容器储运，冬季应注意防冻，受冻后质量会受到严重影响。

（2）聚醋酸乙烯乳液。简称乳液，又称白胶、白乳胶。它是一种白色水溶性胶结剂，是以44%的醋酸乙烯和4%左右的分散剂乙烯醇以及增韧剂、消泡剂、乳化剂、引发剂等聚合而成。比107胶的性能与耐久性都好，但价格较贵。乳液有效期为3～6个月。

2. 憎水剂（又称防水剂）

抹灰工程中常常在外墙饰面上喷刷憎水剂，以增强墙面的透气、防水、防风化、防污染等功效，从而提高外墙饰面的耐久性。常用憎水剂有甲基硅醇钠建筑憎水剂和聚甲基乙氧硅氧烷水剂两种。其特性和使用方法如下：

（1）甲基硅醇钠建筑憎水剂。该剂为无色透明水溶液，呈强碱性，固体含量为30%～33%，体积密度为1.23 t/m^3（1.23 g/cm^3），pH值为13，喷刷于外墙饰面上。该剂储存时必须密封，防止阳光直射，其温度宜为0～30℃，使用时应用水稀释。配合比按甲基硅醇钠：水=1：9（质量比）或1：11（体积比），使其固体含量达到3%，要求在稀释后的1～2天内使用完，否则存放过长防水效果会降低。在配制过程中，勿触及皮肤衣服，一旦溅到皮肤上，应立即用大量的水冲洗，然后再抹些食醋即可。在喷刷本剂时，以见湿而不流淌为度，水溶液的量宜以400 g/m^2为准；用量过多会产生白色粉末，影响饰面效果。雨天不能施工。如果在喷、刷后24小时内遇雨，则于第二天做憎水试验，以水挂流，饰面不见湿为合格。否则，须再喷刷一遍。

（2）聚甲基乙氧硅氧烷憎水剂。该剂为黄色透明液体，有特殊香味，易燃，酸性较强时遇水易水解。其稀溶液能渗透到建筑材料内部，干燥后表面不留漆膜痕迹，使建筑材料具有透气、防水等功效。由于它的价格贵，配制工艺复杂，只宜在特殊高级工程中使用。该憎水剂配制方法如下：

① 5%盐酸水溶液的配制。将浓度约为35%的工业盐酸与水按质量比1：6的比例搅拌均匀，待用。

②氢氧化钠溶液的配制。将氢氧化钠与水按质量比1：4的比例混合，再加入12份（质量比）的工业酒精搅拌均匀，待用。

③取1份（质量比）聚甲基乙氧硅氧烷，加入0.5份（质量比）工业乙醇稀释，在充分搅拌下加入0.1～0.12份5%的盐酸水溶液，此时，溶液产生放热反应至全透明，静置半小时后，取一滴溶液滴在干净的玻璃板上，如能在10分钟内固化、透明、不粘手，即表示反应良好。再放置1～2小时，然后加入3～4份乙醇和

3～4份丁醇稀释（对外观要求不高者可用乙醇代替丁醇），搅拌时加氢氧化钠溶液使pH值为7～7.5即可使用。

④24小时内防止雨水冲洗，随配随用，不得过夜。

3. 分散剂（又称减水剂）

抹灰中常用的分散剂有木质素磺酸钙和六偏磷酸钠两种。现分述如下：

（1）木质素磺酸钙。该分散剂为棕色粉末。把它掺入抹灰用的聚合物砂浆中，可减少用水量10%左右，并可起到分散剂作用。木质素磺酸钙能使水泥水化时产生的氢氧化钙均匀分散，而且有减少表面析出的趋势，常温下施工时能有效地克服面层颜色不均匀现象。掺入量约为水泥用量的0.25%。

（2）六偏磷酸钠。该分散剂为白色结晶颗粒，易潮解结块，需用塑料袋储存。用于室外喷涂、刷涂等。对于稳定砂浆稠度，使颜料分散均匀及抑制水泥中游离成分的析出，都有一定效果。掺入量为水泥用量的1%。

第二节　抹灰的一般要求与做法

一、抹灰在建筑工程中的重要性

1. 抹灰的范围

我们经常看到许多建筑物的内墙、柱、地面、顶部都有抹灰，而有些建筑物内外只勾一下砖缝，这主要是根据使用要求和标准不同来确定的。如一般民用建筑中的住宅、学校、商店、办公楼等室内都要进行抹灰，储藏室、锅炉房、车库等附属房屋的室内就不必抹灰，只需要勾一下砖缝就可以了。在工业厂房中，如铸造车间的墙面也不必抹灰，同时也不需要做地面抹灰，但是一些精密仪器的生产车间、电视机生产车间、X射线室、冷藏库等的建筑物，由于有防尘、防潮、防腐蚀、防辐射或隔音、隔热等的特殊要求，不仅需要室内抹灰，而且在选用材料和施工技术、施工工艺上均有其特殊要求。

建筑物的外表面，有的需要局部抹灰（如住宅阳台、屋檐、勒脚、雨罩、门窗套等），有的需要全部抹灰。由于建筑物的造价标准不同，在室内外抹灰的种类和等级也不同。

2. 抹灰的作用

建筑物室内抹灰主要是为了保护墙体，改善室内清洁卫生条件，增加光线反射和美观。在盥洗室、试验室和某些化工车间等易潮湿或酸碱腐蚀的房间抹灰，主要起保护墙、柱和楼（地）面的作用。

建筑物外表抹灰主要是保护墙身不受风雨等侵蚀，提高墙面的防潮、防风化和防寒隔热的能力，增加墙身的耐久性，也是改善建筑物艺术形象以至增添建筑物和城镇美观效果的措施之一。在木质或其他易燃材料表面抹灰，还能起到一定的防火作用。

由此可见，不论是建筑物室内抹灰，还是室外抹灰，都是为了达到三个目的：满足使用要求，即实用；保护主体结构，即耐久；具有艺术效果，即美观。

3. 抹灰的重要性

不论是民用建筑还是工业建筑，不论房屋的类型、大小和使用材料是否相同，都是由基础、墙柱和楼（地）面、屋顶等主要部分组成的。在房屋的建造过程中按照施工程序，通常把它分为基础施工（指首层地面以下的结构）、主体结构施工（首层地面以上的墙、柱、楼板、屋顶等）和装修三个阶段。而抹灰是装修阶段中量最大，也是最主要的部分。可以从以下几方面看出：

（1）建筑物造价的比重。装修工程从整个建筑物的造价比重来看，一般民用建筑约占30%（有些高级装修工程造价占总造价的50%以上），其中抹灰工程的造价占装修的一半左右。

（2）建筑物工程量的比重。一般民用建筑平均每平方米建筑面积就有3 ~ 5 m^2的室内抹灰、有0.15 ~ 0.75 m^2的室外抹灰（高级装修建筑的室外抹灰可达0.75 ~ 1.30 m^2）。

（3）建筑施工工期。一般民用建筑抹灰工程占总工期的30% ~ 40%，而高级装修建筑中抹灰工程约占总工期的50%，有的甚至更多，因而它对建筑物的竣工工期有很大的影响。

（4）抹灰占劳动力的比重。由于抹灰工程量大，而机械化程度又不高，因此，劳动力所占比重相应地也大。一般民用建筑中抹灰工劳动量占装修工程的50% ~ 60%，占整个建筑物总劳动量的25% ~ 30%。

从抹灰在工程造价、工程量、工期、劳动力等方面所占的比重来分析，不难看出抹灰在建筑施工中的重要地位。此外，抹灰质量的好坏，对于建筑物的实用性、耐久性和美观等的影响极大，这就要求抹灰工必须从思想上重视它，在保证质量的前提下改进操作工艺，提高技术水平和劳动生产率，并讲求艺术效果，节约原材料，降低成本。

二、墙面抹灰的一般要求

1. 普通和中级抹灰的一般要求

先用托线板检查墙面的平整和垂直程度，大致确定抹灰厚度，最薄处一般不小于7 mm。然后用打底砂浆或1：3水泥砂浆，在墙的上角做一个标准灰饼，其大小为50 mm见方，遇有门窗口垛角处要补做灰饼，然后根据两个灰饼用托线板或线锤吊垂直做墙面下角的两个灰饼，其高度在踢脚板上口，其厚度以垂直为准，然后在灰饼左右钉小钉把小线拴上拉通线，再根据小线每隔1.2 ~ 1.5 m做其他灰饼。待灰饼稍干后，做冲筋并用刮杠刮平。等冲筋稍干后就可以进行抹灰。

2. 高级抹灰的一般要求

高级抹灰应先对房间进行规方，如房间小，可以用一面墙做基线，用长方尺进行规方即可；如果房间的面积较大，就要在地面上先弹出互相垂直的十字线，以此线作为墙角抹灰的准线，在离墙角100 mm左右，用线锤吊垂直，在墙上弹一条立线，再按房间规方地线（十字线）及墙平整程度向里反线，弹出墙角抹灰准线，并在准线的上下两端拉好通线后做标准灰饼及冲筋。

3. 抹墙面阳角要求

按设计要求抹墙面阳角。如果无设计要求，一般可用1：3水泥砂浆抹出护角。护角高度不低于2 m，宽度不小于50 mm。具体做法是：根据灰饼厚度抹灰，然后粘好八字尺，并找方垂直，用水泥砂浆分层抹平，待砂浆稍干后，再用捋角器捋出小圆角。

4. 基层处理要求

基层墙面为砼时，应在抹灰前，先刮一道掺107胶的素水泥浆，紧跟着就抹灰。如果是加气砼基层，先刷一道107胶：水=1：5的溶液，紧跟着就抹灰。

5. 抹水泥砂浆的一般要求

采用水泥砂浆面层时，应先将底子灰表面扫毛或划纹道，并注意面层的接槎，表面压光不得少于两遍，罩面后次日应洒水养护。

6. 抹罩面灰的一般要求

采用纸筋灰或麻刀灰罩面时，待底子灰五六成干，就可以抹罩面灰，如果底子灰过于干燥，应先洒水湿润后再抹罩面灰。罩面要分两遍压实赶光。

7. 板条或钢丝网墙抹灰的一般要求

先将底子灰砂浆挤入板条或钢丝网的缝隙中，抹得要薄，然后按常规抹第二道找平，待六七成干时再抹罩面灰。

三、顶棚抹灰的一般要求

1. 在抹灰前找规矩弹线

抹灰前，以墙上水准为依据，量出抹灰高度后，在墙的四周弹出水平线，抹灰时以此线为依据，先抹顶棚四周，圈边找平。

2. 砼顶棚抹灰

砼顶棚抹灰，应先刷一道素水泥浆，然后紧接着抹灰。底灰要分层抹平，头遍底灰要压实，待六七成干时，再抹第二遍底灰。

3. 板条顶棚抹灰

在对板条顶棚抹底灰时，应注意抹子的运行方向，抹子的运行方向要与板条方向垂直，并将砂浆挤入板条中。待稍干后再抹第二遍底子灰，待底子灰六七成干时，可抹罩面灰，应分3遍成活。板条间距一般不大于100 mm，不小于5 mm。

4. 做顶棚灰线

抹顶棚灰时，应先做顶棚灰线，后抹灰。抹灰时应特别注意不要碰坏灰线。

5. 顶棚抹灰的质量

顶棚抹灰的罩面应顺平、压实压光，不得有抹纹、气泡、接槎不平等现象，顶棚与墙面相交的阴角，应成一条直线。

四、常见抹灰的一般做法

1. 墙面抹灰的一般做法

（1）石灰黏土抹灰。适用于土坯墙、砖墙、板条墙。先用草泥打底，分两遍成活（厚度13 ~ 15 mm）后用1：3石灰黏土罩面（厚度2 ~ 3 mm）。土坯墙最好在砌好后一周内抹灰。

（2）石灰砂浆抹灰。适用于砖墙基层。先用1：3石灰砂浆打底，待底子灰稍干，用1：1石灰砂浆随抹随搓平压光（厚度13 mm）。或先用1：2：8（石灰膏：砂：黏土）砂浆打底（厚度13 mm），或用1：3石灰黏土草秸灰打底（厚度13～15 mm），后用1：2～2.5石灰砂浆面层压光（厚度6 mm），也可用纸筋灰面层压光（厚度2～3 mm）。

（3）混合砂浆抹灰。适用于砖墙基层。若用于做油漆墙面抹灰，先用水泥石灰砂浆（1：0.3：3）打底（厚度13 mm），再用1：0.3：3水泥石灰砂浆罩面（厚度5～8 mm）。对于有吸声要求的砖墙房间，则采用水泥：石灰膏：砂子：木屑=1：1：3：5的混合砂浆，分两遍成活（厚度15～18 mm），木抹子搓平。

（4）水泥砂浆抹灰。

①用于水池、窗台抹灰时，先用1：2.5水泥砂浆打底（厚度13 mm），再用1：2水泥砂浆罩面（厚度5 mm）。

②用于潮湿较大的砖墙基层、砼基层，如墙裙、踢脚板时，先用1：3水泥砂浆打底（厚度13 mm），再用1：2.5水泥砂浆罩面压光（5～8 mm），底子灰分两遍成活，头遍要压实，表面扫毛，待五六成干时抹第二遍。

③用于加气砼基层时，先用107胶：水=1：5溶液涂刷均匀，再用1：3水泥砂浆打底（厚度5 mm），抹灰前将墙面浇水湿润，薄薄地刮一遍底子（简称铁板糙）后再抹底子灰，打底后隔两天，用1：2.5水泥砂浆罩面（厚度5 mm）。

（5）纸筋灰（或麻刀灰、玻璃丝灰）抹灰。

①用于砖墙基层时，先用1：3石灰砂浆打底（也可用1：2.5水泥炉渣砂浆或1：3水泥石屑浆打底），打底厚度13 mm，再用纸筋灰罩面（也可用麻刀灰、玻璃丝灰罩面），高级装修罩面宜分两遍成活，厚度2 mm。

②用于砼基层时，先刷素水泥浆，然后立即用1：3：9（或用1：0.5：4）水泥石灰砂浆打底（厚度13 mm），再用纸筋灰罩面（厚度2 mm）。

（6）石膏灰浆抹灰。用于高级装修的墙面和顶棚。先用1：（2～3）麻刀灰浆打底抹平（分两遍成活），要表面平整垂直（厚度13 mm），再用13：6：4（石膏粉：水：石灰膏）罩面，分两遍成活，在第一遍未收水时即进行第二遍抹灰，随即用铁抹子修补压光两遍，最后用铁抹子溜光至表面密实光滑为止（厚度2～3 mm）。

施工要点：打底用的麻刀灰，应在20天前备好待用，其中麻刀为白麻丝，石灰宜用熟化28天以上的灰膏，配合比为麻丝：石灰=7.5：1 300（质量比）。石膏一般宜用乙级建筑石膏，结硬时间为5分钟左右，4 900孔筛余量不大于10%；配制罩面石膏浆时，先将石灰膏缓凝剂加水搅拌均匀，随后按比例加入石膏粉，随加随拌和，坍落度为10～12 cm即可使用。其他缓凝剂按石膏重量加入1%～2%硼砂，牛皮胶水溶液为1 kg牛皮胶加1.4 kg水加热熬制，待牛皮胶完全溶解后加入70 kg水拌匀即可使用。

注意事项：抹灰前，基层表面应清扫并浇水湿润；石膏浆应随用、随拌、随抹，墙面抹灰要一次成活不得留接槎。基层不宜用水泥砂浆或混合砂浆打底，亦不得掺用氯盐，以防泛潮面层脱落。

2. 顶棚抹灰的一般做法

（1）现浇砼楼板顶棚抹灰。先用1：0.5：1水泥石灰砂浆打底（厚度2～3 mm），再用1：3：9水泥石灰砂浆找平（厚度6～9 mm），最后用纸筋灰罩面（厚度2 mm）。或先用1：2：4水泥纸筋灰砂浆打底（厚度2～3 mm），再用1：2纸筋灰砂浆找平（厚度10 mm），最后用纸筋灰罩面（厚度2 mm）。

施工要点：抹头道灰时，必须与模板木纹的方向垂直，用钢皮抹子用力抹实，越薄越好，底子灰抹完后，紧跟抹第二遍找平，待六七成干时，即应罩面。

（2）预制砼楼板顶棚抹灰。先用1：0.5：4水泥石灰砂浆打底（分两遍抹，连续操作，厚度8 mm），后用纸筋灰罩面（厚度2 mm）。或先用1：1：6水泥纸筋灰砂浆打底（厚度7 mm），后用1：1：6水泥细纸筋灰砂浆罩面压光（厚度5 mm）。

（3）板条、苇箔顶棚抹灰。适用于高级装修工程，先用1：1水泥砂浆（加水泥重量2%的聚醋酸乙烯乳液）打底（厚度2 mm），养护2~3日后，再用1：3：9水泥石灰砂浆找平（厚度6 mm），最后用纸筋灰罩面（厚度2 mm）。或先用麻刀灰掺10%水泥打底（不包括挤入缝隙的厚度3 mm），再用1：2.5石灰砂浆（砂子过3 mm筛）紧跟着压入底灰中（本身无厚度）。再用1：2.5石灰砂浆找平（厚度6 mm）。最后用纸筋灰罩面（厚度2 mm）。

施工要点：底子灰需养护2～3小时后，再做找平层。在较大面积的板条顶棚抹灰时要加麻丁，即在抹灰前用250 mm长的麻丝拴在钉子上，钉在吊顶的小龙骨上，每300 mm用1颗钉子，每两根龙骨麻丁错开150 mm，在抹底子灰时将麻丁分开成燕尾形抹入。

（4）板条钢板网顶棚抹灰。分层做法是先用1：2：1水泥石灰砂浆（略掺麻刀）打底，灰浆要挤入网眼中，厚度3 mm；再用1：0.5：4水泥石灰砂浆紧跟压入第一道灰中（本身无厚度）；第三道用1∶3∶9水泥石灰砂浆找平，厚度6 mm；最后用纸筋灰罩面，厚度2 mm。

施工要点是：板条之间应离缝30～40 mm，端头离缝50 mm，找平层六七成干时，即进行罩面。

（5）钢板网顶棚抹灰。适用于大面积厅堂等高级装修工程。

分层做法：先用1∶（1.5～2）石灰砂浆（略掺麻刀）打底，灰浆要挤入网眼中。厚度3 mm；再挂麻丁，将小束麻丝每隔300 mm左右挂在钢板网网眼上，两端纤维垂下，长250 mm；再用1∶2.5石灰砂浆分两遍成活，每遍将悬挂的麻丁向四周散开1/2，抹入灰浆中，厚度3 mm；最后用纸筋灰罩面，厚度2 mm。

施工要点：钢板网吊顶龙骨以400 mm×400 mm方格为宜；为避免木龙骨变形影响抹灰层开裂，可使用直径6 mm的钢筋拉直钉在木龙骨上，然后用扎丝把钢板网绑扎在钢筋上。

第三节　抹灰施工工艺

一、砖墙面抹石灰砂浆工艺

1. 操作工艺

准备工作→顶板勾缝→砖墙面清理并浇水湿润→找规矩贴灰饼→抹踢脚线（板）→做门窗洞口及阳角等处护角→抹水泥窗台→砖墙面冲筋→抹底子灰→抹罩面灰。

2. 操作工艺要点

（1）做好抹灰前的准备工作。

①检查门窗框及修整。在抹灰前检查一遍门窗框，发现有门窗框不垂直、对角线偏差、平面有歪斜等，应及时修理好。对于个别偏差太大无法修理的门窗框，必须拆下来重新安装。

②门窗框边塞缝。门窗框检查修整符合要求后，就可以进行塞缝。将门窗框两边与墙连接处，用1∶3的水泥砂浆塞缝，个别处的缝隙太大，可在水泥砂浆中掺少量麻刀，再分层塞缝，直至塞平为止。

当门框或窗框与过梁之间缝隙较大，窗台处缝隙较大，用水泥砂浆无法塞缝时，可用细豆石砼塞缝，也可用水泥：石灰膏：砂子=1：1：6的混合砂浆塞缝。

③对于脚手眼、管线洞、接板洞等，要用砖或豆石砼堵平抹灰，同时将窗台砖修理补齐，隔墙与楼板交接处应用斜砖砌平。

④准备好大小刮杠、靠尺板、木抹子、托灰板及抹灰高凳等。

（2）预制砼顶板勾缝。

勾缝前首先要将灌缝砼的突出部分及杂物剔除干净，然后浇水湿润，再用水泥：石灰膏：砂子=1：0.5：2的混合砂浆勾缝，要求勾平抹平。在勾缝的同时，要铲凿平整过梁、梁、梁垫、圈梁有突出不平的部分，有蜂窝、麻面的用1：3水泥砂浆分层抹平。

（3）砖墙面清理并浇水湿润。

抹灰工程容易产生空鼓的质量问题，其中最主要的原因之一是没有重视基层面的处理，因此，要十分重视砖墙面的清理和浇水湿润这两个操作工艺。

①砖墙面的清理。对砖墙面上的耳灰、砼跑浆、砖墙表面的油渍、碱渍、污垢等，必须清理干净。

②砖墙面的浇水湿润。应在抹灰前进行，最好提前一天隔夜浇水。要求水要渗入到砖墙面内10～20 mm为宜。如果是在春夏季抹灰，要多浇一些水，以防墙面风干，若在阴雨天，要少浇些水，以利砂浆凝结。

③浇水时必须掌握好浇水的顺序和水势。应从左至右、从上至下顺序进行，水势要小要适当，水从墙面向下流淌，利于被吸进砖墙内，采取这种浇水方法既可以节约用水量，又不使楼板面上积水，同时又能防止水流入预制空心板内造成积水，以致给顶棚抹灰或喷浆造成困难，影响顶棚的装修质量。

（4）找规矩贴灰饼。

为了有效地控制抹灰层的垂直度、平整度和厚度，使其符合抹灰工程的质量检验评定标准，必须根据需要抹灰部位的平整程度做出标志。

①根据砖墙面的平整和垂直情况，经检验后确定抹灰层的厚度，但抹灰的最薄处不得少于7 mm。内墙面抹灰，总的抹灰厚度控制在普通抹灰厚度为18 mm，中级抹灰厚度为20 mm，高级抹灰厚度为25 mm。

②抹灰层厚度确定后，就可以做灰饼。先在2 m高处（或距顶棚150～200 mm处）贴灰饼，贴灰饼的顺序是：先贴上灰饼，再贴下灰饼；先贴墙面两端头的灰

饼，再贴中间灰饼。墙高3.2 m以上的，要两个人挂线做灰饼，如图4–1所示。

③贴灰饼的操作方法。先在砖墙面上端距阴、阳角150～200 mm处，根据已确定的抹灰厚度，用1：3水泥砂浆做成50 mm×50 mm见方的灰饼。先做两端头的灰饼，并以这两块灰饼为依据拉准线，然后依拉好的准线每隔1.2～1.5 m做一块灰饼。灰饼间距不宜过大，否则在刮杠时较费劲。

图4–1　引测灰饼

在上灰饼做好后，根据上部灰饼用缺口板和线锤做下面灰饼，下面灰饼应距地面200 mm左右，下面灰饼的贴法同上面灰饼。但要注意，所有灰饼的最大厚度不得超过25 mm，最小厚度不得小于7 mm。

（5）抹水泥踢脚线（板）。

抹水泥踢脚板的顺序最好是先抹踢脚板，后抹墙面，这样既能有效地防止踢脚板的空鼓，又能控制墙面抹灰的平整度。无论是采取先抹踢脚板后抹墙面，还是先抹墙面后抹踢脚板，要求踢脚板突出墙面的厚度必须一致，一般控制在5～7 mm，而且要分层抹压平整，否则会发生空鼓或裂纹等质量问题。

①踢脚板抹灰之前，必须把基层面按要求清理干净，而且要提前浇水湿润，使其与踢脚板的底子灰结合牢固（这是防止空鼓的主要措施之一）。然后用水泥：107胶：水=1：0.1：4的素水泥浆薄薄地刮一遍，紧接着用1：3水泥砂浆抹底层灰，并用木抹子搓毛。

②底层灰抹平搓毛后，就可以抹罩面水泥砂浆，罩面灰为1：2.5的水泥砂浆，其厚度要突出墙面罩面灰5～7 mm。待抹平压光收水后，按施工图设计要求

的高度，根据室内+500 mm的水平线定出踢脚板高度尺寸，再用粉线包弹出踢脚板高度的水平线，然后用八字尺靠在线上（踢脚板上口）用钢抹子将踢脚板切齐压抹平整，最后用阳角抹子捋光上口。

③在水泥砂浆踢脚板抹好后，不能在表面刷水泥素浆，否则会因不符合施工规范要求而成为不合格品。

（6）做护角线。

①为了使每个外凸的阳角在抹灰后线条清晰、挺直，并且防止在抹灰后碰坏阳角，一般的抹灰要做护角线。护角线分为明护角和暗护角两种，但多数做暗护角线。

②暗护角线的做法。室内的墙面、门窗洞口的阳角，宜用1：2的水泥砂浆做护角。其高度不低于2 m，每侧宽度不小于50 mm，其厚度以门窗框离墙面的空隙为准，而另一面（大面墙）的厚度以墙面抹灰层厚度为准，暗护角线也可以起到冲筋的作用。

③抹护角线时先用1：3水泥砂浆薄薄抹一层50 mm宽的底子灰，然后用钢筋夹头将八字尺夹住或用竹片条撑住，在同一高度的护角线撑八字尺要一次完成，如门窗洞口应从天盘底到地坪（或窗台）一次将八字尺撑好，以免分次成活造成明显的接槎。八字尺夹撑后，用线锤或目测将八字尺调整垂直，然后分层抹成斜面，再用同样的操作方法抹另一侧，使其成八字形，最后用捋角器捋光压实，呈八字形小圆角。门窗洞口小圆角做好后，要及时用清水将门窗框上的砂浆洗净。

（7）抹水泥窗台。

①首先将窗台基层清理干净，如有松动的砖要重新筑好，先把砖缝划深，然后用水浇透，再用1：2的细豆石砼铺实，其厚约25 mm。次日先刷一道素水泥浆，然后用1：2.5的水泥砂浆罩面，要求压实压光，并在窗台阳角处用捋角器捋成小圆角。窗台下口要平直，不得有毛刺。隔天再浇水养护2 ~ 3天即可。

②在抹水泥砂浆窗台时，要特别注意抹灰前的基层处理和抹灰后的洒水养护。否则极易发生空鼓或裂缝的质量问题。这个问题要十分重视，一旦发生空鼓或裂缝时无法进行修补，只能砸掉重抹。

（8）砖墙面冲筋。

冲筋就是在两灰饼之间抹出一条长灰埂来，其宽度为50 ~ 60 mm，厚度与灰饼相同。冲筋是抹底子灰填平的标准。手工抹灰时一般冲竖筋，如图4–2所示。

①冲筋的操作方法。先将墙面浇水湿润，再在上下两个灰饼之间抹第一层砂

浆，接着抹第二层砂浆，要求砂浆抹成突出状的八字形，并比灰饼突出5～10 mm。但连续抹几条的数量，要根据墙面的吸水程度来定。吸水快时要少抹几条，吸水慢时要多抹几条，否则会造成刮杠困难。筋埂抹好后，用木杠两端头紧贴灰饼上下或左右搓，直至把筋搓得与灰饼齐平为止。

②当层高大于3.5 m时，应有两人分别在架子上下协调操作。当筋埂抹好后，两个人各执长刮杠的一端搓平。

图4–2　抹冲筋

刮杠操作时，要随时注意木杠的受潮变形，发现木杠变形要及时修整，以防止产生因冲筋不平造成墙面抹灰不平的质量问题。

灰饼、冲筋位置示意图见图4–3。

（9）抹底子灰。

砖墙面抹底子灰的操作工艺顺序是：装档→刮杠→搓平。一般情况下，冲筋后约2小时，就可抹底子灰，应注意掌握好时间，不要过早或过迟，如图4–4所示。

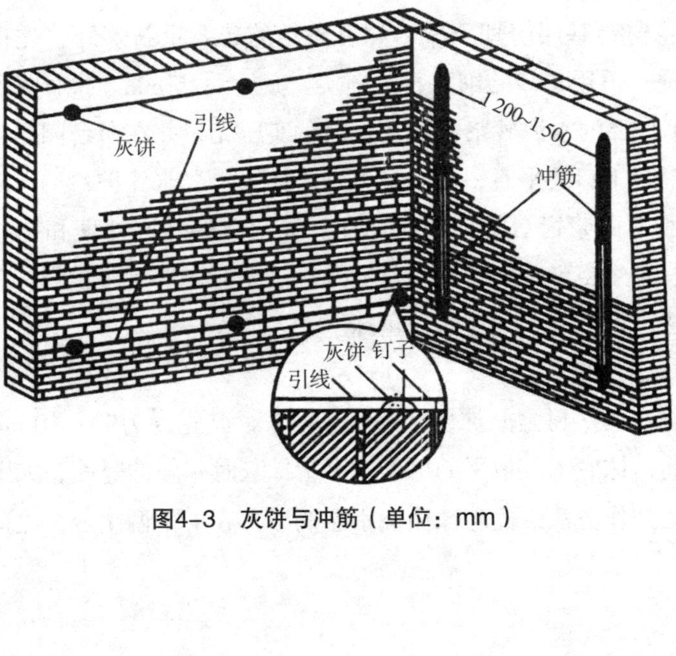

图4–3　灰饼与冲筋（单位：mm）

图4–4 抹底子灰

操作方法：先薄薄地抹一层1∶3的石灰砂浆，紧接着分层装档至与冲筋找平，然后用短刮杠靠在两边冲筋上，由下往上刮平。刮杠时手腕要灵活，刮完一块后，用木抹子搓平、搓毛，然后全面地检查一遍底子灰是否平整，阴阳角是否方正，管道和阴角交接处、墙顶板交接处是否光滑平整，并用靠尺板检查墙面的垂直平整情况，发现有偏差要及时修补。最后将地面、踢脚板以及管道背后的砂浆清理干净。

（10）修抹预留孔洞、电气箱、槽、盒。抹罩面灰之前，必须把预留孔洞、电气箱、槽、盒等处修抹好，然后才能抹罩面灰。底子灰抹平后，应派专人先把预留孔洞四边约50 mm的砂浆清理干净，改用1∶1∶4的水泥混合砂浆把洞、箱、槽、盒等处抹成方正、光滑、平整的表面，但要注意灰不能抹高了，要比底子灰或冲筋低2 mm。

（11）抹罩面灰。罩面灰一般采用纸筋灰、麻刀灰或玻璃丝灰。当底子灰六七成干时，就可以抹罩面灰。如果底子灰较干，应先洒水湿润。罩面灰要求两遍成活，厚度约2 mm。

操作方法：两人同时操作，一人先薄薄刮一遍，另一人抹平。按先上后下的顺序进行，然后用钢抹子压一遍，最后用塑料抹子顺抹子纹压光，随即用毛刷蘸水将罩面灰污染处清刷干净，不应甩破活（如遇施工缝，可甩整面墙）。

3. 质量标准

（1）保证项目

材料的品种、质量必须符合设计要求和材料标准的规定；各抹灰层之间及抹灰层与基体之间必须黏结牢固，无脱层、空鼓，面层无爆灰和裂缝（风裂除外）等缺陷。

（2）基本项目

①表面。

普通抹灰：表面光滑、洁净、接槎平整。

中级抹灰：表面光滑、洁净、接槎平整，线角顺直清晰（毛面纹路基本均匀）。

高级抹灰：表面光滑、洁净，颜色均匀、无抹纹，线角和灰线平直方正，清晰美观。

②孔洞、槽盒、管道后面的抹灰表面尺寸正确、边缘整齐、光滑平整。

③门窗框与墙体间缝隙应填塞密实，表面平整。

④分格条缝宽度、深度均匀，平整光滑，棱角整齐，横平竖直、通顺。

（3）室内抹石灰砂浆的允许偏差项目

①立面垂直。用2 m托线板检查，普通抹灰可不检查，中级抹灰允许偏差5 mm，高级抹灰允许偏差3 mm。

②表面平整。用2 m靠尺及楔形塞尺检查，普通抹灰允许偏差5 mm，中级抹灰允许偏差4 mm，高级抹灰允许偏差2 mm。

③阴、阳角垂直。用2 m托板检查，普通抹灰可不检查，中级抹灰允许偏差4 mm，高级抹灰允许偏差2 mm。

④阴、阳角方正。用200 mm方尺及楔形塞尺检查，普通抹灰可不检查，中级抹灰允许偏差4 mm（阴角方正可不检查），高级抹灰允许偏差2 mm。

⑤分格条（缝）平直。拉5 m线和尺量检查，普通抹灰可不检查，中级抹灰允许偏差5 mm。

4. 应注意的质量问题与解决的方法

（1）在门窗洞口、墙面、踢脚板等抹灰处出现空鼓和裂缝。造成原因及解决方法如下：

①在门窗框两侧与砖墙面结合处，因留缝过小或过大，或因没有按要求进行塞缝；造成了塞缝困难。在砌筑砖墙体时没有按要求预埋好木砖，或木砖预埋不牢固，而在塞门窗框时没有处理好。因此，在门窗开关振动下产生了空鼓或裂缝。所以要将塞门窗框缝作为一道工序，设专人负责，按要求进行塞缝。如缝隙较大时应分2至3次塞实、塞严。否则待砂浆收缩时，仍然会产生裂缝。

②由于基层清理不干净或处理不当，墙面浇水不透，在抹灰后砂浆中的水分很快被基层或底灰吸收，影响黏结力。因此，必须认真清理和浇水，一般应浇两遍水，使水吸进砖墙内10 ~ 15 mm为宜。

③由于基层偏差较大，一次抹灰层过厚，会引起干缩大。因此，对于抹灰过厚的要分层抹平，一般每遍抹灰厚度7 ~ 9 mm为宜。

④由于配制砂浆和原材料质量不好，使用不当。因此，要根据不同基层采用不同砂浆，同时要加强对原材料和使用部位的管理。

（2）抹灰面层起泡、有抹纹、开花。

①由于抹完罩面灰后，压光工作跟得太紧，灰浆没有收水，故在压光后产生起泡现象。

②在抹罩面灰时，底灰干燥，又没有浇透水，在抹罩面灰后，水分很快被吸收，故压光时容易出现抹纹和漏压。

③由于石灰膏熟化时间过短，欠火灰、过火灰颗粒及杂质没有过滤彻底，抹灰后遇水继续熟化，使体积膨胀，造成抹灰表面炸裂，出现开花现象。

（3）抹灰面不平，阴阳角不垂直、不方正。主要是因为在抹灰前挂线、做灰饼和冲筋时不认真，或在阴阳角处不冲筋、不顺杠、不找规矩。

（4）踢脚板、窗台板等上口出墙过厚或厚度不一致、上口毛刺、口角不方。主要因操作不细，不按规范去吊垂直、拉线找直、找方正，抹完灰后又不反尺把上口赶平压光所致。

（5）暖气槽两侧上下窗垛抹灰不通顺一致。主要是不按规范吊直找方所致。

（6）顶板勾缝不严、有空鼓裂缝。主要是基层清理不干净，没有浇透水，砂浆配合比不当，底层灰与楼板黏结不牢，加上楼板安装不平，相邻板底高低偏差大，灌缝不密实等所造成。

二、墙面抹水泥砂浆工艺

1. 操作工艺

准备工作→基层处理→做灰饼与冲筋→抹底子灰水泥砂浆→粘分格条→抹面层水泥砂浆→做滴水线→养护。

2. 砼外墙板抹水泥砂浆的操作工艺要点

（1）做好抹灰前的准备工作。抹灰前的准备工作是确保工程质量和抹灰工作顺利进行的不可缺少的工序。具体内容如下：

①在抹灰前，应检查门窗框的位置是否正确，与墙体的连接是否牢固，发现有不符合要求的，必须修整好。对门窗框与墙连接处的缝隙应用1∶3水泥砂浆或1∶1∶6的水泥混合砂浆分层嵌塞严实。如果缝隙较大，可在砂浆中掺少量麻刀嵌塞，使其塞缝密实。如果是铝合金门窗的缝隙，必须按设计要求嵌塞。

②外墙预埋预设的铁件、管道、阳台栏杆，应提前安装好。结构施工时预留的孔洞等要提前堵塞严实，将柱、过梁等突出墙面的砼剔凿平，凹处则要刷净，并洒透水后再用1∶3水泥砂浆分层补满抹平。

③预制砼外墙板接缝处应提前处理好，并检查空腔是否畅通，勾缝后做淋水试验，无渗漏后方可抹灰。

④外墙抹水泥浆大面积施工前，应先做样板，经鉴定并确定施工方法。

⑤抹灰前应先检查墙面的平整，以决定抹灰层的厚度。抹灰前对大面上的阳台、窗台，碹脸两侧，要根据图纸尺寸要求，再用经纬仪打出基准线，以此作为抹灰打底的依据。

⑥抹灰前应将外架子提前搭设好，横竖杆要离墙面及墙角200～250 mm，以便抹灰操作。为保证墙面的平整度，外架子需铺设三步脚手板，以满足抹灰连续操作的需要。为使外墙抹灰的颜色一致，严禁在外墙面预留临时孔洞。

（2）基层处理。先将砼墙身清理干净，然后提前浇水湿润，但要掌握好水势和湿度，如砼墙身吸水过大，会给抹灰时造成困难。如果砼表面很光滑，应对其表面进行“毛化处理”，其做法有：

①将砼光滑表面用錾子凿毛，使其粗糙不平，然后用水清理一遍。

②将砼光滑表面用水刷洗干净，并用10%碱水刷去油污后晾干，然后在其表面用机械喷涂或用扫帚甩上一层1∶1稀粥状的水泥砂浆（内掺水重20%的107胶）使其凝固在光滑的表面层上，直至手掰不动。

（3）找规矩做灰饼与冲筋。外墙面抹灰与内墙抹灰一样，都要通过找规矩做灰饼与冲筋来控制墙面的平整和垂直度。但因外墙面由檐口到地面，抹灰看大面，门窗、阳台、明柱、腰线等看面都要求横平竖直，而抹灰的操作步骤必须一步一步往下抹，因此，外墙抹灰找规矩的要求与内墙抹灰找规矩要求有所不同。

①外墙抹灰找规矩要在四角先挂好由上至下的垂直通线（如多层或高层建筑，应用钢丝线做垂直线），门窗口角、垛都要吊垂直。其方法可用缺口尺、线锤吊直后，根据确定的抹灰厚度，在每步架大角两侧弹上控制线，然后拉水平通线。

②根据竖向和水平方向弹好的控制线，做灰饼，竖向要求每步架做一个灰饼，其余的操作方法和要求与内墙抹灰做灰饼、冲筋相同。

（4）抹底子灰水泥砂浆。在抹底层水泥砂浆前，先用掺10%水重的107胶水泥浆薄薄地刷一遍，紧接着用1∶3的水泥砂浆抹底子灰，要分层抹，每遍的厚度控制在5～7 mm。抹至与冲筋平时，用大杠刮平找直，再用木抹子打毛，打毛时要注意：如墙面砂浆太干时，应一手用茅柴帚洒水，另一手用木抹子打磨，木抹子要贴平墙面，靠转动手腕，自上而下、从右向左以圆圈形打磨，用力要均匀，轻重一致，使表面平整、密实。

（5）粘分格条。室外墙面抹水泥砂浆，要进行分格处理，其目的是增加墙面美观，防止罩面砂浆收缩产生裂缝，同时既便于抹灰，又能较好地控制墙面抹灰的平整，是保证抹灰质量的一项有力措施。

①粘分格条前，应按施工图纸设计要求的尺寸进行排列分格，然后用墨斗或粉线包进行分格弹线，弹线时竖直方向用线锤或经纬仪来校正垂直，在水平方向要以水平线为依据来校正水平，弹线时要按顺序进行，先弹竖向后弹横向。分格线弹好后，就可进行粘分格条。

②粘贴分格条前，应提前一天将分格条放在水池中泡透，这样便于粘贴又能防止分格条在使用时变形。另外，分格条本身水分的蒸发收缩利于起出分格条，又能使分格条两侧的分口整齐，从而提高了抹灰质量的外观。

③根据分格条线的长度在分格条上划好尺寸锯齐，然后用铁皮抹子将素水泥浆抹在分格条的背面，便可进行粘贴。

粘贴时必须注意：竖直的分格条要粘贴在垂直线的左侧，水平方向的分格条要粘贴在水平分格线的下口，这样便于观察和操作方便。

④粘贴完一条竖向或横向分格线条后，应用直尺校正其平整度，并将分格条两侧用水泥浆抹成八字形斜角（水平分格条要先抹好下口再抹上口）。如果当天抹罩面灰，应将分格条两侧抹成45° 角，如果当天不抹罩面灰，应将分格条两侧抹成60° 角。

（6）抹罩面水泥砂浆，分格条粘贴好后，可以进行罩面抹灰。

①抹罩面水泥砂浆之前，应在底子灰上洒水湿润，然后用1：2.5水泥砂浆进行罩面抹灰。先薄薄地抹一层灰使其与底层灰抓牢，紧接着抹第二层灰与分格条平齐，然后用靠尺板或短木杠将抹灰罩面与分格条刮平，要横竖方向刮平，再用木抹子搓平，最后用铁抹子压实溜光。待表面无明水后，用刷子蘸水按垂直于地面的同一方向，轻轻刷一遍，以保持面层灰的颜色一致性。增加表面的美感。

②罩面层水泥浆抹好后，要及时将分格条取出来，然后用素水泥膏将缝勾平勾严，再用抹子轻轻地压一下灰层，这样能保证面层灰与底子灰黏结牢固，防止因起分格条将面层灰拉起，而造成空鼓。如果分格条难起，则应待罩面砂浆干透后再起出来，防止起坏边棱。

③如果采取先抹底子灰，待底子灰全部抹完后，再反上去从上往下抹罩面灰时，要注意先检查底子灰是否有空鼓现象，如发现有空鼓现象，应将空鼓处全部剔凿掉重新抹底子灰。另外，应注意底层砂浆上的污垢尘土要清理干净，再浇水湿润后，方可抹罩面灰。

（7）做滴水线（槽）。在檐口、窗台、窗楣、雨篷、阳台、压顶和突出墙面的凸线等上面应做流水坡度，下面应做滴水线（槽）。流水坡度及滴水线（槽）距外表面不小于40 mm，滴水线俗称鹰嘴，应保证其坡向正确。

（8）养护要求。在水泥砂浆面层抹好后，一般情况下隔一夜就可以浇水养护。如果养护面积较大，应派专人负责养护，在干燥或炎热天气更要加强养护，防止抹灰面层干裂和出现空鼓。

3. 基层为加气砼板的抹灰操作工艺要点和要求

（1）基层处理。

①首先用扫帚将加气砼板面上的粉尘清扫干净，然后浇水湿润。浇水时，不能用水管猛浇，要轻浇、慢浇，必须使水吃透到加气砼板内10 ~ 20 mm。

②对于缺棱掉角的加气砼板，板缝及板与板接缝处有较大高差的情况，可用1：1：6的水泥混合砂浆与掺水重20%的107胶水搅拌均匀，分层找平，每遍厚度为7～9 mm。

③待找平砂浆凝固后，再用水将板湿润，然后将过窗纱筛的细砂配制出的同强度的水泥混合砂浆，用机械喷或用扫帚甩在加气砼板上，待第二天进行浇水养护，直至砂浆疙瘩凝固在板面上用手掰不动为止。

（2）吊垂直、套方找规矩。吊垂直和套方找规矩的方法和要求，同前述砼板的抹灰。

（3）抹底层砂浆。在抹底层砂浆前，先要用掺水重10%的素水泥浆刷一遍，要求随刷随抹底层灰，要分层抹灰，然后再用木抹子搓毛。待终凝后养护。使用的混合砂浆配合比为1：1：6=水泥：石灰膏：砂子。掺粉煤灰时，其混合砂浆的配合比为1：0.5：3.5的混合砂浆，根据施工需要和设计要求选用。

（4）弹线和粘分格条。弹线和粘分格条的方法和要求，同前述砼板抹灰。

（5）罩面抹灰。在分格条粘贴好后，就可进行面层抹灰，面层抹灰使用的砂浆配合比为1：1：5的混合砂浆或用1：0.5：0.5：5=水泥：石灰膏：粉煤灰：砂子的混合砂浆。抹面层砂浆时，应分两遍抹成，在砂浆抹灰与分格条平齐后，用木杠将面层灰横竖刮平，再用木抹子搓毛，待表面无明水后，用刷子蘸水按垂直于地面方向轻刷一遍，使其表面层颜色均匀一致。

（6）抹滴水线（槽）和养护。抹滴水线（槽）和养护要求，同前述砼板墙抹灰。

4. 基层为砖墙的外墙抹灰操作工艺要求和要点

（1）基层处理。将砖墙面上残留的砂浆、污垢、灰尘等清扫干净，然后用水冲洗墙面，将灰缝中的尘土等冲洗干净，并使水吃进砖墙10～20 mm。

（2）吊垂直、套方找规矩、粘分格条同基层为砼板的有关内容。

（3）抹底层砂浆。抹底层砂浆，可采用1：3水泥砂浆，或在常温施工时，可采用1：0.4：4的混合砂浆，抹底层砂浆应分层与冲筋抹平，然后用木杠在横竖方面刮平，再用木抹子搓毛，待砂浆终凝后，浇水养护。

（4）面层抹灰。面层抹灰可用配合比为1：2.5的水泥砂浆或1：0.5：3.5的混合砂浆，根据施工需要和设计要求选用。

面层抹灰的操作方法和要求同基层为砼板罩面抹灰。

5. 外墙面一般抹灰的质量标准

（1）保证项目。所用材料品种、质量必须符合设计要求，各抹灰层之间及抹灰层与基体之间必须黏结牢固，无脱层、空鼓，面层无爆灰和裂缝（风裂除外）等缺陷。

（2）基本项目。

①表面光滑、洁净、接槎平整，线角顺直清晰（毛面纹路均匀一致）。

②护角符合规范要求，表面光滑平顺，门窗框与墙体间的缝隙填塞密实，表面平整。

③孔洞、槽、盒和管道后面的抹灰表面尺寸正确，边缘整齐、光滑，管道后面平整。

④滴水线和滴水槽流水坡向正确，滴水线顺直，滴水槽深度、宽度均不小于10 mm，而且整齐一致。

（3）一般允许偏差。

①立面垂直。用2 m托线板检查，中级抹灰允许偏差5 mm，高级抹灰允许偏差3 mm。

②表面平整。用2 m靠尺及楔形塞尺检查，中级抹灰允许偏差4 mm，高级抹灰允许偏差2 mm。

③阴阳角垂直。用2 m托线板检查，中级抹灰允许偏差4 mm，高级抹灰允许偏差2 mm。

④阴阳角方正。用200 mm方尺及楔形塞尺检查，中级抹灰阳角允许偏差4 mm，阴角可不检查，高级抹灰允许偏差2 mm。

⑤分格条（缝）平直。拉5 m线和尺量检查，中级抹灰允许偏差3 mm。

⑥立面总高度垂直度允许偏差（用经纬仪、吊线和尺量检查）。单层、每层框架或每层大模为H/1 000，且不大于20 mm；高层框架，高层大模为H/1 000，且不大于30 mm；砖混结构全高≤10 m，垂直度允许偏差为10 mm；砖混结构全高>10 m，垂直高度允许偏差为20 mm。

6. 应注意的质量问题和解决方法

（1）空鼓和裂缝。外墙抹水泥砂浆产生空鼓和裂缝的主要原因是：

①由于基层面没有按要求处理好，如清理不干净、表面较光滑、有隔离剂或油污等。

②墙面浇水不透、不均匀等。

③一次抹灰过厚或各层抹灰跟得太紧。

④夏期施工砂浆失水过快或抹灰后没有适当进行浇水养护。

根据上述产生质量问题的主要原因，应采取以下几点解决方法：

①抹灰前，应将基层面按要求清理干净，对于脚手眼等孔洞必须在抹灰前堵严实，对于砼墙表面突出较大处必须事先剔凿平整后刷干净；有蜂窝、凹洼、缺棱掉角处，应先刷一道107胶：水=1：4的胶水溶液，再用1：3水泥砂浆分层修补平整；对于加气砼墙面缺棱掉角和板缝处，应先刷一道掺水泥重量20%的107胶的素水泥浆，再用1：1：6的混合砂浆进行修补平整。

②要求基层墙面应在抹灰前一天浇水，要浇透、浇均匀，必须让基层吸足一定的水分，抹上底子灰后，用刮杠刮平，搓抹时以砂浆潮湿柔软为宜。

③对于较光滑的砼墙面和加气砼墙面，在抹灰前应先涂刷一道107胶素水泥浆黏结层。以增加与光滑基层的砂浆黏结能力，又可将浮灰事先黏牢于墙面上，以消除砂浆与基层的粉块状隔离因素，避免发生空鼓、裂缝。

④在夏季炎热的气候要避免在日光暴晒下进行抹灰。因此，要求安排好抹灰的顺序避开日晒，同时在罩面成活后的第二天应洒水进行养护。

⑤在窗台抹灰中一般都容易出一道或几道裂缝，其主要原因和结构与基础的受力性质有关，如窗口处墙身与窗间墙的自重不同，因此，传到基础上承受压力和沉陷量也不同，如果基础刚度不足，就会使窗台处产生负弯矩，这样就使窗台处产生裂缝，所以要尽可能地推迟窗台的抹灰，待结构沉降稳定后进行抹窗台，同时要求抹灰后要加强养护，以防止砂浆的收缩内力和负弯矩引起的外力组合在一起，加速产生抹灰裂缝。

（2）接槎有明显抹纹和色泽不匀。产生原因：

①由于墙面抹灰没有分格或分格过大，或是抹灰的留槎位置不正确。

②罩面灰压光的操作方法不当。

③砂浆的原料不一致，没有统一配制砂浆。

④基层和底层浇水不匀。

根据上述原因，应采取以下措施和解决方法：

①抹面层灰要掌握好接槎部位的操作方法，避免发生高低不平、色泽不一致等现象；接槎位置应留在分格条处或阴阳角、落水管等处；阳角抹灰应采用反贴八字尺的操作方法。

②用木抹子搓毛时，要掌握好操作方法和轻重一致，先以圆圈形搓抹，再上下抽拉，方向一致，不得胡乱搓抹，不然会使表面色泽深浅不一致。

（3）产生分格缝不直、不平和缺棱错缝。产生原因：

①没有拉通线统一在底灰上弹水平和垂直分格线。

②分格条没有用清水浸透，而在使用时变形。

③粘贴分格条和起分格条时操作不当，造成缝口两边缺棱角或错缝。

根据上述原因，应采取以下措施和解决方法：

①对于柱子等应短向分格缝，统一标高，拉通线弹出水平分格线；窗间墙竖向分层分格缝，要几个层段统一吊线分格。

②分格条在使用前要在清水中泡透。水平分格条应粘贴在水平线下边，竖向分格条应粘贴在垂直线左侧，以便于检查其准确度，以防止出现错缝和不平现象。

三、顶棚抹灰工艺

1. 砼顶棚抹水泥砂浆、混合砂浆的操作工艺

准备工作→搭设抹灰脚手架→基层处理→弹线、套方、找规矩→抹底子灰→抹罩面灰。

2. 砼顶棚抹水泥砂浆、混合砂浆的操作工艺要点和要求

（1）准备工作。抹灰前除了准备好所用材料、工具外，更重要的是要为抹灰工程顺利进行创造好顶棚抹灰的条件：

①顶棚抹灰之前，应做好上一层地面和本层地面，要将楼板缝和管道洞堵严抹灰。

②根据室内抹灰层的高度和现场的具体情况，提前准备好抹灰高凳或搭设好抹灰脚手架。

③冬期施工时，应事先对基层采取解冻措施，待其完全解冻后，室内的温度保持在5℃以上才能抹顶棚灰。

④突出顶棚表面的钢筋头、扎丝头等抹灰前应剔凿掉；蜂窝、麻面、露筋、漏振等部位要剔到实处，然后用1∶3水泥砂浆分层补平。

（2）基层处理。

①首先将突出的砼剔凿平整，对于采用钢模板施工的砼，要先凿毛，然后

用钢丝刷子满刷一遍，再浇水湿润。如果基层砼表面很光滑，应进行“毛化处理”。其方法是：先将基层表面上的尘土、污垢清扫干净，再用10%的火碱水将顶棚油污刷掉，随之用清水将火碱液冲净、晾干，然后将1∶1水泥细砂浆内掺水重20%的107胶，用机械喷或用扫帚将砂浆甩到顶棚上，要求甩点均匀，待砂浆终凝后浇水养护，直至水泥砂浆疙瘩全部粘到砼表面上，并有较高的强度，用手掰不动为止。

②在砼顶棚进行“毛化处理”时，必须等“毛化处理”的水泥砂浆疙瘩全部硬化，有一定强度（用手掰不动时）方可进行抹灰。否则，会使抹灰层与基层面结合不牢，造成顶棚抹灰空鼓的质量问题。

（3）弹线、找规矩。根据室内+500 mm水平线，用尺杆或钢尺向上量出靠近顶棚四周的水平线（一般离顶板100 mm左右）。用粉线包弹出四周的水平线，作为顶棚抹灰水平的控制线。

（4）抹底子灰。在顶棚砼湿润的情况下，先用掺水重10%的107胶素水泥浆刷一遍，要求随刷素浆随抹底子灰，底子灰砂浆可采用1∶3水泥砂浆或用1∶0.3∶3的混合砂浆。底子灰厚度要控制在5 mm左右，抹灰操作时要用力压，以便将底子灰挤入顶棚细小孔隙中，然后用软刮尺刮抹平顺，再用木抹子搓平搓毛。

（5）抹罩面灰。待底子灰六七成干时，就可以抹罩面灰。罩面灰一般用1∶2.5水泥砂浆或1∶0.3∶2.5水泥混合砂浆。罩面灰的厚度控制在5 mm左右。抹砂浆时，先将顶面底子灰湿润，然后薄薄地刮一道砂浆，使其与底灰层抓牢，紧跟着抹第二遍罩面灰，要横、竖均匀平顺，最后用铁抹子压实压光成活。

3. 砼顶棚抹石灰砂浆的操作工艺要点和要求

（1）基层处理、弹线找规矩。基层处理和弹线找规矩的方法基本上与砼顶棚抹水泥砂浆的方法要求相同。

（2）抹底子灰。在抹底子灰前，应先将砼顶棚湿润，然后用掺水重10%的107胶素水泥浆薄薄地刷一遍，要求随刷随抹底子灰，采用2∶1∶2水泥石灰膏砂浆，其厚度控制在2 mm左右，打底时要用力压，使砂浆挤入到顶棚的孔隙中抓住基层面。

（3）中层抹灰。底子灰抹好后，要紧跟着抹中层灰，采用1∶3∶9的混合砂浆，其厚度控制在6 mm左右。抹完后再用软刮尺抹顺平，然后用木抹子搓平。

（4）抹纸筋灰罩面。掌握好抹罩面灰的时间，待中层灰达到六七成干，即用手按不软但有指印时，就可以抹罩面灰。但要防止中层灰过干，如过干时应洒水湿润后再抹罩面灰，否则会造成抹灰操作困难，不易保证罩面灰的质量。

罩面灰的厚度应控制在2 mm左右。要分两遍抹成，第一遍罩面灰抹得越薄越好，紧跟着抹第二遍罩面灰，操作时抹子要稍平，抹后稍干，再用塑料抹子或压子顺着抹纹压实压光成活。

4. 顶棚抹灰的质量标准

（1）保证项目。

①顶棚抹灰所用材料的品种、质量必须符合设计要求和现行材料标准的规定。

②各抹灰层之间及抹灰层与基层之间必须黏结牢固，无脱层、空鼓，面层无爆灰和裂缝（风裂除外）等缺陷。

（2）允许偏差项目。

①表面平整。用2 m靠尺和楔形塞尺检查，中级抹灰允许偏差4 mm，高级抹灰允许偏差2 mm。

②阴阳角方正。用200 mm方尺和楔形塞尺检查，中级抹灰允许偏差4 mm，高级抹灰允许偏差2 mm。

5. 砼顶棚抹灰应注意的质量问题和解决方法

（1）空鼓和裂缝。砼顶棚抹灰产生空鼓和裂缝的主要原因有：

①基层面没有按要求进行清理干净和在抹前浇水不透。

②预制楼板底面不平，高差太大，使抹层过厚未采取分层抹平的措施，造成内外干缩不一致。

③由于安装楼板时排缝不均匀，造成灌缝不严密，而产生沿板缝方向裂缝。

④原材料的质量不符合要求，或者砂浆配合比不当，因此与基层面结合不牢固而产生空鼓或裂缝。

（2）抹灰面层起泡、有抹纹、开花。

抹灰面层起泡的主要原因：罩面灰抹完后，压光工作跟得太紧，灰浆还没有收水就进行压光，故在压光后起泡，尤其是基层为砼的顶棚，这种现象较为常见。

产生抹纹的主要原因：底子灰太干，而在抹罩面灰时，没有先洒水湿润，因此，在抹罩面灰后，水分很快被底子灰吸收，故在压光时容易出现抹纹或漏压。

表面开花的主要原因：在淋灰时，慢性灰或过水灰颗粒及杂质没有过滤彻底，或者是石灰膏熟化时间过短，致使石灰膏中的生灰粒遇水或潮湿空气继续熟化，使体积膨胀，而造成抹灰表面炸裂。

防止出现这些质量问题注意：在压光罩面灰时，不宜跟得太紧，应待表面灰稍收水后，再压光，要防止漏压；如果发现底子灰太干，必须洒水湿润后再抹罩面灰；配制罩面灰时，必须坚持用熟化30天后的石灰膏来配制砂浆。

6. 灰线的适用部位、形式、用料和工具

（1）灰线的适用部位。抹灰线，又叫扯灰线、抹线脚、抹线条。灰线是在一些标准较高的公共建筑和民用建筑的墙面、顶棚、梁底、檐口，方、圆柱上端，门、窗口阳角，门头灯座，舞台口周围等部位，适当地设置一些装饰线，可以给人们以舒适和美观的感受。

（2）灰线的形式。灰线的式样很多，线条有繁有简。各种灰线所使用的材料也是根据灰线所在部位的不同而有所区别。如室内常用石灰膏、石膏来抹灰线；室外则常用水刷石或斩假石抹灰线。灰线一般分为简单灰线和多线条灰线。

①简单灰线。如出口线角，一般在方、圆柱的上端，即在与顶棚或与梁的交接处，抹出灰线来，以增加线条美观。有的墙面与顶棚交接处，根据设计要求，抹出1～2条简单线条。

②多线条灰线。一般是指有三条以上凹槽较深，形状不一定相同的灰线。较复杂的灰线常见于高级装修的房间的顶棚四周，灯光周围，舞台口等处。线条呈多种式样。

（3）灰线所用材料和配合比。灰线一般用以下四道灰抹成：

①结合层灰。即头道，一般用1∶1∶1=水泥∶石灰膏∶砂子的混合砂浆，薄薄地抹一层。

②垫层灰。即第二道，材料为1∶1∶4=水泥∶石灰膏∶砂子的混合砂浆，稍掺加一些麻刀。抹灰厚度应根据灰线的尺寸确定。

③出线灰。即第三道，材料为1∶2=石灰膏∶砂子的石灰膏砂浆，要求砂子要过3 mm孔筛，在搅拌时可掺一些水泥，薄薄地抹一层，因这层抹灰是为了灰线成形，因此，要求棱角基本整齐。

④罩面灰。即第四道，一般分两遍抹成。其厚度在2 mm左右，第一遍用普通纸筋灰，第二遍用过窗纱筛子的细纸筋灰（桩光灰）。

（4）抹灰线的专用工具与使用方法。

①活模。又叫活马，它是用硬木按灰线的设计要求制成，模口包镀锌铁皮，这种活模适用于做顶棚灯光灰线、梁底及门窗角灰线。

用活模抹灰线时，将它靠在一根底靠尺（或上靠尺）上，或是靠在左右侧靠尺上，用双手拿住活模推出灰线来。活模在任何部位都能取下来。

②死模。它是用硬木按照施工图纸的设计要求制成，并在模口包镀锌铁皮。它适用于做较大的灰线。死模在使用时，卡在上下两根固定靠尺之间，它在靠尺中间取不下来，而只能从靠尺的两端取出。通过推拉死模就能将灰线抹出。

③合页式喂灰板。它是根据所抹灰线大致形状，用铅丝将两块或数块木板穿孔连接。这种板能折叠转动。

④接角尺。灰线接角是用硬木制成。用于死模无法抹到的灰线阴角接头（合拢）。

7. 抹简单灰线的操作工艺要点和要求

（1）抹方柱、圆柱出口灰线。

①抹方柱、圆柱出口灰线，应在柱子基层清理、弹线找规矩、底层和中层抹灰完后进行。一般不用模型，只用水泥混合砂浆或用石灰砂浆里掺石膏抹灰线。

②抹方柱出口灰线的操作工艺要点是：先按设计要求的线角形状、厚度和尺寸大小，在方柱中层灰完成后，在柱子边角处和灰线出口处，贴上竖向靠尺板和水平靠尺板，并校正好，如有偏差进行修正后卡牢靠尺。一般先抹柱子的侧面出口灰线。抹侧面出口灰线时，将靠尺卡在柱子的前后面，当抹前后面出口灰线时，将靠尺卡在侧面上。抹出口灰线时，要分层抹。

要求出口灰线要抹得对称均匀，柱面平整光滑，四角棱方正顺直，出口灰线平直，棱角线条清晰，并处理好与顶棚或梁的接头，看不出接槎。

③抹圆柱出口灰线的操作工艺要点是：首先根据施工设计要求按圆柱出口灰线的形状、厚度和尺寸大小，做出圆形样板，然后将样板套固在圆柱的出口灰线的位置上，以样板为圆形标志，再分层用抹子将灰浆抹在圆柱上，也可以用薄靠尺板弯成圆弧形状，分层抹出口灰线。当灰线大致抹圆后，再用圆弧抹子将出口灰线抹圆。

要求出口灰线柱面形圆，灰线清晰，颜色均匀，并处理好与顶棚或梁接头。看不出接槎。

（2）抹门窗口、梁底阳角的简单灰线。门窗口或梁底的阳角线条，一般为一条凸圆的直线条。这种简单灰线是在门窗口阳角和梁底阳角的中层灰抹完后，将木制的凸圆角线条活模，一边靠在靠尺上，来回抽拉抹出灰线，然后再用纸筋灰或麻刀灰，以同样的操作方法抽拉，便抹出线条。要求线条顺平、光滑。

8. 用死模抹灰线的操作工艺要点和要求

（1）找规矩、弹线和贴靠尺

①首先在抹灰的房间四周墙面上找方正，在阴阳角规方找规矩。同时要找出顶棚抹灰的厚度，并弹出上水平线，再在墙面四周按灰线尺寸弹出一条水平标准线，作为贴下靠尺用的依据。

②弹好线后贴稳靠尺，可以用1∶1的纸筋石灰与水泥的混合砂浆灰饼粘贴靠尺板，也可用石灰膏粘贴靠尺板，还可以将靠尺板稳平后，找出砖缝位置，用钉子钉住靠尺更稳当。下靠尺贴好后，对四周检查校正一遍，有偏差处要修正。待下靠尺板灰稍干后，将死模坐在房间四周的下靠尺上，用线锤吊直线找正死模的垂直平整角度，然后在靠模头外侧定出上靠尺的位置线，按四角位置点的线再弹一条水平线，作为贴上靠尺的依据，用上述同样的方法将上靠尺粘贴牢，然后将死模放进靠尺中间试推拉，要求死模推拉时不松不紧，如有不适合处，需修正好。

（2）扯灰线的操作工艺要点

①待靠尺的粘贴灰干硬后，可以分层扯灰线，先要抹结合层灰，接着抹垫层灰，垫层灰厚度要根据灰线的尺寸来确定。在抹垫层灰时要随时推拉死模，超过灰线面的多余砂浆要及时刮掉，低凹的地方要添加砂浆，直到灰线表面砂浆饱满平直。在成型时，要将死模倒拉一次，以便抹第三道出线灰和第四道罩面灰时不卡死模。

②垫层灰抹完的第二天，先用1∶2石灰砂浆抹一遍出灰线，然后用普通纸筋灰罩面。具体操作时，一人在前，将罩面灰放在喂灰板上，用双手托起使灰浆贴紧灰线的出线灰上，并将喂灰板顶住死模模口进行喂灰，一人在后推动死模向前扯灰线。扯灰线与喂灰，两人操作动作要协调一致，步子要稳，使喂灰板依靠模的推动前进。等基本推出棱角时，再用细纸筋灰分遍连续操作，使罩面灰推到灰

线棱角整齐光滑为止（分两遍推抹罩面灰，厚度不超过2 mm）。

推抹罩面灰时要注意：死模只能往前推，不能往后拉。无论是扯制出灰线还是扯罩面灰，死模的模头和模底要始终紧贴靠尺板，用力要均匀，使死模平稳地沿着靠尺板缓缓向前。

如果抹石膏灰线，底层、中层及出线灰抹完后，在六七成干时稍洒水，用配好的2∶3=石灰膏∶石膏灰罩面，动作要快和稳，时间控制在7～10分钟，将灰线推抹至棱角光滑整齐。然后将死模取下，并洗刷干净。

四、楼地面抹灰工艺

1. 细豆石砼地面

（1）细豆石砼地面的操作工艺。准备工作→清理基层→洒水湿润→刷素水泥浆→贴灰饼冲筋→铺细豆石砼→撒水泥砂子干灰面→面层压光→养护。

（2）细豆石砼地面的操作工艺要点和要求。

①做好抹地面前的准备工作。

材料准备：一般豆石的粒径为5～12 mm，其含泥量不得大于3%，如果含泥量过大，需用水冲洗后再使用。砂子一般用粗砂，其含泥量不得大于5%。在常温施工时一般用32.5号矿渣硅酸盐水泥或普通硅酸盐水泥，但在冬期施工时宜用42.5号水泥。

在室内墙面上弹好+500 mm水平线，做地面以此线为基准线。

在门框上钉好保护铁皮或木板。将所有管洞和楼板缝堵好。将门口处高于地面的砖层等剔凿平整。

②清理基层和洒水湿润。将基层表面的浮土、砂浆块等杂物清理干净。如果楼板表面有油污等，应用浓度为5%～10%的火碱溶液清洗干净，然后用清水刷一遍。

将表面清理干净后，在抹灰前，提前一天对楼面或地面洒水湿润，水要洒得均匀，不得有积水现象，特别是预制楼板上更不得有积水现象发生，否则会使积水顺着内墙根或板面漏入板内圆空，使楼板底面滴水不易干燥，给顶棚装修施工造成困难，所以在楼板地上浇水时，要特别注意水势，要求水势要小而且要洒均匀。

③刷素水泥浆。在细豆石砼铺抹之前，应在基层表面先刷一遍素水泥浆，其

比例为1：0.4～0.45=水泥：水。要随刷素水泥浆随铺细豆石砼。如果基层表面比较光滑，应进行凿毛处理后再刷。

④贴灰饼和冲筋。如果房间比较小，可在房间四周根据标高线做出灰饼；如果在大房间，做灰饼后还要冲筋，其间距为1.5 m左右；有地漏的房间要在地漏四周做出0.5%的泛水坡度；冲筋和灰饼均采用细豆石砼制作（称为软筋），筋冲好后随即铺细豆石砼。

⑤铺细豆石砼。细豆石砼的强度、配合比应符合设计要求，如果无设计要求，配合比一般为1：2：3（体积比），坍落度应不大于30 mm。并应每500 m^2制作一组试块，如果不足500 m^2时，也应作一组试块。将细豆石砼铺好后用长刮杠刮平，用平板振捣机振捣密实，表面塌陷处应补平整，再用长刮杠刮一次，然后用木抹子搓平。

⑥撒水泥砂子干灰面。细豆石砼铺好、刮平、搓平后，撒一层水泥砂子干灰面，其配合比为水泥：砂子=1：1，要求砂子过3 mm孔径的筛子，用铁锹干拌后，均匀地撒在细豆石砼面层上，待灰面吸水后，用长刮杠刮平，随后用木抹子搓平。

⑦面层抹压。面层抹压应分三遍进行：第一遍用铁抹子轻轻地抹压面层，将脚印处压平。当面层开始凝结，人踩上去有脚印但不下陷时，就可以用铁抹子第二遍抹压，要求不得漏压，并将面层上的凹坑、砂眼和脚印压抹平整。当地面面层上人时稍有脚印，而抹压无抹纹时，就可以进行第三遍抹压。第三遍抹压时用力要稍大一些，将抹纹抹平压光。第三遍抹压的时间要控制好，掌握在终凝之前完成。

⑧养护。第三遍抹压交活24小时后，要满铺湿锯末养护，然后每天浇两次水湿润，至少要连续养护7天后方可上人行走。

如果是分格地面，应在撒干水泥砂子干灰面时，待用木抹子搓平以后，按分格要求弹线，然后用铁抹子在弹线两侧各200 mm宽范围内抹压一遍，再用溜缝抹子划缝，以后随大面压光时沿分格缝用溜缝抹子抹压两遍后交活。

（3）细豆石砼地面的质量标准。

①保证项目。

细豆石砼面层的材料质量、强度（配合比）和密实度必须符合设计要求和施工规范规定。

基层与面层的结合必须牢固，无空鼓现象。

②基本项目。

细豆石砼表面密实光洁，无裂纹、脱皮、麻面和起砂等现象。

抹面砂浆面层表面洁净，无裂纹、脱皮、麻面和起砂等现象。

有地漏和坡度的面层，坡度应符合设计要求；不倒泛水，无渗漏、积水；地漏与管道口结合处严密平顺。

踢脚板的高度要一致，出墙厚度均匀；与墙结合牢固，局部空鼓的长度应不大于200 mm，但在一个检查范围内不多于2处。

③允许偏差项目。

表面平整度允许偏差5 mm。

地面分格缝平直允许偏差3 mm。

踢脚板上口平直允许偏差4 mm。

2. 抹水泥砂浆地面

（1）抹水泥砂浆地面的操作工艺。准备工作→清理基层面→洒水湿润→抹踢脚板→刷素水泥浆结合层→贴灰饼冲筋→铺水泥砂浆进行头遍压光→第二遍压光→第三遍压光→养护。

（2）抹水泥砂浆地面的操作工艺要点和要求。

①抹地面前的准备工作。

材料准备：水泥砂浆地面一般采用32.5号以上的普通硅酸盐水泥或矿渣硅酸盐水泥。砂子一般用中砂或粗砂，但要过8 mm孔径的筛子，其含泥量不得大于3%。

抹地面之前，应弹好+500 mm水平线。先做好垫层，有地漏处找好泛水标高和坡度。

各种立管和套管、孔洞周边位置处应用细豆石砼灌好修严。抹灰前做好屋面防水层。

②清理基层面和洒水湿润。必须将地面基层、地墙相交的墙面、踢脚板等处的浮土、灰浆块等黏结杂物清理干净。影响面层厚度的突出部位要剔凿平整。

把地、墙面杂物清理干净后，洒水湿润，一般应提前一天洒水。

③抹踢脚板。对于有墙面抹灰的踢脚板，应抹底层砂浆和面层砂浆分两次抹成；如无墙面抹灰的只抹面层砂浆就可以了。

抹踢脚板底层水泥砂浆。应在基层处理和浇水湿润后，按+500 mm标高线向下量设计规定的踢脚板的高度尺寸，然后用粉线包弹出踢脚板上口标高线，再拉通线确定底灰厚度，套方、贴灰饼。灰饼贴好后，用1:3水泥砂浆抹底层砂浆，抹平后用木抹子搓平整，再扫毛养护。

抹踢脚板面层砂浆。底层灰硬化后，贴好靠尺板，用1:2水泥砂浆抹面灰，用刮尺板紧贴靠尺垂直于地面刮平，再用铁抹子压光，在阴阳角和踢脚板上口用角抹子溜直压光。

④刷素水泥浆结合层。可用1：0.5=水泥：水的素水泥浆，也可以在垫层或楼板基层上均匀地洒水后，再撒水泥面，扫均匀成水泥浆黏结层。要求随刷随铺水泥砂浆。

⑤贴灰饼冲筋。首先根据+500 mm的水平线，向下按设计要求量出地面高度线，在房间四周墙上弹出地面标高线，然后根据地面标高线贴灰饼，如果是大房间还要冲筋，其间距一般在1.5～2 m。如果是有地漏和坡度要求的地面，必须按设计要求做出泛水坡度。

⑥铺水泥砂浆压光。贴灰饼、冲筋后，应立即铺水泥砂浆。其配合比一般为水泥：砂子=1：2，如果用42.5号的水泥，其配合比为水泥：砂子=1：2.5。要求水泥砂浆的稠度小于3.5。铺水泥砂浆时，用木抹子赶铺拍实，然后用木刮杠按贴饼和冲筋标高刮平，再用木抹子搓平，待反水后略撒1：1干水泥砂子面，等吸水后再用铁抹子抹平，如果有分格的地面，就要先分格弹线或拉线，用劈缝溜子按线开缝，并溜压平直光滑。上述操作均要在水泥砂浆初凝之前完成。

⑦第二遍压光。头遍水泥砂浆压平之后，水泥砂浆开始凝结，人踩上去有脚印但不下陷时，就可以用铁抹子第二遍压光。要求不漏压、压平出光。有分格的地面在压过后应用溜缝抹子再溜压一遍。做到缝边光直，缝隙明细。

⑧第三遍压光。第三遍压光必须掌握好时间，要在水泥砂浆终凝之前进行。在人踩到地面上稍有脚印，用抹子抹上去不再有抹纹时，就用铁抹子把第二遍压光留下来抹纹压平、压实、压光，要求达到交活的程度。

⑨养护。在地面压光交活24小时后，铺上锯末再浇水将锯末湿润养护，养护时间一般不少于15日。在养护期内不允许压重物和碰撞。地面养护要十分重视，应派专人负责浇水养护。

⑩冬期施工抹灰。抹室内地面赶在冬期施工时，应选用42.5标号的普通硅酸盐水泥，并且在抹地面之前，做好室内保温通暖工作。保证基层温度、操作环境温度、养护温度均不低于5℃。养护的时间和方法及要求均与常温施工相同。

（3）水泥砂浆地面的质量标准。

①保证项目。

水泥、砂的材质必须符合设计要求和施工及验收规范的规定。

砂浆配合比要准确。

地面面层与基层的结合必须牢固、无空鼓。

②基本项目。

表面洁净，无裂纹、脱皮、麻面和起砂等现象。

有地漏和有坡度的地面，坡度应符合设计要求，不倒泛水，无渗漏、积水；抹面与地漏（管道）结合要严密平顺。

踢脚板高度一致，出墙厚度均匀，与墙面结合牢固，局部有空鼓长度不大于200 mm，但在一个检查范围内不多于两处。

③允许偏差项目。

表面平整度：用2 m靠尺和楔形塞尺检查，允许偏差4 mm。

踢脚板上口平直：拉5 m线和尺量检查，允许偏差4 mm。

分格缝平直：拉5 m线和尺量检查，允许偏差3 mm。

3. *应注意的质量问题和解决方法*

（1）水泥地面起砂。水泥地面表面粗糙，走动后表面起砂的质量问题，其原因和解决的方法有以下几点：

①在搅拌水泥砂浆时没有很好地控制用水量。一般要求用水量为水泥重量的20%～25%，即水灰比为水：水泥=1：（4～5）。但在实际施工中要大于25%（水灰比大于0.25），因为水灰比和水泥砂浆强度两者是成反比例的，这就是说水灰比增大，而砂浆的强度降低。因此在搅拌水泥砂浆要严格控制好水灰比，否则会造成水泥地面表面起砂的质量问题。

②没有控制好压光的时间。如压光过早，水泥的水化作用刚刚开始，凝胶光未全部形成，游离水分比较多，虽经压光，但在表面还会出现水光（即压光后表面游浮一层水），因此，对面层砂浆的强度和抗磨能力很不利；但是压光过迟，水泥砂浆已终凝硬化，这样不但操作压光困难，无法消除面层表面的毛细孔及抹痕，而且还会扰动已经硬结的表面。这样也会大大降低面层砂浆的强度和抗磨能力，所以要求在做水泥砂浆地面时，要严格控制好三遍压光的时间，特别是最后一道压光时间要掌握好。

③养护不适当或没有养护。因为水泥的水化作用必须在潮湿环境下才能进行，如在干燥的环境中砂浆中的水分会被迅速蒸发掉，这样会使水泥的水化作用受到影响，严重时砂浆的硬化会停止，影响砂浆的强度和抗磨能力。但是，在水泥地面抹好后不到24小时就浇水养护，也会导致大面积脱皮、砂粒外露，在人行走后就会起砂。因此，要掌握好养护的时间，一般养护时间不得少于7日，未满7日不得上人行走或进行下道工序操作。

④水泥砂浆地面在冬期低温下施工时，如果没有采取防冻和提高室内温度的措施，水泥砂浆地面容易受冻，强度将大幅下降，主要是砂浆中的水分在结冰时，其体积会增加9%，而砂浆在解冻后不复收缩，使孔隙率增大，黏结力也被破坏，形成松散颗粒，一经人行走时就会起砂。所以在冬期施工，做水泥地面时，必须要有防冻措施，室内的温度不得低于5℃。

⑤原材料不符合要求。如水泥标号低、活性差，或是砂子过细（如用细砂拌制的砂浆要比用粗中砂拌制砂浆的强度低25%～35%），同时砂子的含泥量大于3%，也会造成地面起砂。因此，要求采用早期强度较高的普通硅酸盐水泥，其标号也不应低于32.5号，安定性要好。同时要豆石或碎石的粒径不应大于15 mm，也不应大于面层厚度的2/3，含泥量不应大于2%。

（2）水泥地面空鼓或开裂。产生水泥地面空鼓或开裂的质量问题，其原因和解决方法有以下几点：

①由于垫层（或基层）面没有按要求进行处理好，如有浮灰、落地砂浆或其他污物等没有清理干净，特别是石灰砂浆的落地没有清理干净，影响了面层与基层面的结合而发生空鼓。因此，要求基面必须按要求进行清理干净，以防发生空鼓。

②由于做面层时，对垫层（或基层）面没有浇水湿润或浇水不足，使水泥砂浆铺设后水分很快被基层吸收掉，影响砂浆的水化作用与基层面结合不牢，而发生空鼓现象，因此在做水泥地面前，应提前浇水湿润，使水泥砂浆与基层面结合牢固。

③由于浇水过多造成积水坑，水泥浆涂刷不均匀，或是水泥浆涂刷过早造成风干硬结，这样水泥就起不到黏结作用，反而成了隔离层，造成面层与基层面结合不牢而发生空鼓现象。所以，在涂刷水泥结合层时不得过早或面积过大，而且要涂刷均匀。

（3）地面不平和漏压主要原因：水泥砂浆铺好后，边角和管根处刮杠不到头，搓平不到边，从而容易出现漏压或不平。因此，在抹灰操作时必须认真按操作顺序压实抹光。

（4）倒泛水主要原因：有垫层的地面在做垫层时没有将坡度找准，从而产生了倒泛水的问题。因此，在面层抹灰前，首先要检查泛水是否符合要求，在冲筋时先找好泛水坡度。

4. 楼地面抹灰施工时的成品保护

楼地面抹灰成品保护要点：

①在地面抹灰施工时要注意保护好已完成的项目，如门框要防护好，推小车运灰时不得碰撞门框和墙角。

②地面铺砂浆时要保护电线管和其他设备的管线位置。

③保护地漏、出水口等部位的临时堵口，防止砂浆灌入造成堵塞。

第四节　建筑陶瓷与饰面石材施工工艺

一、材料的种类、性能和用途

建筑陶瓷与饰面石材在室内外及楼地面的饰面工作中广泛应用，主要有保护、装饰、吸声、隔音、保温、抗腐蚀等作用。本节对常用建筑陶瓷与饰面石材的种类、性能、用途等分别予以介绍。

1. 建筑陶瓷

常用的陶瓷饰面材料按所镶贴的部位可分为内墙面砖、外墙面砖、地面砖。

（1）内墙面砖（也称釉面砖）常见的有：

①彩色釉面砖。彩色釉面砖有两种：一种釉面光亮晶莹，色彩丰富雅致，另一种釉面无光，不显眼，色泽一致，色调柔和。

②白色釉面砖。色纯白，釉面光亮，洁净。

③装饰釉面砖。花釉面砖：同一块砖面，多种色彩，经高温色釉互渗，花纹丰富。结晶釉面砖：晶光，纹理多姿；斑纹釉面砖：斑纹丰富。理石釉面砖：具有天然大理石的花纹，颜色丰富，美观大方。

④图案砖。白底图案砖：在白色釉面砖上绘各种彩色图案，高温烧制色彩明丽。色底图案砖：在有光或无光的彩釉砖上绘各种图案，高温烧制，产生浮雕、缎光绒毛彩漆效果。

⑤瓷砖画。由各色釉面砖拼成，根据画稿上彩后烧成。

⑥色釉陶瓷字。是以各种彩釉、瓷土烧制而成，光亮美观，永不褪色。

（2）外墙面砖。用于建筑物外墙，作装饰及保护墙面之用。质地坚固，吸水率不大于8%，色调柔和，耐水，抗冻，经久耐用。常见的有：

①表面无釉外墙砖（墙面砖）。有白、浅黄、深黄、红、绿色等。

②表面有釉外墙砖（彩釉砖）。有白、黄、绿、蓝、粉红色等。

③线砖。表面有凸起线纹，有釉，有黄、绿色等。

④外墙立体贴面砖（立体彩釉砖）。表面有凸起立体图案，有釉。

⑤陶瓷锦砖（也称马赛克）。由厚度4～4.5 mm的多边形单片小瓷拼组成一张锦砖。颜色、图案丰富，有挂釉和不挂釉两种。

（3）地面砖。陶瓷地面砖有土红、黄、蓝、绿、棕斑、绿斑、灰黑斑等花。分为无釉亚光、彩釉、抛光三大类。陶瓷地面砖具有表面平整、质地坚硬、耐磨、耐压、耐酸碱、吸水率小、可擦洗、不褪色、不变形等特点。色彩丰富，色调均匀，可拼出各种图案。用于室内外地面防潮、防滑、装饰、耐磨之用。

常见的有：缸砖、陶瓷锦砖、耐磨砖、防滑砖、广场砖等，品种繁多。

2. 饰面石材

建筑用饰面石材主要有天然石材和人造石材两大类。

（1）天然石材。天然石材是把大块荒料经过锯切、研磨、酸洗、抛光，最后按所需规格、形状切割加工而成。

①大理石。大理石一般呈层状结构，条纹清晰，是一种富有装饰性的石材。但大理石一般含有杂质，其硬度、强度、耐久性比花岗石差。因此，大理石饰面不宜用于室外，常用于室内的地面、墙面、柱面、卫生间的洗漱台等。常见的天然大理石的品种有：

a.汉白玉。产于北京房山、湖北黄石。乳白色带少量隐斑、结晶结构。

b.雪浪。产于湖北黄石。白色、灰白色，颗粒变晶、镶嵌结构。产于湖北黄石的还有：秋景，灰白色、浅棕色带条状花纹，微晶结构；雪野，灰白色；墨壁，黑色带少量白色条纹。

c.粉荷。产于湖北通山。浅粉红色带花纹。

d.咖啡。产于山东青岛。咖啡色。

e.苏黑。江苏产。黑色间少量白纹。

f.杭灰。浙江杭州产。灰色、白花纹。

g.皖螺。安徽产。灰红色底、红灰色相间的花纹。

h.云南灰。云南产。灰白色间有深灰色晕带。

i.莱阳绿。山东莱阳产。灰白色底，间深草绿色斑点。

j.丹东绿。产于辽宁丹东。有浅绿、翠绿、墨绿色等。

k.岭红。产于辽宁铁岭。有玫瑰红、深红、棕红、紫红、杂白斑色等。

l.东北红。产于辽宁大连。绛红色。

m.晚霞。产于北京顺义。白黄间土黄。此外，北京顺义还有芝麻白，为白色晶粒；艾叶青，为青底深灰间白色叶状间片状纹缕；螺丝转，为深灰色底、青白相间螺纹状花纹。

n.川绿玉。产于四川南江。有油绿、菜花黄绿色等。

②花岗石。花岗石岩质坚硬，但其中含有石英，不耐高温，加温至573℃时，体积会发生剧烈膨胀。花岗石常用于建筑物的室内外墙面、立柱、墙裙、地（楼）面、腰线、勒角、基座、踏步等。

根据结晶颗粒的大小，花岗石可分为伟晶、粗晶、细晶三种。颜色有粉红底黑点、花皮、白底黑点、灰白色、纯黑等。根据加工方法不同，可分为剁斧、机刨、粗磨、磨光板材四类。北京、山东、福建、广西、广东等地均有生产，品种、规格繁多，可向厂商订购任意规格。

（2）人造石材。

①人造大理石。人造大理石具有较好的抗污染性，花纹容易设计，它的最大特点在于可加工性，成本仅为天然大理石板材的30%~50%。常用于室内外装饰。

②预制水磨石。预制水磨石饰面耐腐蚀性能较差，容易产生微龟裂，但其花色、石子的排列密度、光泽是现制水磨石所不能比的。预制水磨石多用于墙面及地面装饰，特别是卫生间、浴室等。

预制水磨石的技术要求应满足：表面抛光出亮，石粒分布均匀，色泽一致，块厚一致，边缘平直，无旋纹、气孔、缺角、掉棱。

二、陶瓷面砖饰面施工

建筑饰面是房屋和构筑物表面的装饰和装修，根据其所处的部位不同可分为外墙饰面、内墙饰面和楼地面饰面；按用途可分为保护饰面、声学饰面和装饰饰面。

外墙饰面主要有两方面作用：一是保护墙体，二是装饰墙体。

内墙饰面主要有三方面作用，即保证室内的使用要求、装饰要求和保护墙体。

楼地面饰面的目的是保护楼板和地坪，保证使用条件和装饰室内。

外墙、内墙和楼地面饰面常用陶瓷面砖和石材来装饰，以满足建筑物装饰、使用功能的要求。

1. 外墙贴面砖

（1）构造做法。外墙贴面砖是在砼或砌体基层上抹水泥砂浆找平层，然后将素水泥浆抹在面砖背面贴在基层上，如图4–5所示。

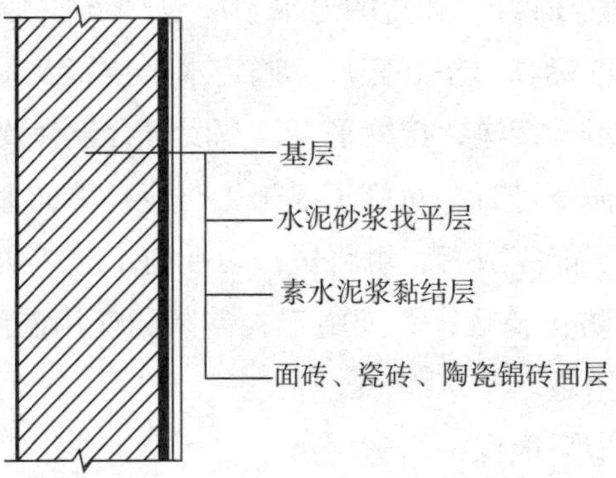

图4–5　面砖、瓷砖、陶瓷锦砖镶贴墙面构造做法

（2）外墙贴面砖工艺流程。施工准备→选砖→基层清理→找平刮毛→划出皮数杆→弹线分格→做标志块→面砖镶贴→取分格条→勾缝→养护→最后清洁面层。

（3）工艺要点。用于镶贴的面砖品种、规格、图案、颜色一定要符合设计要求。底子灰抹后，养护1～2天方可镶贴面砖。

根据设计要求，统一弹线、分格、排砖。用面砖做灰饼。镶贴时，在面砖背后刮满黏结浆，镶贴后用靠尺找平找方。分格缝用1∶1水泥砂浆勾缝。

（4）饰面砖镶贴施工规范。

①饰面砖应表面平整光洁、边缘整齐；棱角不得有损坏、质地坚固，尺寸、色泽一致，不得有暗痕和裂纹，吸水率不得大于10%，并应具有产品合格证。

②施工时所用的胶凝材料品种、配合比应符合设计要求，胶凝材料还应具有产品合格证。拌制砂浆的水应不含有害物质。

③镶贴饰面的基体，应具有足够的强度、刚度和稳定性。并应平整粗糙，对于光滑的基体或基层表面，镶贴前应处理（处理前先清除基体上的残留砂浆、尘土和油渍等）其表面。不同的基层，其处理方法不同，对于砖墙基体，将基体用水湿润后，用1∶3水泥砂浆打底，木抹子搓平、划毛，隔天浇水养护。

④饰面砖镶贴前应先选砖预排，在同一墙面上的横竖排列，不宜有一行以上的非整砖。非整砖行应排在次要部位或阴角处。

⑤饰面砖的镶贴形式和接缝宽度应符合设计要求。如设计无要求时可做样板，以决定镶贴形式和接缝宽度。

⑥饰面砖镶贴前应将砖的背面清理干净，并浸水2小时以上，待表面晾干后方可使用。冬期施工宜在掺入2%盐的温水中浸泡2小时，晾干后用。

⑦镶贴前必须找准标高，垫好底尺，确定水平位置及垂直竖向标志，挂线镶贴。做到表面平整，不行接槎，接缝平直，宽度符合设计要求。

⑧镶贴时应自上而下进行，每施工段施工时应自下而上进行。整间或独立部位宜一次完成。一次不能完成者，可将槎口留在施工缝或阴角处。

⑨夏期施工时应防止暴晒；冬期施工，砂浆的使用温度不得低于5℃，砂浆硬化前，应采取防冻措施。

⑩饰面镶贴后，应采取保护措施。

（5）质量标准。

①面砖的品种、规格、颜色和图案应符合设计要求，表面不得有隐伤裂纹，不得缺棱掉角和严重翘曲。

②面砖的基层应黏结牢固，不得有空鼓。

③面砖应套割吻合，突出墙面的边缘厚薄应一致。

（6）允许偏差。

①表面平整。用2 m靠尺板和楔形塞尺检查，允许偏差2 mm。

②立面垂直。用2 m托线板检查，允许偏差3 mm。

③阳角方正。用200 mm方尺检查，允许偏差2 mm。

④分格条缝平直。拉5 m线检查，不足5 m拉通线检查，允许偏差3 mm。

⑤接缝高低差。用2 m靠尺板和楔形塞尺检查，允许偏差1 mm。

2. 内墙贴面砖

内墙面砖又称瓷砖或釉面砖，是用瓷土或优质陶土煅烧而成。面砖表面挂釉颜色稳定，经久不变，装饰的内墙具有卫生、易清洗和清新美观的优点。

（1）构造做法。内墙贴面砖是在基层上抹水泥砂浆在找平层，并在面砖背面抹素水泥浆在黏结层，然后再将其贴在找平层上。其构造做法同外墙贴面砖一致。

（2）工艺流程。瓷砖镶贴常用的施工方法有两种：一是采用水泥砂浆粘贴，二是采用胶粘剂粘贴。常用的胶粘剂有TAM型通用瓷砖胶粘剂等。

水泥砂浆粘贴内墙瓷砖工艺流程是：施工准备→选砖→基层清理→找平刮糙→立皮数杆、弹线→做标志块→镶贴→嵌缝→清洁面层。

（3）工艺要点。

①按设计要求选砖，规格、颜色要求一致，无翘曲。基层应符合抹灰验收要求。

②镶贴前要找好规矩，计算好纵横皮数和镶贴块数，划出皮数杆，弹出水平线，进行预排。

③标志块做完后应上下挂直，横向拉平。

④按已弹好的水平线摆好直尺，用水平尺检验，作为贴第一层面砖的水平依据。

⑤镶贴时，从阳角开始，先贴大面，后贴阴阳角、凹槽等部位。

⑥如墙面有孔洞，应先用面砖对准孔洞划好孔洞在面砖上的位置，用机械或手工进行加工再镶贴。

⑦用与釉面砖相同颜色的水泥浆进行嵌缝。

（4）质量标准。

①面砖的品种、规格、颜色必须符合设计要求，并不得有裂纹、缺棱掉角等缺陷。

②面砖与基层应黏结牢固，不应有空鼓。

③突出砖面的管线、插座四周，面砖的裁割形状应与其吻合，突出墙面的厚度应一致。

④面砖表面整洁，颜色均匀，缝隙平直。

（5）允许偏差。

①表面平整。用2 m靠尺板和楔形塞尺检查，允许偏差2 mm。

②立面垂直。用2 m托线板检查，允许偏差2 mm。

③阳角方正。用200 mm方尺检查，允许偏差2 mm。

④接缝平直。拉5 m线检查，不足5 m拉通线检查，允许偏差3 mm。

⑤接缝高低差。用2 m靠尺板和楔形塞尺检查，允许偏差0.5 mm。

⑥上口平直。拉5 m长线检查，允许偏差2 mm。

3. 陶瓷锦砖镶贴墙面

（1）特点和用途。陶瓷锦砖也称马赛克，又叫纸皮砖。是以优质瓷土烧制而成的片状小瓷砖拼成各种图案贴在纸上的饰面材料。有挂釉和不挂釉两种。其质地坚硬，经久耐用，色泽多样，耐酸、耐碱、耐火、耐磨、不渗水，抗压力强、吸水率小，在±20℃下无开裂现象。随着现代建筑装饰的发展，这种饰面砖的用途越来越广，除可用以镶贴墙面外，还可用以镶贴地面。

（2）构造做法。陶瓷锦砖镶贴墙面是先在基层上做水泥砂浆找平层并刮毛，然后在找平层上抹素水泥浆黏结层，将陶瓷锦砖贴在黏结层上，如图4–5所示。

（3）工艺流程。基层清理→抹底灰→弹分格水平和垂直线→镶贴→揭纸→调缝→擦缝。

目前陶瓷锦砖镶贴有两种类型：

①传统做法，即采用传统素水泥浆镶贴。

②采用胶粘剂镶贴，其方法有三种：一是掺胶水泥浆镶贴；二是采用胶粘剂直接镶贴；三是在找平层上刷一层胶后用素水泥浆镶贴，以提高水泥浆的黏结力。

（4）工艺要点。

①施工前应按照设计图案要求及图纸尺寸，核实墙面实际尺寸，根据排砖模数和分格要求，绘制施工大样图，并加工好分格条。

②内抹底灰养护好后，在其上弹水平线，在阴阳角、窗口处弹垂直线，以作为镶贴陶瓷锦砖的控制标准线。

③镶贴时就整个墙面来说应从上往下贴，但对每一施工段（层）应从下向上镶贴，镶贴时缝子对齐，分格缝应横平竖直。

④镶贴完后，要用木拍板靠放在已镶贴好的陶瓷锦砖面上，用小木槌轻轻敲击拍板，慢敲一遍使其黏结牢固。

⑤镶贴后48小时，取出分格条，大缝用1∶1水泥砂浆勾缝，其他用素水泥浆擦缝。

（5）施工规范。与外墙面砖相同。

（6）质量要求。

①检查所用材料的品种、规格、颜色、图案及镶贴方法是否符合设计要求。

②镶贴的陶瓷锦砖缝隙不得歪斜，不得有缺棱掉角及空鼓等缺陷。

③陶瓷锦砖表面不得有变色、起碱、污点、砂浆流痕和显著的光泽受损。

④镶贴后的墙面应颜色均匀一致，花纹线条清晰整齐，深浅一致。

（7）允许偏差。

①表面平整。用2 m靠尺板和楔形塞尺检查，允许偏差室外3 mm，室内2 mm。

②立面垂直。用2 m托线板检查，允许偏差2 mm。

③阳角方正。用200 mm方尺检查，允许偏差2 mm。

④接缝平直。拉5 m线检查，不足5 m拉通线检查，允许偏差2 mm。

⑤接缝高低差。用2 m靠尺板和楔形塞尺检查，允许偏差室外1 mm，室内0.5 mm。

⑥墙裙上口平直。拉5 m线检查，允许偏差2 mm。

⑦接缝宽度。用尺检查，允许偏差0.5 mm。

4. 陶瓷地面砖镶贴地面

（1）特点和用途。陶瓷地面砖是用瓷土加添加剂经模制成型后烧结而成。陶瓷地面砖具有表面平整、质地坚硬、耐磨、耐压、耐酸碱、吸水率小、可擦洗、不褪色、不变形等特点。其色彩丰富，色调均匀，可拼出各种图案。它不仅适用于宾馆、影剧院、展览厅、商场、候车厅、候机厅等公共场所，而且适用于家庭的地面装饰。

（2）种类、规格及性能。

①陶瓷地面砖有土红、黄、蓝、绿、棕斑、绿斑、灰黑斑等花色。分为无釉亚光、彩釉、抛光三大类。品种繁多。

②产品多为正方形，也有长方形、六角形。每块的面积多为200 mm × 200 mm ~ 500 mm × 500 mm。花色多样，有各种颜色、图案，有仿天然石材的。

③近年来新产品层出不穷，每块面积多为600 mm × 600 mm以上，最大的有1 200 mm × 1 800 mm。色彩更是丰富，有些高级产品作割边、磨边加工，规格标准统一，显得豪华名贵。

（3）构造做法。地面砖的镶贴是在基层上抹底灰找平刮毛，然后再铺结合层砂浆，最后镶地面砖，如图4-6所示。

（4）工艺流程。基层清理→贴灰饼、冲筋→铺结合层砂浆→弹线→镶砖→

压平拨缝→嵌缝→养护。

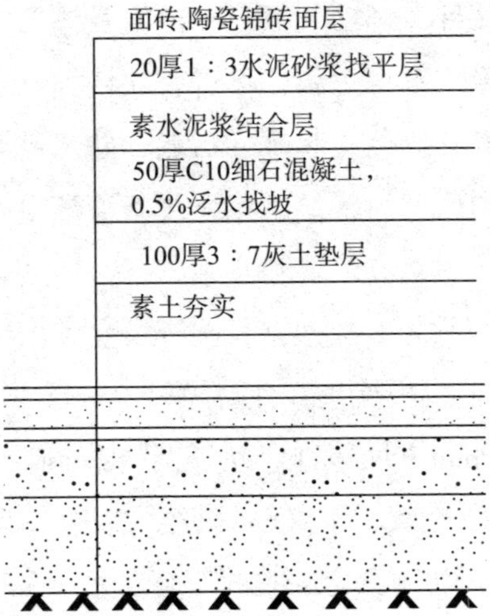

图4-6　面砖、陶瓷锦砖地面构造做法（单位：mm）

（5）工艺要点。

①清除基层表面的砂浆、油渍、垃圾，并用水冲洗干净晾干。

②根据墙面水平基准线，弹出地面标高线。然后在房间四周做灰饼，并按灰饼冲筋。

③将基层浇水湿润后，在其上铺20 mm厚1∶3的干硬性水泥砂浆，用刮尺刮平、搓毛。

④根据设计要求，弹出控制线。在有伸缩缝处应弹出双线，缝宽要符合设计。

⑤将选配好的面砖放入清水中浸泡2～3小时，取出晾干备用。

⑥镶砖前应在砖背面抹一层素水泥浆，将面砖按弹线铺贴平整密实。

⑦镶贴完一个房间或段落后，按顺序拍实，拉通线拨缝调直，最后拍平。

⑧镶完后两天，用1∶1的水泥砂浆勾缝。

（6）质量标准。

①所用地面砖的品种、质量必须符合设计要求。

②面层与基层的黏结必须牢固、无空鼓。

③观察检查，色泽均匀，板块无裂纹、掉角和缺棱等缺陷为合格。

C*为砼强度等级专用代号。C10表示砼抗压强度等级为10 MPa.

④表面洁净，图案清晰，色泽一致，接缝均匀，周边顺直，板块无裂纹、掉

角和缺棱等现象为优良。

C为砼强度等级专用代号。C10表示砼抗压强度等级为100 MPa。

（7）允许偏差及检验方法。

①表面平整度。用2 m靠尺和楔形塞尺检查，允许偏差2 mm。

②缝格平直。拉5 m线（不足5 m拉通长线）和尺量检查，允许偏差3 mm。

③接缝高低差。用尺量和楔形塞尺检查，允许偏差0.5 mm。

④踢脚板上口平直。拉5 m线和尺量检查，允许偏差3 mm。

⑤板块间隙宽度。用尺量，不大于2 mm。

5. 陶瓷锦砖镶贴楼地面

（1）构造做法。

①楼面构造做法。先在钢筋砼楼面刷素水泥浆结合层，然后依次铺20 mm厚1：3水泥砂浆找平层（四周抹小八角），冷底子油一道，二毡三油防水层（四周卷起100 mm高外粘粗砂），55 mm厚细石砼找0.5%泛水，素水泥浆结合层，20 mm厚1：3水泥砂浆找平层，陶瓷锦砖面层，如图4–7所示。

②地面构造做法。素土夯实后，依次铺100 mm厚3：7灰土垫层，50 mm厚细石砼0.5%泛水找坡，素水泥浆结合层，20 mm厚1：3水泥砂浆找平层，陶瓷锦砖面层。构造同陶瓷地面砖，如图4–7所示。

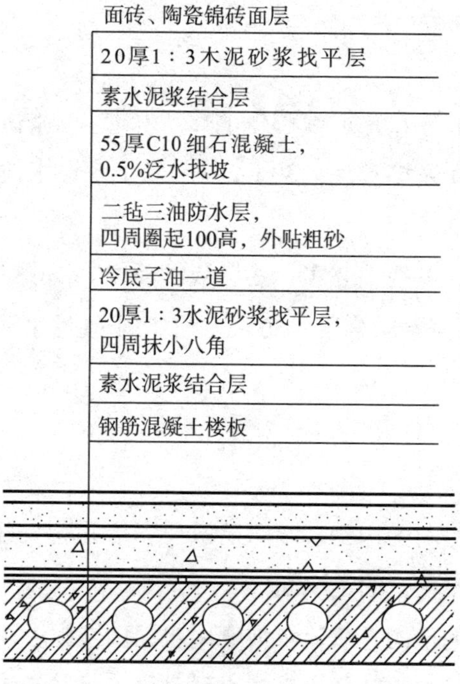

图4–7　陶瓷锦砖楼面构造做法（单位：mm）

（2）工艺流程。基层清理→贴灰饼、冲筋→铺结合层砂浆→弹线、分格→镶陶瓷锦砖→洒水→揭纸→拨缝→嵌缝→养护。

（3）工艺要点。

①基层清洗干净，晾干。

②弹好地面标高线。

③基层浇水湿润，刷素水泥浆铺砂浆，用刮尺刮平，木抹子搓毛。

④镶贴时在要铺陶瓷锦砖范围内撒干水泥，洒水湿润，拉控制线按顺序进行铺贴。

⑤整个房间铺完后依次拍平拍实。

⑥用喷壶洒水浸湿纸面，15分钟后揭纸，然后用开刀将缝隙拨直。

⑦铺完后24小时撒锯末养护4～5日。

（4）允许偏差和检验方法。同陶瓷地面砖允许偏差和检验方法。

三、石材饰面施工

石材饰面施工主要介绍大理石板块地面、碎拼大理石地面和预制水磨石地面的镶贴。

1. 大理石镶贴地面

（1）构造做法。

①楼面构造做法。先在钢筋砼楼板上抹素水泥浆，然后依次铺55 mm厚1：8水泥炉渣垫层，素水泥浆结合层，30 mm厚1：2干硬性水泥砂浆找平层，预制水磨石或大理石面层。

②地面构造做法。先素土夯实，然后依次铺100 mm厚3：7灰土垫层，50 mm厚C10素砼垫层，素水泥浆结合层，30 mm厚1：2干硬性水泥砂浆找平层，预制水磨石或大理石面层。

（2）施工工艺。

①施工现场准备。

大理石镶贴前，房间的沟槽、暗管已敷设完毕并验收合格。门框已抄平、吊直，并留出墙面粉刷厚度，固定牢固。

设有坡度和地漏的地面，按流水坡度用水泥砂浆找坡。

卫生间、浴室等易渗水部位，其防水层已施工，并经渗水试验不漏。

选料已完成。凡有翘曲、歪斜、厚薄偏差过大以及裂缝、掉角等缺陷的应予剔出。

同一楼地面工程应采用同一厂家、同一批号的产品，不同品种的大理石板块材料不得混杂使用。

大理石板块楼地面施工，应在顶棚、墙面的饰面完成之后进行，先镶贴楼、地面，后镶贴踢脚板。

墙面+500 mm水平基准线已弹好。

②材料准备。

材料已按要求的品种、规格、颜色到场。

水泥：宜用42.5号普通水泥或矿渣水泥，白水泥标号应不低于32.5号。

砂：结合层宜用粗砂或中砂，使用前应过5 mm × 5 mm孔筛。灌缝宜用中砂或细砂；用窗纱过筛，其含泥量不超过3%。

颜料：选用具有耐磨、耐光性的矿物颜料，一次备足。

③工具准备。切割机、钢卷尺、水平尺、方尺、墨斗、尼龙线靠尺、木刮尺、木槌、木抹子、铁皮、喷水壶、小灰铲、棉纱、合金扁凿等。

④工艺流程。基层清理→弹线→试排、试拼→扫浆→铺水泥砂浆结合层→铺板→灌缝、擦缝。

⑤工艺要点。

检查楼（地）面垫层的平整度，残余砂浆、油渍和垃圾应冲洗干净，如是光滑的钢筋砼楼地面应凿毛。

在四周墙面上弹楼地面的面层标高控制线。

试排、试拼。在房间的地面纵横两个方向，铺两条略宽于板块的干砂带，校对板块与墙边、柱边、门洞口相对位置。

施工前大理石板块浸水湿润，阴干码好。

铺结合层砂浆。用刮尺压实赶平，木抹子搓毛。

镶贴面板。面板镶贴一般从中间向边缘进行，最后退至门口结束，有镶边和有独立柱的面板应先镶。

板块镶完养护两昼夜后在缝隙内灌入水泥浆并擦缝。

大理石镶砌2 ~ 3天后抛光打蜡。

踢脚板阳角处一端，用无齿锯锯成45°角。镶贴时，先在墙面两端各镶贴一块踢脚板，然后在两端两块踢脚板上口拉通线，逐块依次镶贴。镶贴方法有粘贴法和灌浆法，具体做法如下：

粘贴法。根据墙面冲筋和水平标准线，用1：（2～2.5）的水泥砂浆抹底层并刮平划毛，待底层砂浆干硬后，将已润湿阴干的大理石（或预制水磨石）踢脚板背面抹上2～3 mm厚水泥素浆进行粘贴，并用木槌敲击平整，且随时用水平尺及靠尺找平、找直。次日用与板面颜色相同的水泥浆擦缝。

灌浆法。将踢脚板临时固定在镶贴位置，用石膏将相邻两块踢脚板以及踢脚板与地面、墙面之间固定，然后用稠度为10～15的1：2水泥砂浆灌缝。并随时将溢出的砂浆擦拭干净。待灌入的水泥浆终凝后，把石膏铲除擦净，用与板面颜色相同的水泥浆擦缝。

2. *碎拼大理石地面*

碎拼大理石地面是采用不规则的大理石碎块经挑选后，不规则地镶贴在水泥砂浆结合层上，并用水泥砂浆和水泥石粒浆填补块料间隙而成的一种板块型地面。

（1）地面构造做法。素土夯实后，依次铺100 mm厚3：7灰土垫层，50 mm厚素砼垫层，素水泥浆结合层，30 mm厚1：（3～4）水泥砂浆找平层，碎拼大理石面层，如图4–8所示。

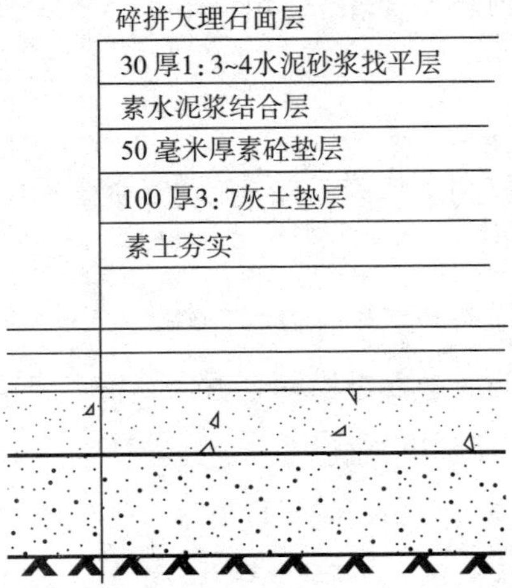

图4–8　碎拼大理石地面构造做法（单位：mm）

（2）铺贴施工方法。与大理石板块地面铺贴方法基本相似。碎拼大理石地面的缝隙，如为冰状块料时，可大可小，相互搭配，镶贴出各种图案。缝隙可用同色水泥浆嵌抹，也可填入彩色水泥石粒浆，突出地面2 mm，然后用金刚石将凸缝磨平，面层磨光，再上蜡抛光。

（3）在具体镶贴时应注意以下几点：

①镶拼后刮出缝内挤出的砂浆缝底成方形，检查碎拼大理石的平整度。

②浇注石渣浆。在抹接缝处的水泥石渣浆前，应将缝内的积水和浮灰清扫干净，并刷水泥素浆一遍，随即浇注石渣浆。抹灰厚度要高出地面1～2 mm。

③压光。面层石渣浆铺设后，在面层均匀撒一层石渣，用钢抹子拍平压实，待表面出浆后，再用钢抹子压光，第二天开始养护。

④磨光。将面层用金刚石磨光：第一遍用80～100号金刚石，第二遍用100～160号金刚石，第三遍用240～280号金刚石，第四遍用750号金刚石。

⑤打蜡。在面层上薄薄涂一层蜡，稍干后用磨光机研磨，或用钉有细帆布（或麻布）的木块代替油石，装在磨石机上研磨，研磨光亮后，再涂蜡研磨一遍，直到光滑洁亮为止。

3. 预制水磨石铺贴地面

（1）构造做法。预制水磨石构造做法与大理石做法相同。

（2）施工准备。

①现场准备。主体结构层强度、平整度已检查验收合格，且建设单位同意隐蔽。门框、水暖、电器管道及预埋件安装并检查验收合格。

②材料准备及要求。

预制水磨石板：规格尺寸有305 mm × 305 mm、400 mm × 400 mm、500 mm × 500 mm，厚25 mm、35 mm。表面色彩按设计要求选定。预制水磨石板必须角方、边直、面平，以保证铺贴质量。

水泥：42.5号或52.5号普通硅酸盐水泥，出厂0.5～3个月。

砂：干净中砂，含泥量不大于3%，并要求过筛。

砂浆配合比：找平层用1∶3水泥砂浆；黏结层用1∶1.5稠度为6～8的水泥砂浆。

③工具、机具准备。抹子、刮尺、靠尺、方尺、灰桶、喷壶、墨斗、水平尺、木槌、切割机、预制水磨石板铺浆模台等。

采用预制水磨石板铺浆模台，可代替一般手工操作。模台用于铺预制水磨石板底黏结层砂浆，能控制水磨石板加黏结层的总厚度，使之规格化，确保地面平整度。模台由木台和钢模两部分组成，一张木台上配三个钢模，钢模三边固定，一边可拆装。

（3）工艺流程。基层清理→弹线→试镶→铺预制水磨石板底黏结砂浆→铺找平层黏结砂浆→镶贴→校正→嵌缝→养护→打蜡，如图4-9所示。

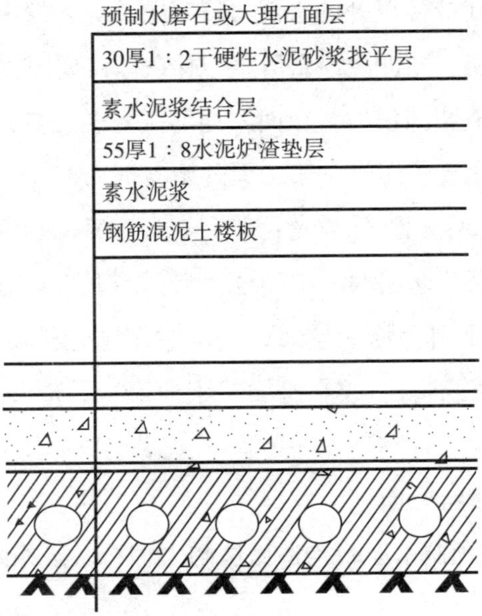

图4-9　楼面构造做法（单位：mm）

（4）工艺要点。

①清理基层上的浮灰、垃圾，并用水冲洗干净，然后抹水泥砂浆找平后搓毛。

②根据设计要求弹线排块。

③按图案纹理试镶并编号。

④将预制水磨石板放入模台的钢模中，底面向上，清除灰尘、垃圾，洒水湿润，铺上黏结砂浆，用木刮尺刮平，厚5 mm左右，如选用厚度为25 mm的预制水磨石板，模台控制板和砂浆总厚度应为30 mm。

⑤镶贴时，饰面板四角应同时下落，使其与砂浆平行接触。凡有柱的大厅，应先铺柱与柱之间的直线，然后再向两边铺贴。

⑥预制水磨石板镶好后，用木槌轻击板面，使其黏结牢固，铺好一排后拉通线检查是否平直。

⑦预制水磨石板镶好两天后，用水泥砂浆灌缝，其深度灌至缝深的2/3，余下的1/3深度按要求的颜色用水泥色浆灌满，并嵌擦密实。

⑧嵌好缝的第二天铺上锯末浇水养护三天，然后用磨石机打一遍蜡、擦亮。

（5）质量标准。观察检查：色泽均匀，板块无裂纹、掉角和缺棱等缺陷为合格。表面洁净，图案清晰，色泽一致，接缝均匀，周边顺直，板块无裂纹、掉角和缺棱等现象为优良。

（6）允许偏差及检验方法。

①表面平整度。用2 m靠尺和楔形塞尺检查，允许偏差3 mm。

②缝格平直。拉5 m线（不足5 m拉通长线）和尺量检查，允许偏差3 mm。

③接缝高低差。用尺量和楔形塞尺检查，允许偏差1 mm。

④踢脚板上口平直。拉5 m线和尺量检查，允许偏差4 mm。

⑤板块间隙宽度。用尺量，不大于2 mm。

4. 墙面小规格石材镶贴

墙面镶贴的石材主要有大理石、花岗石板块。当板块边长小于400 mm时称为小规格石材。

（1）构造做法。大理石板材镶贴墙面是在基体上抹水泥砂浆找平层并刮毛，然后再在其上抹一层素水泥浆黏结层，将板背面抹一层107胶粘剂，最后把大理石贴上去。

（2）施工工艺。

①施工准备。

现场准备：检查、验收门窗、水暖、电气管道及预埋件安装位置是否符合设计要求。检查主体结构的平整度和垂直度及强度是否符合设计要求，不符合者应立即返工。

板材准备：大理石板材有大块与小块之分，边长大于400 mm的板材为大块料，边长小于400 mm的板材为小块料。其规格尺寸应方正、表面平整光滑，不能有缺棱掉角、表面裂纹和污染变色等缺陷。

镶贴前，做好选料、备料工作，根据设计图纸和镶贴排列的要求，提出大理石板材加工尺寸和数量。如遇特殊形状的板材，应绘制加工详图，并按使用部位编好号码，加工量要适当增加，主要考虑运输和施工时的损耗，委托加工时应留好样品，以便验货时对照。

用于室外装饰的板材，应挑选具有耐晒、耐风化、耐腐蚀性能的板材。

水泥：不低于42.5号普通硅酸盐水泥或矿渣硅酸盐水泥，并应备有少量擦缝用白水泥。

砂：宜用粗砂，使用时应过5 mm筛子，含泥量不得大于3%。

其他材料：熟石灰、细碎石、矿物性颜料、胶粘剂等。

工具准备：电动切割机、细砂轮、水平尺、橡皮锤、靠尺板、钢卷尺、钢丝钳、尼龙线等。

②工艺流程。基层清理→抹底层灰→弹线分块→镶贴。

③工艺要点。

基层表面的灰尘、油污清理干净并浇水湿润，砼基层表面应凿毛。

基层清理后用1：2.5水泥砂浆打底（厚度约为10 mm）、刮平、划毛。

弹线：在地面上顺墙面弹出大理石板外轮廓线，接着弹出第一排大理石饰面板的标高线，第一层板的下沿线弹到墙上，如果有踢脚板，应先将踢脚板标高线弹出，然后再考虑面板的实际尺寸和缝隙。饰面板的立面分格与阳角衔接如图4–10所示。

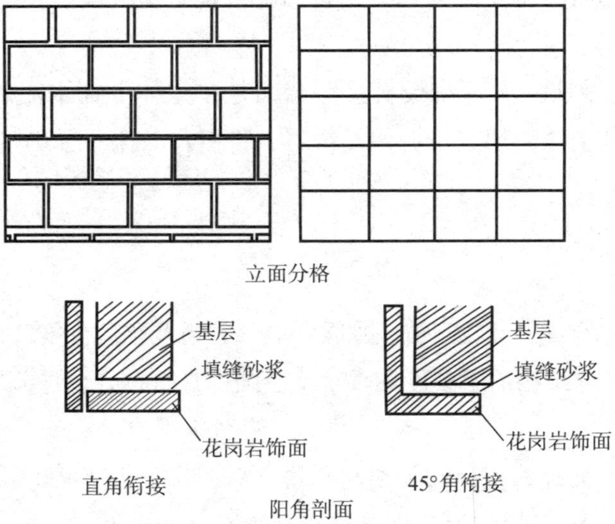

图4–10 立面分格与阳角衔接示意图

在饰面板的背面均匀地抹上2 ~ 3 mm厚的107胶水泥浆（107胶的掺量为水泥重量的10% ~ 15%）或环氧树脂水泥浆，也可采用AH–03胶粘剂，依据弹好的水平线，先镶贴墙面底层两端饰面板，然后再在两端饰面板上口拉一道线，按编号依次镶贴。第一层镶贴完毕，进行第二层大理石镶贴，依次逐层向上镶贴，直到贴完，并随时用靠尺找平挂直。

（3）饰面板镶贴（或安装）施工规范。

①饰面板应表面平整、边缘整齐。棱角不得有损坏，并应具有产品合格证。饰面板的品种、规格、图案、固定方法和砂浆种类，应符合设计要求。

②天然大理石、花岗石饰面板，表面不得有隐伤、风化等缺陷。不宜采用易褪色的材料包装。预制人造石饰面板，应表面平整，几何尺寸准确，面层石粒均匀、干净、颜色一致。

③饰面板应镶贴在粗糙平整的基体或基层上。基体应具有足够的强度、刚度和稳定性。对于光滑的基体，镶贴前应凿毛。

④饰面板镶贴应平整，接缝宽度应符合设计要求，并嵌填密实，以防渗水。镶贴变形缝处的饰面板留缝宽度，应符合设计要求。镶贴室外突出的檐口、腰线、窗口、雨篷等，必须有流水坡和滴水线（槽）。

⑤大块料饰面板安装前，应按厂牌、品种、规格和颜色进行分类，并将侧面和背面清扫干净，修边打眼，每块板的上下边打眼数量均不得少于两个。并将防锈金属丝穿入孔内，以作绑扎固定之用。

⑥对于大块料饰面板，用于固定饰面板的钢筋网应与锚固件连接牢固。锚固件宜在结构施工时预埋。

⑦天然石饰面板的接缝，应符合下列规定：

a.室内安装光面和镜面饰面板，接缝应干接，接缝处宜用与饰面板相同颜色的水泥浆填抹。

b.室外安装光面和镜面饰面板，接缝可干接或在水平缝中垫硬塑料板条。垫塑料板条时，应将压出部分保留，待砂浆硬化后，将塑料板条剔出，用水泥细砂浆勾缝。干接缝应用与饰面板相同颜色水泥浆填平。

c.粗磨面、麻面、条纹面、天然饰面板的接缝和勾缝应用水泥砂浆。勾缝深度应符合设计要求。

d.碎拼大理石饰面施工前，应进行试拼，宜先拼图案，后拼其他部位。拼缝应协调，不得有通缝，缝宽为5 ~ 20 mm。

⑧饰面板完工后，表面应清洗干净。光面和镜面的饰面板经清洗晾干后，方可抛光打蜡。

⑨冬期饰面施工宜采用暖棚法，无条件搭设暖棚时，亦可采用冷作法施工。但应根据室外气温，在砂浆内掺入无氯盐抗冻剂，其掺量应根据试验确定，严禁砂浆在硬化前受冻。

⑩夏期镶贴室外饰面板，应防止烈日暴晒。工程完工后，应采取保护措施。

（4）质量标准及允许偏差。

①质量要求。大理石板的品种、规格、颜色、图案应符合设计要求。大理石

黏结牢固，无空鼓起壳，镶贴缝隙平直，无缺棱掉角、裂纹等缺陷。表面不得有变色、起碱、污点、砂浆流痕和光泽受损，突出的管线或支承物等部位，应套割吻合。

②允许偏差。

表面平整度。用2 m靠尺和楔形塞尺检查，允许偏差1 mm。

立面垂直。用2 m托线板检查，允许偏差2 mm。

阳角方正。用200 mm方尺检查，允许偏差2 mm。

接缝平直。拉5 m线（不足5米拉通长线）和尺量检查，允许偏差2 mm。

接缝高低差。用尺量和楔形塞尺检查，允许偏差0.3 mm。

墙裙上口平直。拉5 m线（不足5 m拉通长线）和尺量检查，允许偏差2 mm。

接缝宽度。用尺量，不大于0.5 mm。

第五节　抹灰安全生产知识

一、施工现场的安全要求及抹灰工现场操作安全知识

1. 建筑施工现场的安全要求

（1）建筑施工现场应符合国家安全、卫生、防火的要求，一切附属设施、机械装置、运输道路、上下水管道、电力网、蒸汽管道和其他临时工程的位置，都需在施工场地规划中详细规定出来。

（2）施工现场内的交通运输道路，要有交通指示标志和足够的照明，应经常保持畅通。有碍交通的悬崖和陡坎等需围设栅栏，井、坑应有围栏和盖板。危险地区应该悬挂“危险”或“禁止通行”的标牌。在夜间需设红灯示警。如在繁华街道及行人、运输频繁地点施工，要设临时交通指挥人员。

2. 抹灰工现场操作安全知识

（1）安全防护要求。

①在室外抹灰使用单排或双排外脚手架时，外脚手架、马道、平台要设有围网或护身栏杆。

②在室外抹灰使用金属挂架时，应在一层建筑物外侧周围设6 m安全大网。安全网应用坚固的架杆支设，网与横杆之间和网与网之间须用直径为15 mm的麻或尼龙绳连串牢固，每隔3 m设一根支杆，支杆与地坪成45°角。安全大网只有在室外抹灰二层以上（包括二层）或高度距地面3 m以上完成后，方可拆除。

③室内外抹灰上料用门式架、井字架吊盘的前面要设置平网，至少挂一片5 m×6 m大网，大网下面铺设大板，或随楼房高度，在门式架前设立网，防止吊盘落物伤人。

④使用高车架时，必须固定好吊笼后，方可上人，并检查护身栏及联络信号。

（2）水平与垂直运料时的安全事项。

①在抹灰上料时，首先要检查脚手架是否搭设牢固，是否符合上料要求。用手推小车运料时，必须一律推行，严禁倒拉车，不许撒把倾倒。坡道行车时，前后车的距离应不小于10 m，严禁并行或超车。

②各种垂直运输用门式架、井字架的吊盘（托盘）都要设置安全装置。

③往脚手架上运料时，在多立杆式脚手架上堆放材料。应分散放稳，每平方米不超过270 kg，以免脚手架超负荷。挂架上每空不超过两个灰槽（桶）。放水桶和灰槽（桶）时，要顺架子放平稳，不得放在立杆外边。

（3）搅拌砂浆时的安全要求。

①严禁非司机人员开动砂浆搅拌机。

②使用砂浆搅拌机搅拌砂浆，往拌筒内投料时，不准用脚踩或用铁锹、木棒等工具拨、刮拌筒口，出料时必须使用摇手柄，不准搬转拌筒或用铁锹伸入筒里扒灰。

二、高处作业的安全要求

距地面3 m以上的作业就视为高处作业。工作在斜面坡度大于45° 角时，工作地点没有平稳立脚的地方，也视为高处作业。

高处作业应了解掌握和遵守下述安全知识及要求：

（1）高处作业人员必须经过体格检查，凡患有心脏病、贫血症、高血压、癫痫病以及其他不适于高处作业的人，不能从事高处作业。

（2）人员进入施工现场时，必须戴好安全帽。高处作业时必须绑好安全带。从事屋面和有斜坡部位的高处作业时。必须穿软底鞋，不得穿硬底塑料鞋和带钉子鞋。

（3）高处作业人员使用电梯设备垂直上下时，必须装有灵敏可靠的控制器和限位器等安全装置。非排除障碍人员，不准攀登脚手架和起重臂绳索等设施。

（4）在高处作业要检查架子、跳板、靠梯和防护设施，如有损坏和变形要及时修理加固，不得迁就使用。通过吊架从事高处作业时，应设通道防护围栏以及必要的防护设施。

（5）高处作业使用的工具应放在工具袋或工具箱内，并搁在顺手而稳妥的地方，防止坠落伤人。放置设备、材料，不准超过安全负荷，堆积材料和操作人员不可集中在一起。

（6）高处作业人员与高压送电线路的最短距离是：电压6 KV以下为1 m，10～20 KV为2 m，20～110 KV为3 m，110～220 KV为4 m。如条件所限达不到要求时，必须采取安全防护措施。

（7）有六级以上大风、暴雨和雷电影响施工时，应立即停止高处作业。

（8）高处作业下方或附近有煤气、烟尘及其他有害气体，必须采取排除或隔离等措施，否则禁止施工。

（9）在高处作业时，电梯井、楼板平台预留孔洞必须设置盖板、围栏和明显标志。

三、抹灰设施、用电、穿着安全要求

1. 设施安全

（1）抹灰前应检查脚手架和跳板是否牢固稳定，合格后方能上人操作。严禁将跳板或架管支承在门窗框、散热器或管道上作业。

（2）在架子上操作时，人员不能集中，抹灰用的工具和材料要分散放稳、放平，不得超过架子承重荷载。木制直刮尺、八字尺、托线板等不能斜靠在墙面，应平放在脚手板上。

（3）层高在3.6 m以下，由抹灰工自己搭设的架子，采用脚手凳时，间距应小于2 m。采用木制高凳时，其一头要顶在墙上。如用结构施工的脚手架，应按抹灰要求由架子工拆改，禁止抹灰工自己翻动脚手板或搭设临时架子。

（4）冬期施工，室内热作业时应防止煤气中毒，热源周围要防止引起火灾。外架子要经常扫雪，开冻后注意避免外架沉陷变形。

（5）所有施工设备应保持完好，如有故障损坏应及时修理。

（6）设备操作者必须严格遵守安全操作规程。

2. 用电安全

（1）临时施工照明，必须用低压电，导线绝缘良好。

（2）机电设备如磨石机、地面压光机应固定专人并经培训后方能操作。

（3）小型卷扬机的操作人员需经培训并考试合格后才准操作。

（4）非操作人员一律不准乱动现场一切机电设备。

3. 穿着安全

（1）严禁操作人员穿拖鞋、塑料鞋、高跟鞋、硬底鞋上架作业。

（2）多工种立体交叉作业应有防护措施，作业人员必须佩戴安全帽。

（3）顶棚抹灰时应戴防护眼镜，防止灰浆溅入眼内造成工伤。

（4）抹灰时一般都要求戴手套，以免灰浆刺激、腐蚀皮肤。

四、抹灰作业的安全要求和技术措施

1. 室内抹灰饰面的安全要求和措施

（1）在抹灰高凳上搭脚手板时，高凳必须放平稳，脚手板不得少于两块，不得搭探头板，在移动高凳时，脚手板上不得站人，在脚手板上操作不得超过两人。不准将脚手板搭在门窗的中贯档上操作。

（2）在高大外窗处作业时，需将窗扇关好，并插上插销。禁止从门窗口往外扔杂物，防止伤人。

（3）在夜间或在阴暗房间作业时，应用36 V低压安全灯照明。

（4）在室内推小车时，尤其是在过道中转弯时，要防止车把挤手。

（5）当顶棚抹灰高度超过3.6 m时，必须由架子工搭设抹灰脚手架，抹灰工不得自己搭设。如自行用抹灰高凳铺脚手板搭设脚手架，高凳的间距不得大于2 m，脚手板之间的距离不得大于50 mm。在搭设时首先应检查高凳的腿是否结实牢固，脚手板有无损坏、扭歪不平等。必须确保高凳搭设平稳牢靠，脚手板铺设平整。严禁将脚手板支搭在暖气片、水暖管道上，并不准搭设探头板。

（6）室内抹灰使用的马凳（高凳）必须平稳牢固，马凳跳板跨度不准超过2 m，在同一跳板上操作不得超过两人。

（7）在室内4 m以上抹灰时，应搭设满堂红脚手架，如无条件满铺脚手板时，可在脚手板下挂安全网。

（8）在顶棚勾缝、抹灰时，灰桶和工具要放平稳，并防止砂浆溅入眼内造成工伤。

2. 室外抹灰的安全要求和措施

（1）在室外抹灰时，脚手板要满铺，最窄不得少于3块板子。

（2）在室外抹灰使用挂架子时，挂架间距不得大于2.5 m。在每跨上不得超过两人同时操作。

（3）在脚手架上操作时要站稳，跨步要轻，灰桶和工具要放稳，木刮杠和托线板等不准靠在墙上，要平放在脚手板上。

3. 饰面装修的安全要求和措施

（1）在剔凿瓷砖时，应戴防护镜，清理瓷砖碎片时，不得往窗外抛扔，以免下落伤人。

（2）在脚手架堆放面砖时，要放平稳，不得集中堆放，要防止滑落伤人。

（3）在使用人字梯或脚手架安装大理石板时，必须轻搬轻放，同时要随用随运，不得堆放在脚手架上，以免滑落伤人。

（4）在使用电钻、砂轮等机电设备时，必须装有漏电保护装置，在操作前应进行检查，并戴绝缘手套。

第五章　吊顶工程

第一节　木龙骨装饰吊顶

一、胶合板罩面装饰吊顶

1. 木龙骨安装

吊顶木龙骨安装时，注意下述要点：

（1）在现浇板或预制板缝中，根据设计要求设置预埋件或吊杆。吊顶施工过程中，土建与电气设备等安装作业应密切配合，尤其是预留孔洞、吊灯等处的补强应符合设计要求，以确保安全。设计有预埋木砖的，要作防腐处理并要注意埋设位置准确。安装吊顶龙骨的建筑结构基体质量，应与现行国家标准的规定相符。

（2）吊顶内的通风、水电管道及上人吊顶内的人行或安装通道，需安装完毕；消防管道安装并试压完毕。施工用的临时马道要架设或吊挂在结构受力构件上，严禁将吊顶龙骨作为支撑点。

（3）按照吊顶的设计标高在四周墙面上弹线。弹线应清楚，位置准确，其水平允许偏差为 ± 5 mm。设计有边龙骨时，也应按要求弹线，将边龙骨固定在四周墙上。

（4）主龙骨吊点间距，要按设计要求的尺寸来确定，中间部分应起拱；主龙骨安装后应及时校正其位置和标高。

（5）吊杆应通直还要有足够的承载能力；当预埋的钢筋吊杆需接长时，一定搭接焊牢，焊缝应均匀饱满。吊杆距承载主龙骨端部距离不应超过300 mm，否则应增设吊杆，防止主龙骨下坠。当吊杆与设备相遇时，要调整吊点构造或增设吊杆，以确保吊顶质量。

（6）吊顶木龙骨的选材标准及其制作和装配，应按国家标准的有关规定执行。承重木结构方木材料的含水率应不大于25%；通用条件较差的木构件含水率不得大于20%；对于腐朽、木节、斜纹、裂缝等缺陷，应严格控制在承重方木允许的范围。目前普遍采用的市售成品木方条材，其材质及规格必须与标准规定和设计要求相符；采取纵横交叉拼装成吊顶覆面格栅时，应有预制半槽或按设计尺寸和间距开出半槽，装配时涂胶加钉扣合固定。

（7）吊顶内的灯槽、斜撑、剪刀撑等，应根据工程情况适当布置。轻型灯具应吊在承载龙骨或附加龙骨上，重型灯具或吊扇（或其他重型的悬吊设备及装饰物）不得与吊顶龙骨连接，在建筑顶面结构上设吊钩固定。

（8）所有主、次龙骨以及按跌级造型要求增设的附加龙骨等构件安装到位后，要进行个面校正，将所有吊挂件、连接件、补强件等予以检查、调整、拧夹紧固；整体的吊顶骨架心牢固靠，通过工程项目的中间验收。

2. 胶合板罩面

胶合板主要采用的阔叶树种有苘木、水曲柳、核桃楸、黄菠萝、榆木、椴木、拟赤杨、枫香、杨木、桦木、泡桐、柞木、槭木等；加工胶合板的主要针叶树种有樟子松、马尾松、云南松、思茅松、高山松、云杉等。按国家标准及ISO国际标准的有关规定，按胶合板材的结构区分，有胶合板、夹芯胶合板、复合胶合板。按照板的胶粘性能，分为室外胶合板（具有耐候、耐水和耐高湿度的胶合板）、室内用胶合板（不具有长期经受水浸或高湿度的胶粘性能的胶合板）两种。根据板材的表面加工情况分，有砂光胶合板、刮光胶合板、贴面胶合板、预饰面胶合板。按板材产品的处理情况分，有未经处理过的胶合板、处理过（浸渍防腐剂及阻燃剂等）的胶合板。按制品形状，分为平面胶合板及成型胶合板两种。按板材用途，分为普通胶合板和特种胶合板。

吊顶罩面胶合板的选用应满足对设计要求的品种、规格尺寸，及其顶棚装饰艺术的拼接分格图案的要求。一般分有两种情况：一是作为其他饰面基层的胶合板罩面，可采用大幅面整板钉固作封闭式顶棚罩面；二是采用胶合板本身进行分块、设缝、利用木纹拼花等在罩面后即形成顶棚饰面的工程，需要根据设计图纸认真排布。当前，此种顶棚装饰工程一般均按实际需要，从龙骨骨架装设到板材的罩面方式统一进行设计，保证每一块胶合板安装时均不出现悬窄，板块的图案拼缝处准确落在覆面龙骨（包括其横撑）的中线位置。

（1）罩面板安装前，应按照设计规定分块弹线。对于整板罩面的吊顶，罩面板宜由顶棚中间向两边对称排列，将裁割板置于边缘部位，或将整幅板材安排在重要的大面，将裁割板块安装在顶棚面不明显部位。不管怎样布置和安装罩面板材，均要求整体平整（表面平整度偏差不大于2 mm）、接缝顺直、接缝高低偏差不得大于0.5 mm。顶棚与墙面的接缝应交圈保持一致；罩面板与墙面、窗帘盒、灯具等交接处应严密，不得有漏缝现象。

（2）安装铺钉胶合板可采用25～35 mm长的普通圆钢钉，钉距为80～150 mm，钉帽打扁，冲入板面0.5～1.0 mm，钉眼用油性腻子抹平。也可使用电动或气动打钉枪，采用钉枪钉进行打钉固定。应从板面中央扩展向四周铺钉，钉位应事先画线。用作后续工程为涂饰、裱糊等对于基面质量要求较高的胶合板罩面，其板材正面的周边宜采用细刨按2～3 mm宽度略做倒角处理，对嵌缝工序的施工质量有利。对于有留设明缝要求的罩面，应事先对裁割的板块进行修边处理。

二、木质纤维板罩面装饰吊顶

木质纤维板系指利用木材加工的边角废料或将植物的枝杈、基干、皮、叶、根等纤维进行重新交织、胶合、压制等加工处理制成的一种人造板材。因原材料、加工方法及饰面不同的处理，分为一面光或两面光普通硬质纤维板及穿孔吸声硬质纤维板、钻透孔或盲孔或不钻孔的纸面吸声装饰软质纤维板、纸面针孔软质纤维图案装饰板，以及新型无胶纤维板、表面带耐磨彩漆饰面的木质纤维板、中密度木质纤维装饰板等不同的板材产品。

安装吊顶木龙骨骨架采用木质纤维板罩面的装饰工程，应根据具体的板材产品由设计确定固定方法对其安装。

1. 硬质纤维板罩面

普通硬质纤维板具有湿胀干缩的特性，故在罩面施工前要先将板材进行加湿，即把板块浸入60° 的热水中30分钟，或用冷水浸泡24小时，自然阴干后使用，能够有效克服施工后板面起鼓翘角的现象。

普通平板在木龙骨上用钉子固定时，钉距为80～120 mm，钉长为20～30 mm，钉帽进入板面0.5 mm，钉眼用油性腻子抹平。带饰面的或穿孔吸声装饰板，可用金属螺钉进行固定，如普通木螺钉或配有装饰帽等类的，钉距不应大于120 mm。明露的钉件在板面的排列应整齐、美观；普通木螺钉的钉帽应与板面齐平，并用与板面一样颜色的涂料涂饰。

2. 软质纤维板罩面

软质（钻孔或不钻孔、贴钛白纸或贴纸印花及静电植绒产品）吸声装饰纤维板，其大幅面板材通常规格尺寸为1 050 mm × 2 420 mm、1 220 mm × 2 440 mm，方形板多为305 mm × 305 mm、500 mm × 500 mm、610 mm × 610 mm；板块厚度通常为12 ~ 13 mm。生产厂通常会提供配套的塑料花托或金属花托（或称托花、托脚、装饰小花）及垫圈等安装配件，在吊顶木龙骨上安装板材时，于板块的交角处采用花托和钉件既能固定板块，又能使顶棚饰面具有特殊的装饰感觉。

3. 压条固定罩面板

在板与板接缝处设压条一道固定罩面板（木压条、金属压条或硬塑压条），适合用在固定式封闭型罩面的多种板材木龙骨装饰顶棚。压条用钉固定要先拉通线，保证将压条装订于覆面龙骨底面中心线上，安装后应平直，接口严密。

纤维板（或胶合板）用木压条固定时，钉距不应大于200 mm钉帽应打扁，并在木压条表面进入0.5 ~ 1.0 mm，钉眼用油性腻子抹平。

三、塑料板材罩面装饰吊顶

可用于木龙骨吊顶罩面的塑料类板材主要有钙塑泡沫装饰吸声板、聚苯乙烯泡沫塑料装饰吸声板、聚氯乙烯塑料吊顶板，以及塑料条形装饰扣板等板材。

1. 钙塑泡沫装饰吸声板

系以聚乙烯树脂加入无机填充料轻质碳酸钙、发泡剂、交联剂、润滑剂和颜料等经混炼、模压、发泡成型等加工而成，其具有的优点是质轻、吸声、保温、隔热、耐水及施工方便。分为一般板和加入阻燃剂的难燃板，表面有各种凹凸图案，也有穿孔图案。常用规格尺寸有300 mm × 300 mm、400 mm × 400 mm、500 mm × 500 mm、600 mm × 600 mm；板块厚度4 ~ 7 mm。

（1）钙塑装饰板可用木螺钉固定于吊顶木龙骨，钉距不得大于150 mm，帽应与板面平齐，排列规整，并用与板面颜色一样的涂料涂饰。钙塑装饰板也可采用塑料花托（塑料装饰托角）在板的交角处固定于木龙骨，应使用木螺钉，并在花托之间沿板边按等距离加钉固定。

（2）钙塑装饰板也可采用压条固定。压条应平直，接口严密，不得翘曲。

2. 聚苯乙烯泡沫塑料装饰吸声板

系以可发性聚苯乙烯泡沫塑料经加工而成，有多种凹凸型花纹及钻孔图案，优点有隔声、隔热、自熄、质轻、色白等。板块规格常用规格尺寸为300 mm × 300 mm、500 mm × 500 mm、600 mm × 600 mm、1 200 mm × 600 mm；厚度有3、10、15、20 mm等。采用此类型的板材产品作顶棚罩面时，可用聚醋酸乙烯乳液或其他胶粘剂，将板块直接黏结在吊顶木龙骨上，施工安装人员进行操作时应戴洁净手套。

3. 聚氯乙烯塑料吊顶板

系以聚氯乙烯树脂为基料，加入抗老化剂、改性剂等助剂，经混炼、压延、真空吸塑等工艺制成的凹凸浮雕型吊顶装饰板。有乳白、米黄、湖蓝色等及各种题材的拼花和立体图案，分为单层板及复合板；其优点有质轻、隔热、难燃、耐潮湿、不吸尘、不破裂、可自行涂饰、安装简单且价格低廉等。经常用单层板产品的规格尺寸为500 mm × 500 mm ×（0.4 ~ 0.6） mm薄型片材，其塑料贴面复合板产品的厚度为14 ~ 18 mm。

（1）聚氯乙烯塑料天花板的薄片产品可与平整、洁净、含水率不大于8%的水泥砂浆基层（基层如有麻面时，可用乳胶腻子修补后再涂刷一遍乳胶水溶液以增强黏结力）直接用胶粘剂粘贴，先在基层表面按分块尺寸弹线预排，每次涂胶面积不应过大，厚度应均匀；粘贴后采取临时固定措施，并把挤出的胶液及时擦去。

（2）在采用其薄片产品作木龙骨吊顶罩面时，覆面龙骨底面可用压条纵横固定。或先用较薄的木条按板块尺寸组成方格式木架固定成天花单元，再分别就位与木龙骨钉固；最后采用涂饰钉眼或加设压条的做法处理饰面接缝。

（3）在采用其塑料贴面复合板产品作木龙骨吊顶罩面时，要先钻孔，后用木螺钉和垫圈或金属压条固定。采用木螺钉固定时，木螺钉钉距通常为400 ~ 500 mm，钉帽应排列整齐。

若采用金属压条时，先用钉临时固定塑料贴面复合板，然后加盖金属压条，压条应平直、接口严密。

四、木龙骨装饰吊顶的操作技巧

1. 木龙骨吊顶传统施工操作技巧

（1）主龙骨一般沿房屋的短方向布置，若有特殊要求的（如凹凸式、圆弧形等），则按设计图样要求确定。主龙骨两侧墙体的孔洞要适当深一些（总长度要大于主龙骨的长度），以方便主龙骨的安装，同时伸入墙体内的主龙骨两侧要进行防腐处理。

（2）当主龙骨布置在屋架下弦下面时，应与屋架下弦方向垂直，每一相交处用4根吊筋吊住。当主龙骨布置在槽形板下时，应垂直于板缝，用直径6 mm的钢筋吊在预埋于板缝中的短钢筋或扁铁上。

（3）当吊筋采用木龙骨时，龙骨长度应略长于实际尺寸，以便于吊筋的调整。当吊筋长度超过1 500 mm时，应设置斜支撑，以防止因吊筋的晃动而影响吊顶面板的质量。

（4）沿墙龙骨安装时应略高于水平标高线，避免面板安装后出现吊顶偏低的现象。

（5）吊筋固定时应先固定中间部位（起拱最高点处），后固定两侧，这样施工较简便。

2. 木龙骨吊顶改进做法

现有吊顶通常都不上人，龙骨承受的荷载主要是罩面板的质量以及自重，且龙骨在顶面结构层上施工十分不方便，为节省材料和减少工时，吊顶木龙骨也可采用先在地上分片拼装，再集中安装的新做法。

（1）木龙骨吊顶改进做法的施工工序。放线→钉沿墙龙骨→下料→龙骨加工→龙骨拼装→龙骨安装→调平→刷防火涂料。

（2）木龙骨吊顶改进做法的施工要点。

①放线、钉沿墙龙骨。放线与钉沿墙龙骨的操作等同于木龙骨吊顶传统做法。

②下料。改进做法中因无主、次龙骨之分，所有龙骨的尺寸都可采用25 mm × 30 mm的木方，两边刨光。下料时先把龙骨紧挨着放在平地上，再在龙骨上画出间距线（一般为300 mm），调节好电锯锯片的深度（一般为15 mm）开出凹槽，槽宽与龙骨宽是一样的。

③龙骨拼装。龙骨拼装应分片进行，按凹槽对凹槽的方法用铁钉和白乳胶进行固定，组合成木龙骨框架。如若吊顶是圆形或弧形等特殊造型时，还须将龙骨专门放样制作，但木龙骨的安装方法与普通木龙骨框架的施工方法是一致的。单片木龙骨框架的最大尺寸通常不超过10 m。

④龙骨安装及调平。木龙骨框架在安装时，在设计标高的上方吊至木龙骨框架，用若干尼龙线沿吊顶标高位置线拉出水平线和交叉的标高基准面，再把木龙骨框架慢慢下移至齐平于标高基准面齐平的龙骨位置上。该片木龙骨框架调平后，将靠墙部分的木框架与沿墙木龙骨连接，再将吊筋与木龙骨框架固定。各片木龙骨框架调平固定后，应将相邻的各片木龙骨框架连接固定。在同一平面内固定时，用钉子斜向在两片框架的连接处钉牢；若不在同一平面内，则一定用辅助龙骨将两片木龙骨框架连接。两片木龙骨框架连接处的接缝必须平整，如图5–1所示。

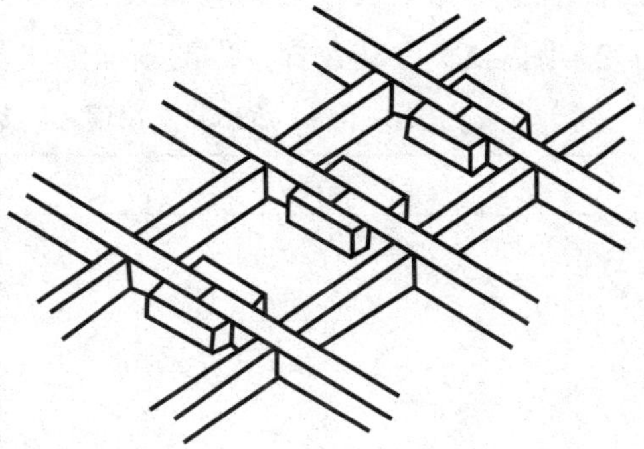

图5–1　木龙骨框架的连接

⑤刷防火涂料。刷防水涂料的要求与传统做法一样。

（3）木龙骨吊顶改进做法的操作技巧。

①木龙骨加工时，凹槽的宽度稍大于龙骨断面，以利于龙骨的拼装。

②木龙骨框架在安装时，要先拼接大片木龙骨框架，然后拼接小片木龙骨框架；先安装最高点处的木龙骨框架，再依次安装标高较低的木龙骨框架。

③木龙骨吊装时，为方便固定，可采用三角斜撑进行临时支撑。

④为确保相邻两片骨架的接缝平整，在龙骨的接合处可用钉子斜向钉牢。

⑤木龙骨拼装时，光面应放在骨架的底面与面板接合处，以便于面板的平整。

⑥木龙骨固定时应先固定中间部位（起拱最高点处），后固定两侧，这样施工较方便。

第二节　轻钢龙骨罩面板装饰吊顶

一、吊顶轻钢龙骨主、配件

1. 轻钢龙骨主件

建筑用轻钢龙骨型材制品是以冷轧钢板（或冷轧钢带）、镀锌钢板（带）

或彩色涂层钢板（带）做原料，采用冷弯工艺生产的薄壁型钢。可用作吊顶（包括墙体）的轻钢龙骨，其钢板厚度为0.27～1.5 mm，《建筑用轻钢龙骨》将吊顶轻钢龙骨骨架及其装配组合归纳为U型、T型、H型、V型四种基本类型（见图5-2～图5-5），其龙骨主件的断面形状及规格见表5-1。

表5-1　吊顶轻钢龙骨断面形状及规格

名称		断面形状	规格（mm）
U型龙骨	承载龙骨	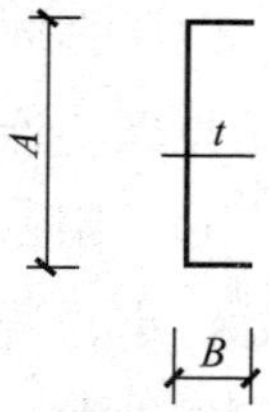	A×B×t 38×12×1.0 45×15×1.2 50×15×1.2 60×B×1.2 （B=24～30）
	覆面龙骨	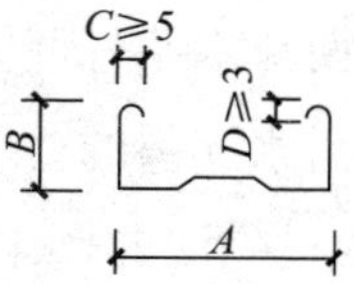	A×B×t 25×19×0.5 50×19×0.5 50×20×0.6 60×27×0.6
T型龙骨	主龙骨	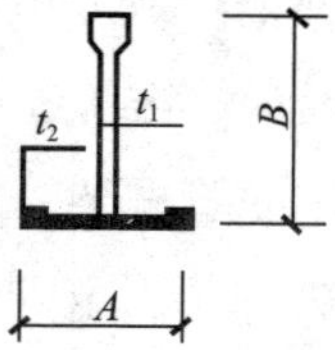	$A \times B \times t_1 \times t_2$ 24×38×0.3×0.27 24×32×0.3×0.27 14×32×0.3×0.27 16×40×0.36
	次龙骨	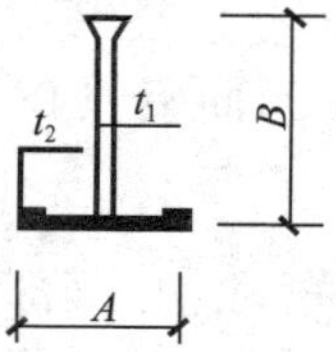	$A \times B \times t_1 \times t_2$ 24×28×0.3×0.27 24×25×0.3×0.27 14×25×0.3×0.27
	边龙骨	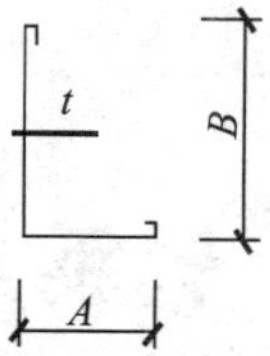	A×B×t A=B>22 t⩾0.4
H型龙骨		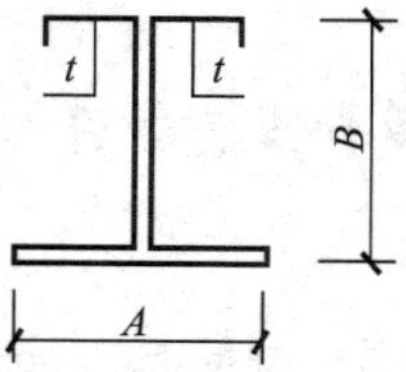	A×B×t 20×20×0.3

吊顶龙骨骨架的主要受力构件是承载龙骨；吊顶龙骨骨架构造中固定罩面层的构件是覆面龙骨；T型吊顶骨架的主要受力构件是T型主龙骨；T型吊顶骨架中起横撑作用的构件是T型次龙骨；H型吊顶骨架中固定饰面板的构件是H型龙骨；L型边龙骨一般被用作T型或H型吊顶龙骨中与墙体相连并于边部固定饰面板的构件而称为边龙骨，所以也可作为覆面龙骨；V型直卡式承载龙骨是V型吊顶骨架的主要受力构件；V型直卡式覆面龙骨是V型吊顶骨架中固定饰面板的构件。

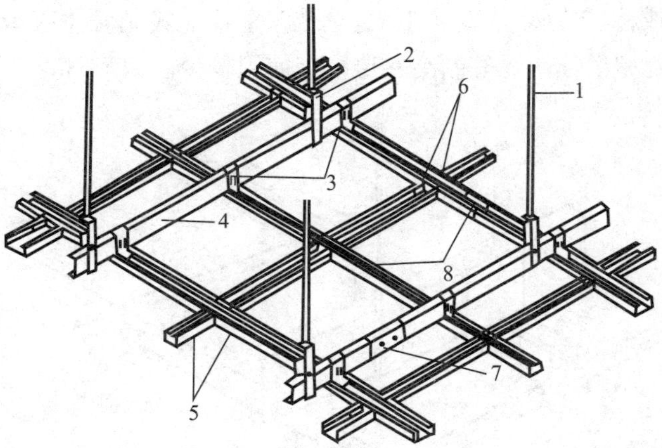

图5-2　U型吊顶龙骨

1-吊杆；2-吊件；3-挂件；4-承载龙骨；5-覆面龙骨；6-挂插件；7-承载龙骨连接件；8-覆面龙骨连接件

轻钢龙骨产品标识顺序为：产品名称→代号→断面形状的宽度→高度→钢板厚度→标准号。

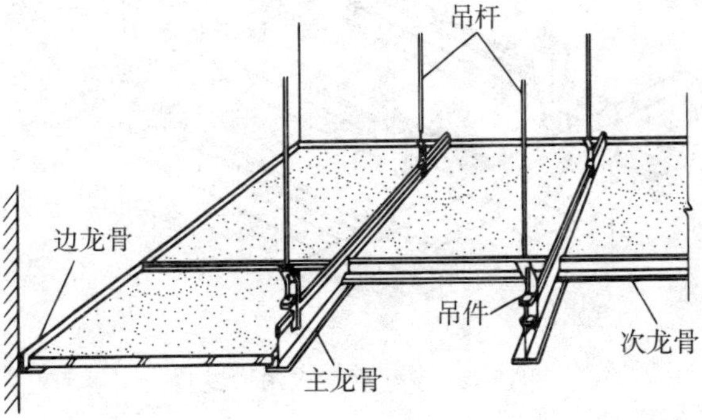

图5-3　T型吊顶龙骨

断面形状为U型，宽度为50 mm，高度为15 mm钢板带厚度为1.2 mm的吊顶承载龙骨标记为：建筑用轻钢龙骨DU150×15×1.2。

目前装饰装修设计、施工在产品选用中对于吊顶轻钢龙骨的系列分类及其吊顶骨架的称谓较为复杂，如U型和C型系列的龙骨通常被称为UC型龙骨，是按龙骨型材的横截面形式和尺寸划分的，如UC60、UC50、UC38等；通常由U、C型龙骨组装的吊顶骨架，靠顶棚四周墙（柱）的边缘部位也可不设L型边龙骨，吊顶罩面收边采用装饰线条。当吊顶龙骨骨架由U型龙骨作承载龙骨（有的产品系列的承载龙骨可为C型龙骨），以T型龙骨为覆面层龙骨的吊顶骨架，以及由轻钢T型龙骨组装的单层骨架轻便吊顶，多用L型轻钢龙骨作边龙骨，故被称为U、C、T型及L、T（或称LT）型龙骨。H型龙骨、V型直卡式龙骨（直卡式吊顶龙骨代号为ZD）以及Z型吊顶龙骨等制品在传统上使用较少。

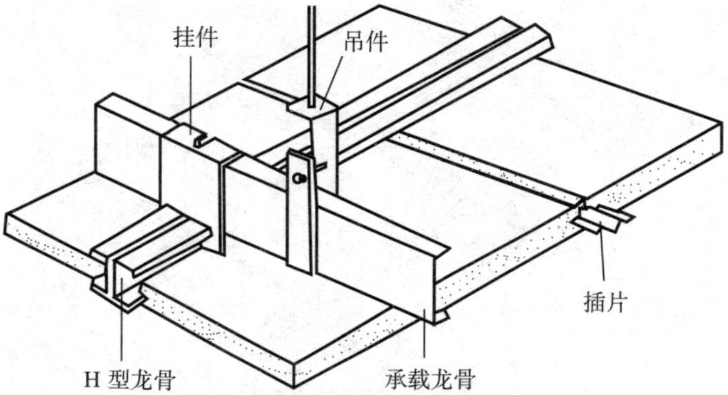

图5–4　H型吊顶龙骨

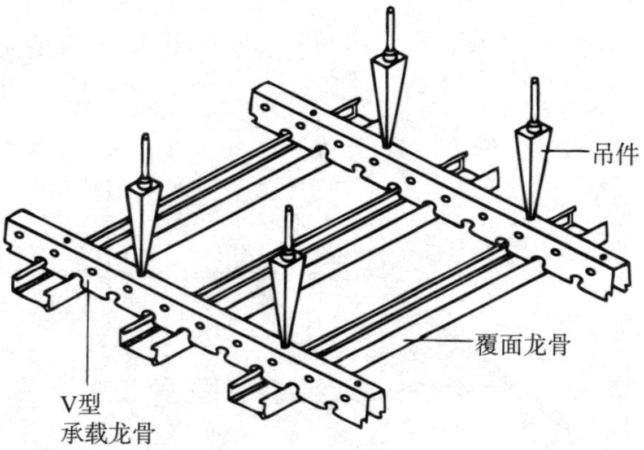

图5–5　V型直卡式吊顶龙骨

2. 吊顶轻钢龙骨配件

轻钢龙骨配件根据国家标准和建材行业标准《建筑用轻钢龙骨配件》的规定，用于吊顶轻钢龙骨骨架组合和悬吊的配件主要有吊件、挂件、连接件及挂插件等，见图5–6至图5–8。

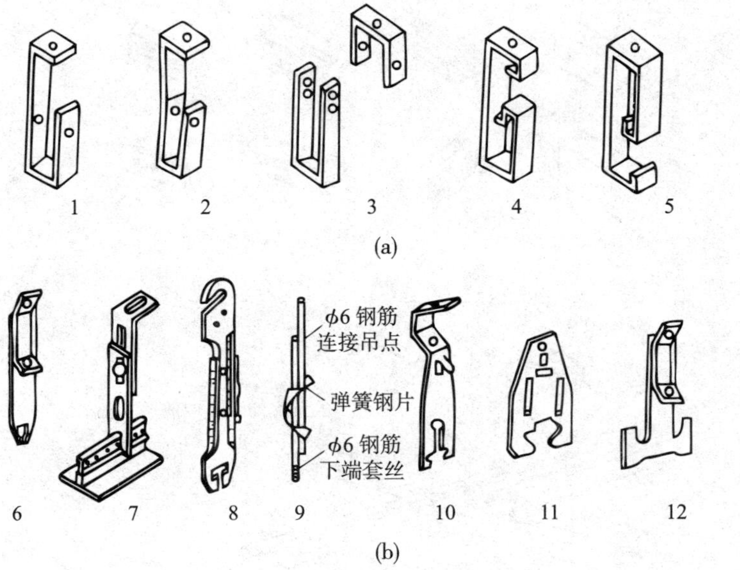

图5-6　吊顶轻钢龙骨常用吊件

1～5-U型承载龙骨吊件（普通吊件）；6-T型主龙骨吊件；7-穿孔金属带吊件（T型龙骨吊件）；8-游标吊件（T型龙骨吊件）；9-弹簧钢片吊件；10-T型龙骨吊件；11-C型主龙骨直接固定式吊卡（CS R 吊顶系统）；12-槽形主龙骨吊卡（C型龙骨吊件）

（a）U型轻钢龙骨吊件；（b）T型和C型龙骨吊件

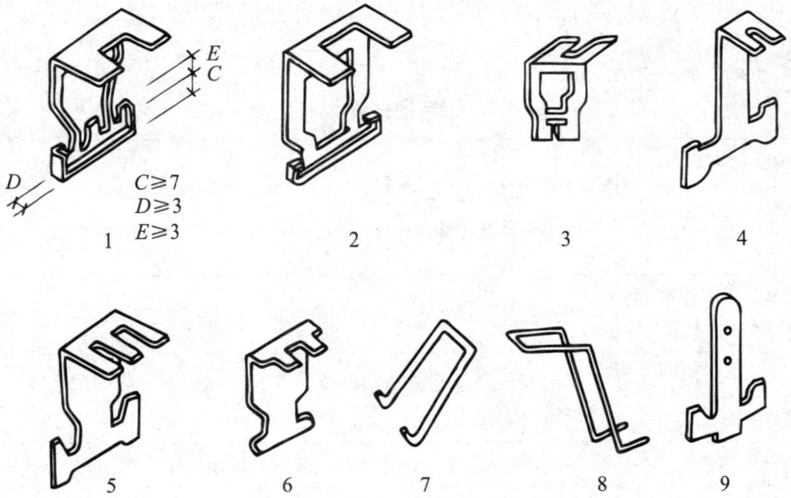

图5-7　吊顶轻钢龙骨挂件

1、2-压筋式挂件（下部钩挂C型覆面龙骨）；3-压筋式挂件（下部钩挂T型覆面龙骨）；4～6-平板式挂件（下部钩挂C型覆面龙骨）；7、8-T型覆面龙骨挂件（T型龙骨连接钩、挂钩）；9快固挂件（下部钩挂C型龙骨）

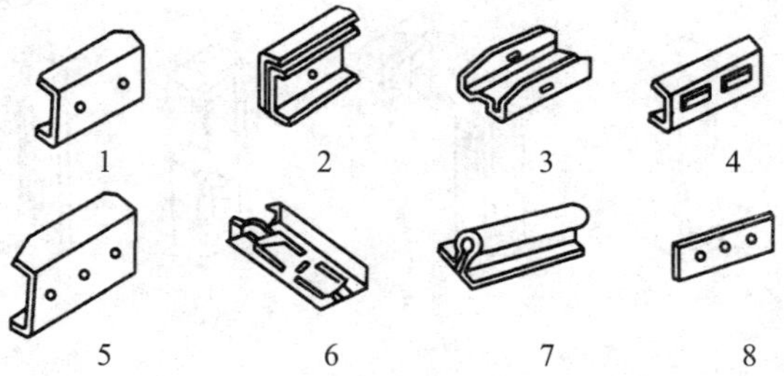

(a)

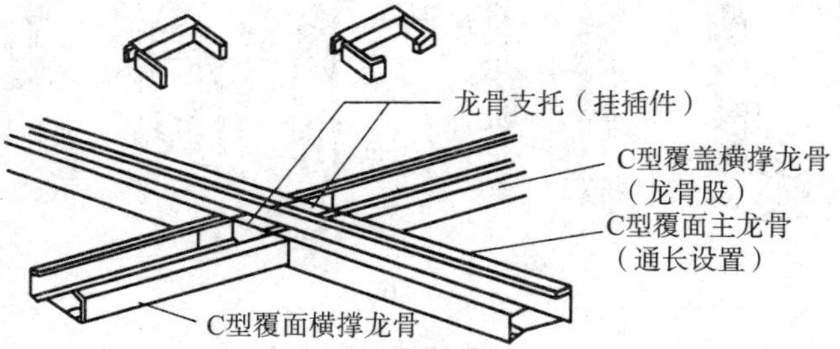

(b)

图5-8　吊顶轻钢龙骨连接件及挂插件

（a）轻钢龙骨接长件（连接件）；（b）C型龙骨挂插件

1、2、4、5-U型承载龙骨接长件；3、6-C型覆面龙骨接长件；7、8-T型龙骨接长件

吊顶轻钢龙骨配件的常用类型及其在吊顶骨架的组装和悬吊构造中的用途，可见表5-2。

表5-2　吊顶轻钢龙骨配件

名　称	用　途
普通吊件	用于承载龙骨和吊杆之间的连接
弹簧卡吊件	用于承载龙骨和吊杆之间的连接
V型直卡式龙骨吊件及其他特制吊件	用于各种配套承载龙骨和吊杆之间的连接
压筋式挂件	用于双层骨架构造吊顶的覆面龙骨和承载龙骨之间的连接，又称吊挂件，俗称挂搭
平板式挂件	用于双层骨架构造吊顶的覆面龙骨和承载龙骨之间的连接，又称吊挂件，俗称挂搭
承载龙骨连接件	用于U型承载龙骨加长时的连接，又称接长件
覆面龙骨连接件	用于C型覆面龙骨加长时的连接，又称接长件
挂差件	用于C型覆面在吊顶水平面的垂直相接，又称支托、水平件
插片	用于H型龙骨（及其他嵌装暗式吊顶龙骨）中起横撑作用
吊杆	用于吊件和建筑结构的连接

二、吊顶轻钢龙骨的技术要求

1. 外观质量

龙骨外形要平整、棱角清晰，切口不允许有毛刺和变形。

镀锌层不许有起皮、起瘤、脱落等缺陷，对于腐蚀、损伤、黑斑、麻点等缺陷，按规定方法检测时，应符合表5–3的要求。

表5–3 吊顶轻钢龙骨的外观质量

缺陷种类	优等品	一等品	合格品
腐蚀、损伤、黑斑、麻点	不允许	无较严重的腐蚀、损伤、黑斑、麻点	面积不大于1 cm^2的黑斑每米长度内不多于3处

2. 表面防锈

龙骨表面应镀锌防锈，其双面镀锌量或双面镀锌层厚度应不小于表5–4的规定。

表5–4 吊顶轻钢龙骨的双面镀锌量和双面镀锌层厚度

项目	优等品	一等品	合格证
镀锌量（g/m^2）	120	100	80
镀锌层厚度（μm）	16	14	12

3. 形状及尺寸要求

表5–1所示的龙骨的断面形状，其尺寸偏差应符合表5–5的规定，若有其他要求由供需双方协商确定；龙骨的侧面和底面的平直度应不大于表5–6的规定；弯曲内角半径尺寸应不大于表5–7的规定。

表5–5 吊顶轻钢龙骨的尺寸允许偏差（mm）

<table>
<tr><th colspan="2">项目</th><th>优等品</th><th>一等品</th><th>合格品</th></tr>
<tr><td rowspan="2">长度L</td><td>C、U、V、H型</td><td colspan="3">+20
−10</td></tr>
<tr><td>T型孔矩</td><td colspan="3">± 0.3</td></tr>
<tr><td rowspan="2">覆面龙骨断面尺寸</td><td>尺寸A</td><td colspan="3">± 1.0</td></tr>
<tr><td>尺寸B</td><td>± 0.3</td><td>± 0.4</td><td>± 0.5</td></tr>
<tr><td rowspan="2">其他龙骨断面尺寸</td><td>尺寸A</td><td>± 0.3</td><td>± 0.4</td><td>± 0.4</td></tr>
<tr><td>尺寸B</td><td colspan="3">± 1.0</td></tr>
<tr><td colspan="2">厚度t</td><td colspan="3">公差应符合相应材料的国家标准要求</td></tr>
</table>

表5-6　吊顶轻钢龙骨的侧面和底面的平直度（mm/1 000）

品种	检测部位	优等品	一等品	合格品
承载龙骨和覆面龙骨	侧面和底面	1.0	1.5	2.0
T、H型龙骨	底面	1.3		

表5-7　吊顶轻钢龙骨弯曲内角半径（mm）

钢板厚度δ不大于弯曲内角半径R	0.70	1.00	1.20	1.50
	1.50	1.75	2.00	2.25

4. 角度偏差

吊顶轻钢龙骨的角度偏差应符合表5-8的规定。

表5-8　吊顶轻钢龙骨的角度允许偏差

成型角较短边尺寸	优等品	一等品	合格晶
10～18	± 1°15′	± 1°30′	± 2°00′
>18	± 1°00″	± 1°15′	± 1°30′

5. 力学性能

吊顶轻钢龙骨组件的力学性能应符合表5-9的规定。

表5-9　吊顶轻钢龙骨组件的力学性能

类别	项目		要求
U、V型吊顶	静载实验	覆面龙骨	加载挠度不大于10.0 mm 残余变形量不大于2.0 mm
		承载龙骨	加载挠度不大于5.0 mm 残余变形量不大于2.0 mm
T、H型龙骨		主龙骨	加载挠度不大于2.8 mm

6. 配件要求

吊顶轻钢龙骨配件的外观质量应符合表5-10的规定；吊顶轻钢龙骨吊件和挂件的力学性能应符合表5-11的规定。

表5-10　吊顶轻钢龙骨配件的外观质量

外观缺陷	优等品	一等品	合格品
切口毛刺、变形	不允许	不影响使用	不影响使用
腐蚀、损伤、黑斑、麻点	不允许	不允许	弯角处不允许，其他的部位允许有少量轻微的腐蚀点、损伤和斑点、麻点

表5-11　吊顶轻钢龙骨吊件和挂件的力学性能

名称	被吊挂龙骨类别	荷载（N）	指 标
吊件	上人承载龙骨	2 000	3个试件残余变形量平均值不大于2.0 mm，最大值不大于2.5 mm
	不上人承载龙骨	1 200	
挂件	覆面龙骨	600	挂件两角不允许有变形

三、U、C型轻钢龙骨组合吊顶

由U型承载龙骨和C型覆面龙骨组合装配的轻钢龙骨吊顶骨架，用于罩面板材的钉固式吊顶装饰。其骨架构造可作单层设置或双层设置，取决于吊顶工程的承载要求。

1. U、C型龙骨吊顶的双层骨架构造

U、C型龙骨吊顶的双层骨架可采用UC50或UC60系列龙骨产品组成有附加荷载的上人吊顶及不上人吊顶。承载龙骨在上，覆面龙骨在下，垂直于承载龙骨方向布置，并按照罩面板的规格尺寸（一般为3 000 mm × 1 200 mm、1 200 mm × 600 mm、600 mm × 600 mm，新型轻质板材大多可根据设计要求的规格尺寸进行裁割）在板材接缝处设置覆面横撑龙骨。U型承载龙骨由吊件连接吊杆；在覆面龙骨与承载龙骨的上下相交接处，用挂件（又称吊挂件）的U型或W型挂搭钩住承载龙骨同时挂牢C型覆面龙骨的凹槽；在覆面骨架层的纵横覆面龙骨丁字交接部位，用挂插件（或称覆面龙骨支托、水平件）于横撑龙骨端头插入托稳，并与垂直方向的覆面龙骨挂紧，如图5-9所示。

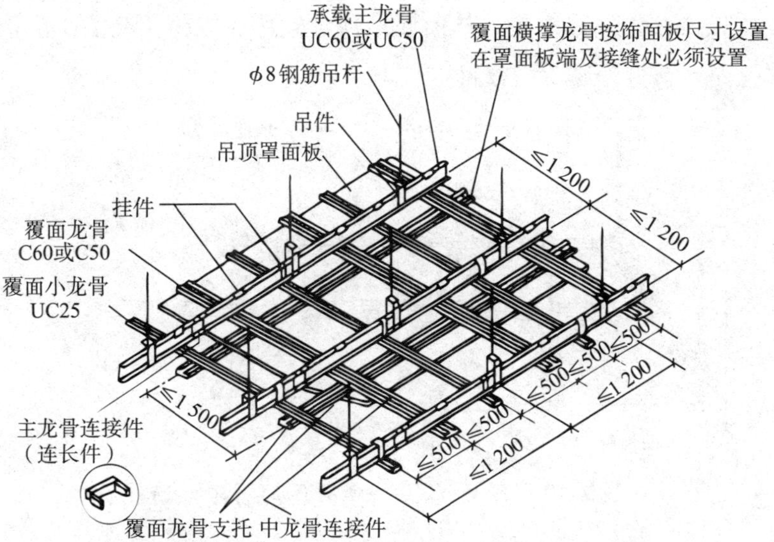

(a)重型吊顶柱状构造

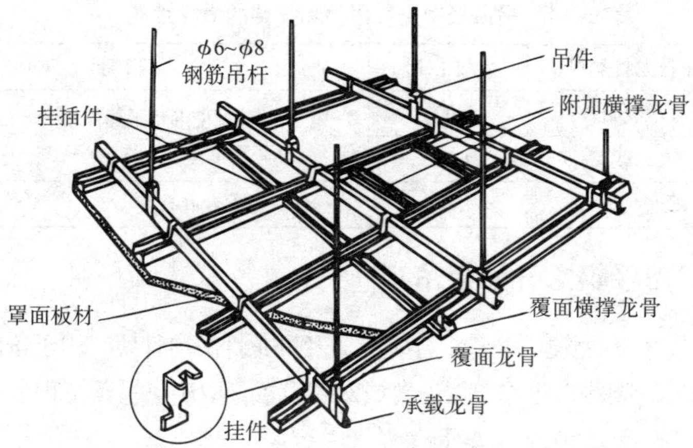

(b)较轻型吊顶组装构造

图5-9　U、C型轻钢龙骨吊顶双层骨架构造

2. U、C型龙骨的单层骨架构造

仅采用轻钢C型覆面龙骨组装的单层构造骨架，用于无附加荷载的“不上人”轻便吊顶。此类型吊顶的基本组装形式如图5-10所示。

C型覆面主龙骨于纵向通长放置，采用轻型吊件根据设计要求的吊点间距进行悬吊；可采用φ4吊杆或镀锌铁丝（铅丝）吊索。在同一水平面于覆面主龙骨之间放置C型覆面横龙骨（横撑龙骨，设于罩面板接缝处），横龙骨垂直于主龙骨相接处用挂插件作插挂固定，从而使吊顶骨架形成纵横相交的C型龙骨框格，以自攻螺钉固定新型轻质罩面板材。

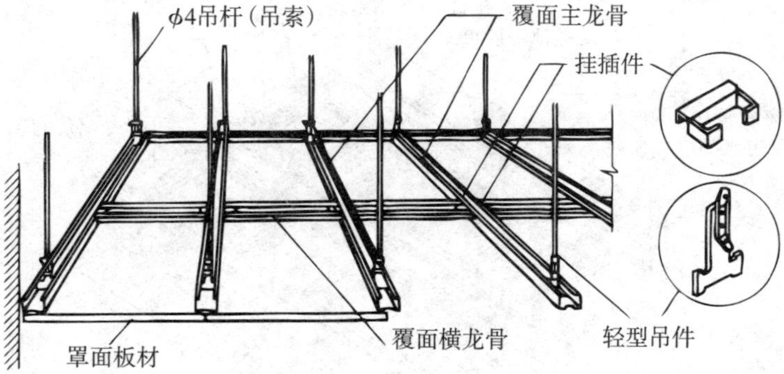

图5-10　U、C型轻钢龙骨吊顶单层骨架构造

四、U、C、T型轻钢龙骨组合吊顶

由于装饰建材业的发展迅速，使吊顶轻钢龙骨的新型产品不断出现，有些厂家不仅能够生产T型轻钢龙骨型材（T型金属龙骨产品传统上多为铝合金材料），且采用烤漆、不锈钢等在明装吊顶T型龙骨的底面，以增强顶棚金属龙骨底面框格明露线条的美观及其抗色泽老化等性能。

采用U型轻钢龙骨作承载龙骨，饰面层骨架采用T型轻钢龙骨。T型覆面主龙骨垂直于承载龙骨方向放置，在两者交叉部位用挂件（T型龙骨挂钩）作上下钩挂连接。T型横撑龙骨的长度按T型覆面主龙骨的间距在同标高垂直方向分段安装。作为龙骨型材产品的系统配套材料，T型横撑龙骨的端头加工成挂钩式等形式，穿过T型主龙骨上的成插孔即行与主龙骨在水平面固定。

由T型龙骨组装的吊顶覆面骨架，在安装饰面板后（平放搭装于T型龙骨纵横组成的框格内），通常即可完成吊顶大面的装饰工程，吊顶板材本身即是最终的饰面层（上述U、C型龙骨骨架铺钉罩面板后组成的吊顶表面尚需进行最终的饰面处理——涂料涂饰、裱糊施工或粘贴复合玻璃棉装饰板等）。同时，当吊顶板产品为带企口边的嵌装板时，将其安装于T型龙骨即形成不露骨架的整体顶棚饰面，如图5-11和图5-12所示。

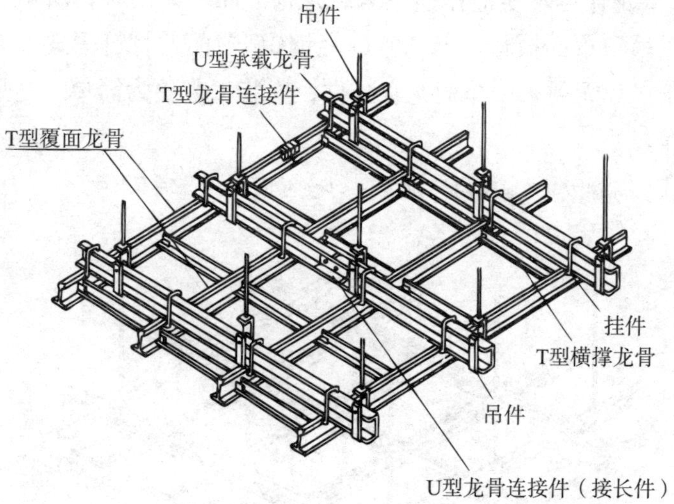

图5-11　U、C、T型轻钢龙骨吊顶股价组合

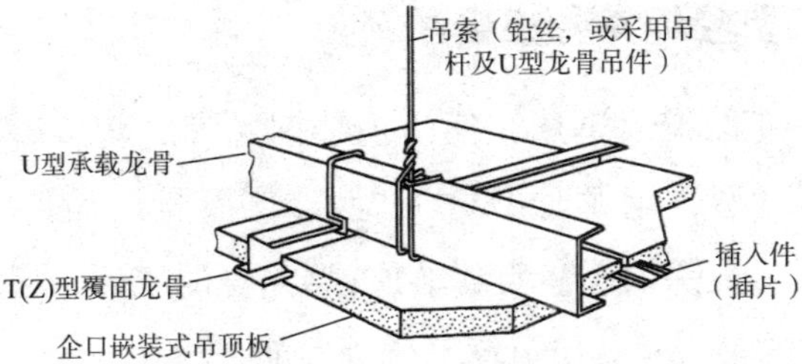

(a)双层骨架构造的吊顶

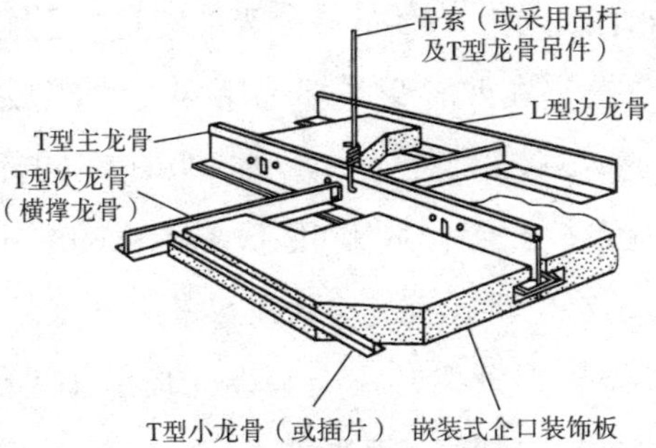

(b)单层骨架构造的吊顶

图5-12　企口吊顶板的嵌装

五、V、C型直卡式轻钢龙骨吊顶

该吊顶轻钢龙骨产品系统的承载龙骨为带挂齿的特制槽型（V型直卡式）龙骨，其覆面C型龙骨可轻易地扣挂在承载龙骨下面，如图5-13所示，然后用自攻螺钉固定轻质吊顶罩面板材。与通常的轻钢C型覆面龙骨钉固式罩面板装饰吊顶的不同之处在于其无须采用覆面龙骨挂件，安装工艺更为简单，适用于室内轻便吊顶装饰工程。

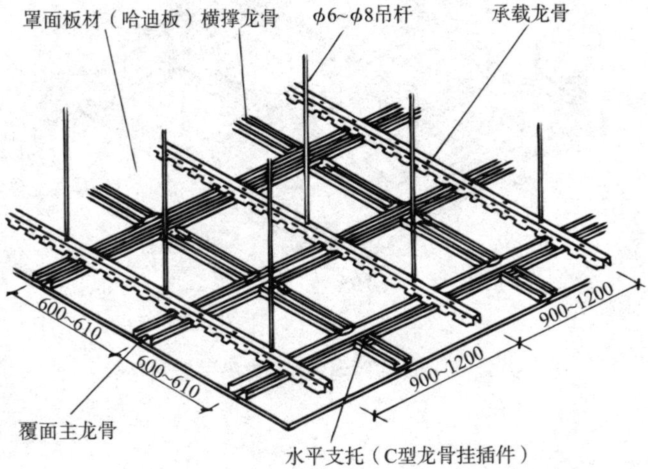

图5-13　直卡式槽形（C型）轻钢龙骨吊顶装配

六、T型轻钢龙骨单层骨架吊顶

依据设计标高纵横布置T型轻钢龙骨，在T型主龙骨上按规定的间距尺寸安装吊件及吊杆（或镀锌铁丝吊索）进行悬吊，从而构成与饰面板尺寸相配合的吊顶龙骨框格骨架。其主龙骨为通长放置，次（副）龙骨则在同一水平面的垂直方向安装于主龙骨与主龙骨之间；采用次龙骨自身的承插式（或挂钩式）端头同主龙骨插接牢固在次龙骨与主龙骨的丁字交接处，这种龙骨骨架形式，不仅可以钉装罩面板后形成整体封闭式的吊顶，而且可以在龙骨框格的T型翼板上搭装天花装饰板块，也可以适用于嵌装边缘带企口的装饰板而形成所谓“暗式”“暗架”（施工后龙骨隐藏）吊顶饰面，如图5-14所示。

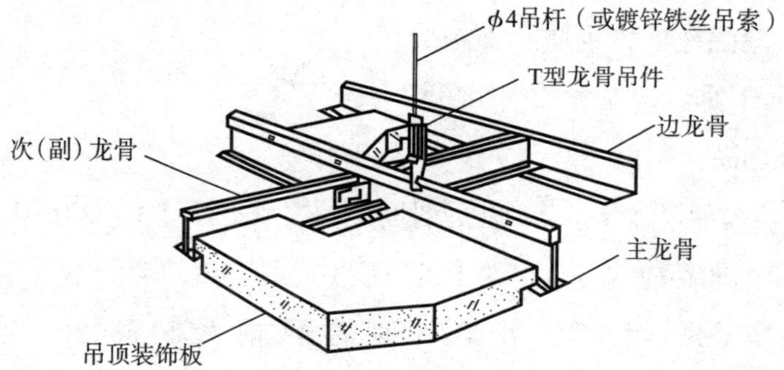

(a)T型龙骨宽单层骨架吊顶

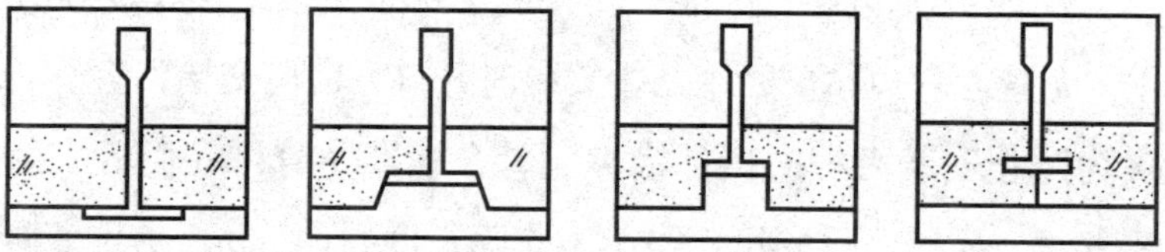

(b)装饰板与T型龙骨吊顶骨架的配合

图5-14 T型轻钢龙骨吊顶及其装饰板安装方

七、轻钢龙骨吊顶施工操作技巧

（1）为安装和拆卸方便，龙骨吊顶与结构上的膨胀螺栓连接应利用过角钢。

（2）当遇到预制空心板楼面安装膨胀螺栓有难度时，可先在板缝中固定膨胀螺栓，在相邻两膨胀螺栓上固定通长角钢，再在角钢上焊接吊筋。

（3）为避免由于墙体结构的晃动而导致吊顶的开裂，当墙体为轻质隔墙时，吊顶与墙体不要连接（不钉沿墙龙骨）为宜。

（4）为保证挂件的稳固，应在挂件的上下分别拧上螺母并拧紧，避免在安装面板时龙骨上下晃动，如图5–15所示。

（5）吊筋长度不够时，可将吊筋取下，通过焊接进行加长。

（6）为便于龙骨调平和结构受力合理，无特殊设计要求的情况下，主龙骨通常沿房屋短向设置。

（7）在潮湿地区，为防止面板受潮发生变形而下垂，次龙骨的间距可设置为300～400 mm。

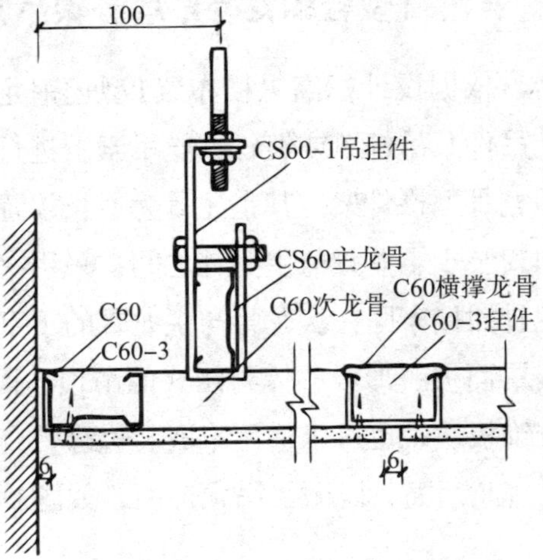

图5–15　吊顶吊挂件安装示意图

（8）当房屋的尺寸与吊筋或主龙骨间距的模数不符时（1 000～1 200 mm），吊筋或主龙骨的间距应均分，以便于吊筋或主龙骨受力均匀。

（9）当房屋的尺寸不符合次龙骨间距的模数时（600 mm），应把余量放在吊顶的一侧，以便于面板的安装。

（10）为保证主次龙骨的连接牢固，使用钳子夹紧、夹牢主次龙骨的连接件。为防止主龙骨向一边倾倒，主龙骨安装时开口方向应交错设置。

（11）为防止安装面板时碰乱横撑龙骨，横撑龙骨可在面板安装时进行安装。为安装方便，横撑龙骨的尺寸略小于实际长度2～3 mm，横撑龙骨与次龙骨必须在同一水平面上。

第三节　LT型铝合金龙骨装饰板吊顶

一、吊顶龙骨的组装与悬吊

1. 双层骨架构造

如图5–16所示，为有承载龙骨的双层铝合金龙骨吊顶平面布置及构造节点图。

U型轻钢龙骨在上为承载龙骨，采用UCC50或LJ60龙骨，设计上人吊顶；采用UC38等断面尺寸较小的龙骨型材，当设计为不上人吊顶时，承载龙骨中距及吊点间距尺寸均取≤1 200 mm（具体工程按设计要求），边部的吊点距承载龙骨端头尺寸≤150 mm；采用φ6或φ8钢筋吊杆，上端连接建筑顶面结构吊点，下端套丝连接承载龙骨吊件。

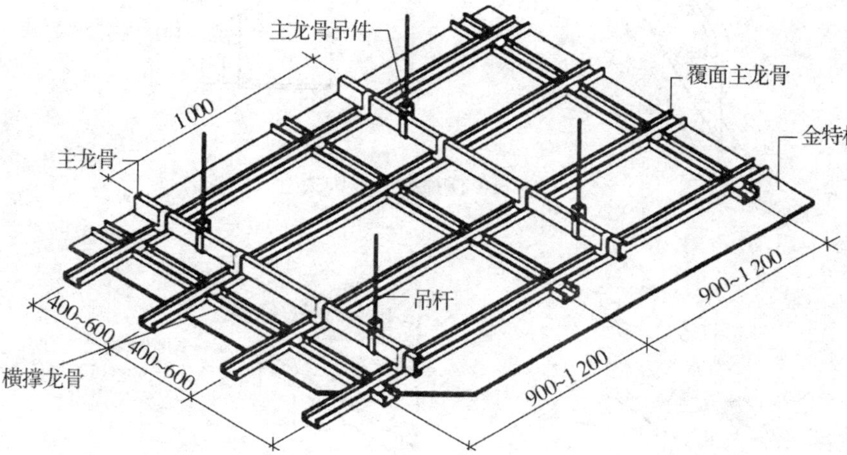

图5-16　双层轻钢龙骨

覆面层骨架采用U型铝合金龙骨双向设置，其覆面主龙骨按垂直于承载龙骨方向通长布置，中距按400 ~ 600 mm设置，两者上下用挂件（U型龙骨连接钩、挂钩）连接。覆面次龙骨（横撑龙骨）分段垂直于主龙骨方向安装，两者丁字连接处的构造视其吊顶骨架系统材料的配套情况，有的U型主龙骨腹板上设有双面承插孔（横撑龙骨插孔），其横撑（次龙骨）端头为插挂式（挂钩式），将其插入主龙骨承插孔后即可使之可靠连接，见图5-17（a）；有的主龙骨腹板上设有双侧弯卡，如图5-17（b）所示，横撑龙骨安装时将主龙骨的弯卡折弯90°插入横撑龙骨的腹板内即可；对于轻质吊顶板做搁置式安装的骨架，可按设计，也可根据设计要求，采用将横撑端头搭设于主龙骨的翼板上的方法。次龙骨段的长度根据吊顶装饰板的边长尺寸来确定，龙骨间的中距尺寸按同理确定。L型边龙骨沿吊顶覆面层骨架周边布置，并与结构墙（柱）基体连接固定。

2. *单层骨架构造*

图5-18所示为铝合金龙骨组装的单层骨架轻便型吊顶平面布置及其构造节点图。

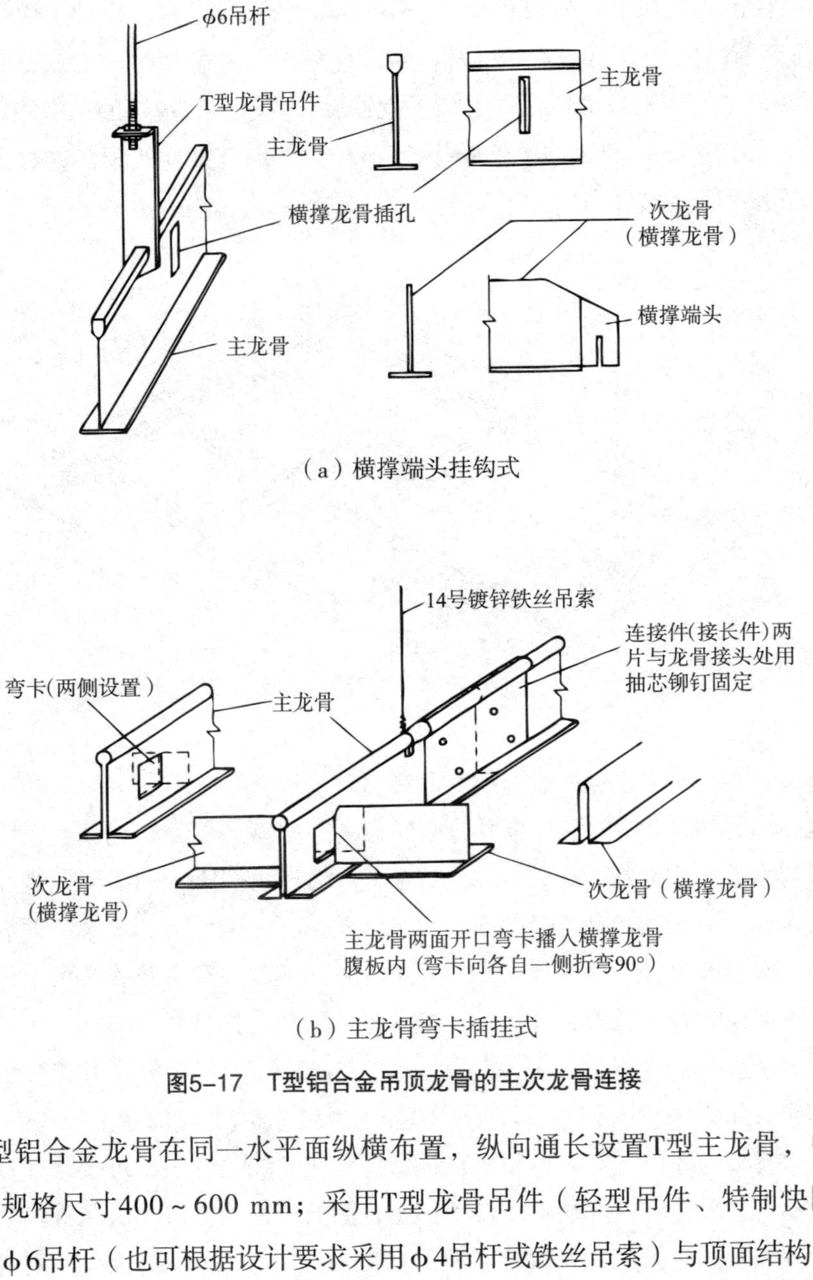

图5-17　T型铝合金吊顶龙骨的主次龙骨连接

T型铝合金龙骨在同一水平面纵横布置，纵向通长设置T型主龙骨，中距按装饰板规格尺寸400～600 mm；采用T型龙骨吊件（轻型吊件、特制快固吊挂件）及φ6吊杆（也可根据设计要求采用φ4吊杆或铁丝吊索）与顶面结构固定；吊点间距≤800 mm。T型次龙骨（横撑龙骨）与主龙骨分段连接，L型边龙骨在四周与墙面固定，一如上述双层骨架构造的T型铝合金龙骨覆面层骨架的主次龙骨组装。

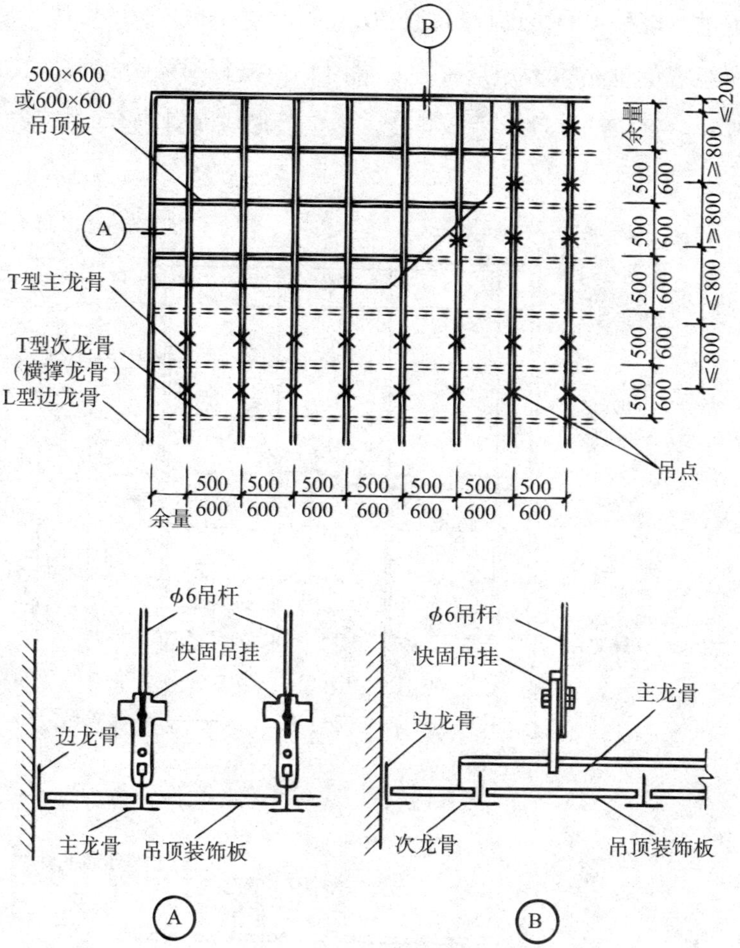

图5-18　不上人铝合金龙骨单层骨架吊顶

二、吊顶板材与龙骨的配合

双层骨架构造吊顶的覆面层及单层骨架构造吊顶的T型铝合金龙骨纵横框格布置与轻质吊顶装饰板的配合，一是与板材的规格尺寸相配合，确定T型主龙骨及T型次龙骨（覆面横撑龙骨）各自的相互间距（中—中）尺寸，保证装饰板块的四边均能确切地装设到T型龙骨框格的翼板上；二是与吊顶板块安装方式的配合即吊顶板的安装是采用平放搭装（搁置式安装）还是企口板嵌装，也即吊顶板安装后的饰面效果为“明式”（又称明架、明骨，顶棚饰面龙骨明露）或“暗式”（又称暗架、暗骨，顶棚饰面不显露龙骨）。

如图5-19所示为企口板嵌装式铝合金龙骨双层骨架轻质嵌装板吊顶平面布置

及其节点示意。该吊顶的装饰板材为1 200 mm × 600 mm的矩形板块，故其覆面层主次龙骨所组成的框格也为矩形平面；同时，根据板材棱边特点，其T型次龙骨（横撑龙骨）需采用配套型材进行插装，施工后形成龙骨隐藏的暗示顶棚饰面。

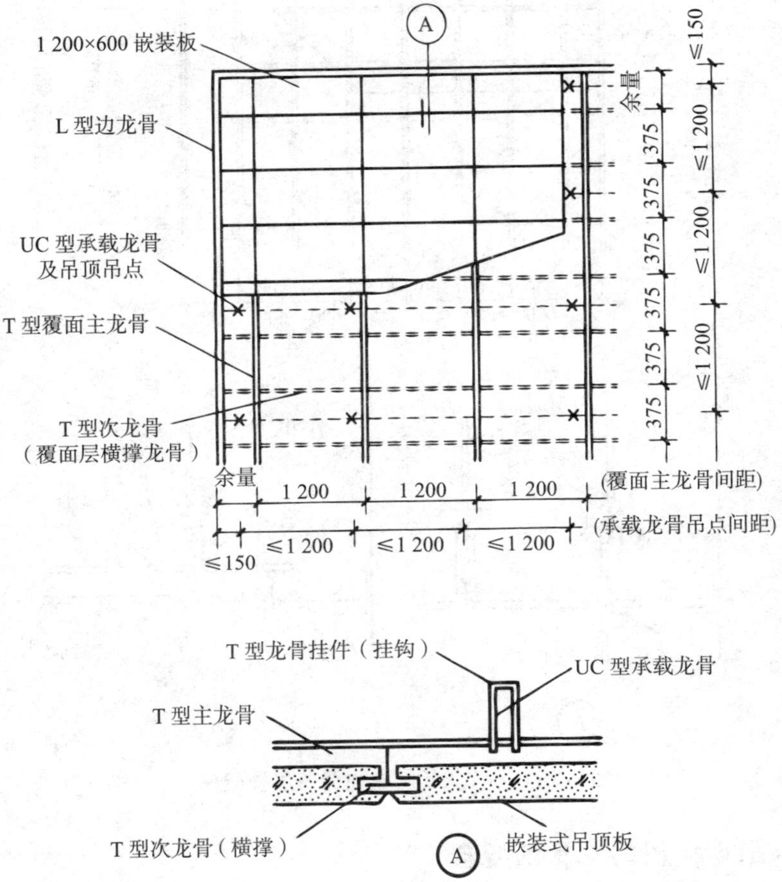

图5-19　铝合金龙骨双层骨架轻质嵌装板吊顶平面布置及其节点示意图

三、吊顶装饰板材

1. *矿棉装饰吸声板*

或称矿物纤维装饰吊顶板，系以矿渣纤维（矿渣棉，多为冶金工业废渣）为主原料，将适量树脂、胶粘剂、硅油及防腐剂等加入，经加压加热、固化成形及表面处理等加工制成的无机纤维顶棚装饰（也可用于内墙局部饰面）吸声板材。

此类板材的优点是质轻、防火、隔热保温及安装施工简易等。现在，各种室内吊顶广泛应用矿棉板，尤其是办公环境的顶棚饰面，与金属T型龙骨相配套，并与嵌装式灯具（灯栅、灯槽、筒灯）、消防灭火洒头及其烟感器等相配合，成为一种非常普遍的吊顶装饰模式。

矿棉板装饰吸声板主要分为压花板浆平面板，具有自然凹凸裂纹、无规律沟槽及加工的穿孔等在其压花板表面上；其平面板采用板面涂色（乳白、淡黄、浅蓝、淡绿等）、贴覆聚氯乙烯薄膜或织物进行表面滚花、贴花、喷花、印花、扎孔等方式形成各种图案效果并满足声学功能要求。按产品的棱边形式，经常用的有齐边板（普通直角边板）、楔形边板和企口边板。板块规格有大小方形和矩形各种尺寸。如长×宽，有300 mm×300 mm、300 mm×500 mm、300 mm×600 mm、400 mm ×400 mm、500 mm×500 mm、500 mm×600 mm、600 mm×600 mm、600 mm×900 mm、600 mm×1 000 mm、600 mm×1 200 mm等；厚度尺寸有9、11、12、13、15、18、19、22、25 mm，最大厚度可达30 mm。

因矿棉板的材质很轻（其密度最大不超过500～600 kg/m^3），所以可适应断面尺寸较小的T型轻钢龙骨或T型铝合金龙骨吊顶饰面。可采用黏结的方法将其安装于吊顶木龙骨，也可采用塑料花角托或金属角托用螺钉在板块交角处及板中心进行固定，但在当前应用较多的做法还是将矿棉板安装于吊顶金属龙骨。

安装时，吸声板上不能放置其他材料，避免板材受压变形。房间内湿度大时不宜安装。

（1）搁置式安装。即平放搭装、明装吊顶。将矿棉装饰板块搭装于T型龙骨组装的骨架框格内，吊顶饰面龙骨明露。板块安装时，要留有板材安装缝，每边缝隙不得大于1 mm。

（2）企口板嵌装。对于带企口棱边的矿棉装饰板，采用嵌装的方法，板块边缘的开槽部位于T型龙骨或插片处对接，隐藏龙骨，成为暗装式吊顶。还可采用暗装与明装相结合的安装的方法，将板块的不开槽边平放在龙骨上，开槽边与龙骨嵌装。

（3）复合粘贴安装。该做法主要是指将矿棉板与纸面石膏板钉装的顶棚基面粘在一起，如图5-20所示，分为两种方式：复合平贴和复合插贴。

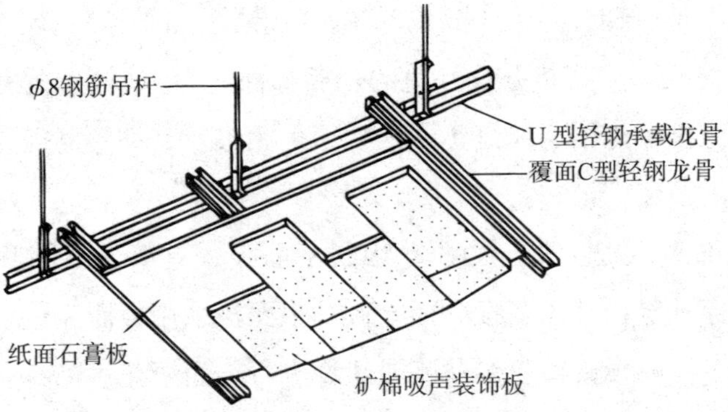

图5-20 矿棉吸声装饰板与纸面石膏板吊顶面层的复合安装

①复合平贴。当轻钢龙骨纸面石膏板吊顶施工完毕，采用专用于矿棉板粘贴的建筑胶粘剂与纸面石膏板黏结复合。也可将矿棉板背面与石膏板面用双面黏结胶带粘贴几处，再使用专用的装饰钉与石膏板面固定。

采用复合粘贴法安装时，在胶粘剂未完全固化前，板材不应有强烈震动，并应确保房间通风。

②复合插贴。当轻钢龙骨纸面石膏板吊顶安装后，采用矿棉装饰板的企口嵌装板产品，将其背面及石膏板面用双面黏结几处作临时固定，将U型钉钉在矿棉板的开榫处与石膏板面，用打钉器固定复合。也可采用胶粘剂黏合插贴，或采用胶粘与钉固相结合的插贴复合。

2. 玻璃棉装饰吸声板

系以超细玻璃棉为主要原料，加入适量胶粘剂、防潮剂、防腐剂等，经加压、烘干、表面贴覆有图案花纹的聚氯乙烯薄膜或铝箔等工序加工制成的装饰板材。其优点是质轻、吸声、防火、隔热、保温、施工方便，适用于有降低噪声级要求的各种场合，是一种室内吊顶饰面。板材常用规格尺寸有300 mm×400 mm、400 mm×400 mm、500 mm×500 mm、600 mm×600 mm、600 mm×1 200 mm，厚度通常为14～20 mm，最大厚度可达50 mm，可根据需要的规格尺寸加工。

玻璃棉装饰吸声板适合装设于T型铝合金龙骨或T型轻钢龙骨轻便吊顶，施工时注意以下要点：

（1）吊顶龙骨骨架组装及悬吊构造要平整、坚固。钢筋吊杆用镀锌铁丝（铅丝）取代，但不可过细，并注意吊点间距控制在≤1 200 mm范围之内，且要与顶部结构固定，不能绑扎于吊顶内的各种管道上。

（2）吊顶施工的顺序应确保正确，设备管线及其他干扰较大的工种是不可与之交叉作业的。特别是注意吊顶施工必须是在给水管道试压后进行，不然管道出现漏水使玻璃棉板受潮，会产生饰面水迹污染，进而造成板块脱皮、变形。

（3）吊顶骨架安装合格后，将玻璃棉装饰吸声板进行平放搭装。因板材重量特轻，应根据设计要求设置压卡措施，如图5-21所示设置压板（定位夹）的做法。

（4）吊顶面T型龙骨的外露框格一定平整、顺直、洁净。

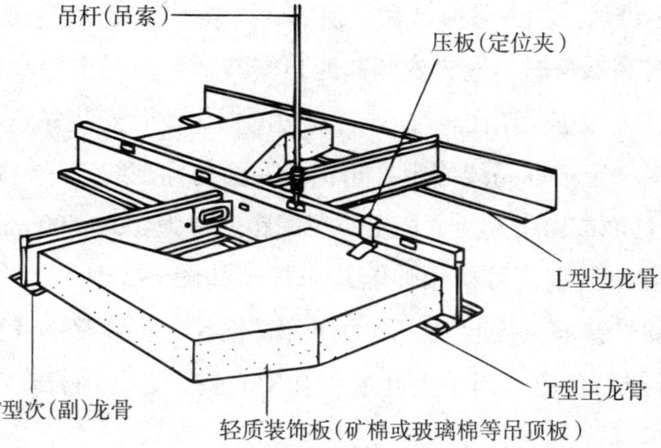

(a)齐边板的平放搭装

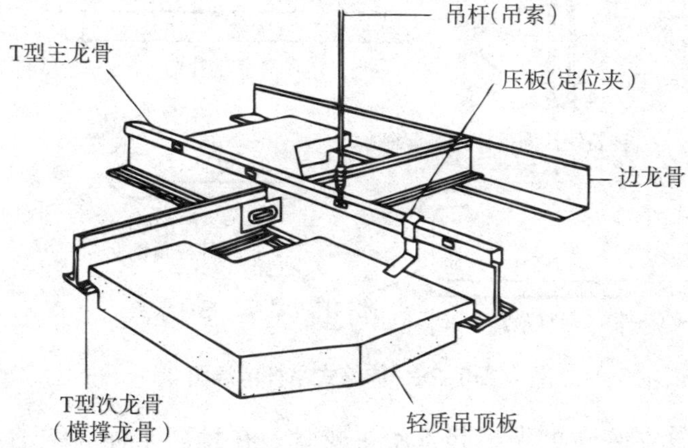

(b)榫边板的平放搭装

图5-21　吊顶轻板搁置式安装的压卡措施

要拉通线检查，跨度大时应按规定起拱；外露部分不允许有油污、胶痕等缺陷。

玻璃棉装饰吊顶板在搬运和进场过程中不得受潮，应在充分干燥的条件下码放。

四、铝合金龙骨吊顶施工操作技巧

（1）铝合金龙骨在安装时要注意用力不能过大，避免龙骨变形或龙骨表面被划伤，影响使用和美观。安装时应尽量与照明、通风、消防等专业配合好，防止相互影响。铝合金龙骨的间距应根据面板尺寸确定，其中心线间距通常可比面板尺寸大2 mm左右，有利于面板的安装。

（2）非标准尺寸的龙骨应放在吊顶的四周或不被人注意的次要部位。

（3）遇有高低跨时，应先安装高跨再安装低跨。对于检修孔、上人孔等部位，在安装龙骨时，应留出位置，并将封边的横撑龙骨安装好。

（4）角铝一定按标高线固定，角铝的底面与标高线齐平，角铝可用水泥钉直接钉在墙、柱面或窗帘盒上，固定位置间距通常为400 ~ 600 mm。

（5）为方便调整，可采用伸缩式吊杆，如图5-22所示。用一个带孔的弹簧钢片将两根8号铁丝连接起来，用力压弹簧钢片，将弹簧钢片两端的孔中心重合，吊杆就可伸缩自由，当手松开后，孔中心错开，与吊杆产生剪力，将吊杆固定。

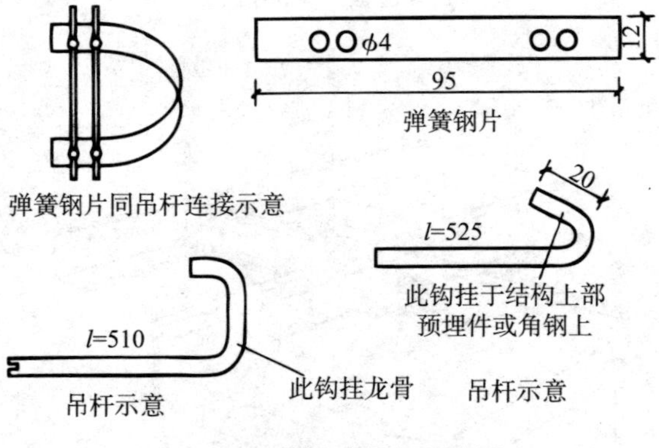

图5-22　伸缩式吊杆示意图

（6）龙骨安装时可先吊起各条主龙骨，在稍高于标高线的位置上临时固定，若面积较大，可分成几个部分吊装。

（7）当面板有图案时，应注意图案的整齐和方向，以防止出现错乱现象。

第六章　地面工程

第一节　大理石、花岗石及预制水磨石地面施工

一、天然大理石地面铺贴施工

1. 施工程序

天然大理石地面面层铺贴施工程序：清理基层→弹线→安装标准块→铺贴→灌缝→养护。

2. 施工要点

（1）清理基层。抹底层灰，要求平整、洁净，其他同水泥砂浆地面。

（2）弹线。弹出中心线。在房间内四周墙上取中，在地面上弹出十字中心线。根据板的尺寸加预留缝放样分块。铺板时按分块的位置每行依次挂线（此挂线起到面层标筋的作用）。地面面层标高由墙面水平基准线返下找出。

（3）安放标准块。标准块是整个房间水平标准和横缝的根据，在十字线交点处最中间安放，如十字中心线为中缝，可在十字线交叉点对角线安放两块标准块，标准块应用水平尺和角尺校正。

（4）铺贴。天然大理石板的铺设，为大理石地面的主要工序。

①浸水湿润在铺贴板块前进行，阴干后擦去背面浮灰方可使用。

②大理石板地面缝宽为1 mm，水磨石缝宽为2 mm。

③黏结层砂浆为15～20 mm厚干硬性水泥砂浆，抹黏结层前在基层刷素水泥浆一遍，随拌随铺板块。通常先由房间中部向四侧退步法铺贴。只要有柱子的大厅，先铺柱子与柱子中间部分为宜，然后向两边展开。也可先在沿墙处两侧按弹线和地面标高线先铺一行大理石板，以此板作为标筋两侧挂线，中间以此线为准铺设。

④安放时四角同时往下落，并用皮锤或木槌敲击平实，调好缝，铺贴时随时检查砂浆黏结层是否平整、密实，若有空隙不实之处，应及时用砂浆补上。

（5）灌缝。板块铺贴后次日，用素水泥浆灌2/3高度，水泥浆擦缝用与面板相同颜色进行，然后用干锯末拭净擦亮。

（6）养护。在拭净的地面上，用干锯末和席子覆盖保护，2～3天内严禁上人。

3. 施工注意事项

（1）铺贴时，所用材料应符合质量要求。大理石要根据图案和纹理试拼编号。

（2）铺贴时一定要先将板块浸水，一定用于硬性水泥砂浆，并且要进行试铺。

（3）踢脚板可先安装，也可后安装，先装低于地面5 mm的踢脚板要，安装踢脚板时在其背面抹2～3 mm素水泥浆并用木槌敲实，找平找直。翌日用同色素水泥浆擦缝。

（4）大理石板块铺贴后，水泥砂浆达60%～70%强度方可打蜡。

（5）大理石地面最好预铺，对好纹理，进行编号，再正式铺贴。

二、天然花岗石地面铺贴施工

（一）天然花岗石板楼地面构造

花岗石板楼地面构造如图6–1所示。

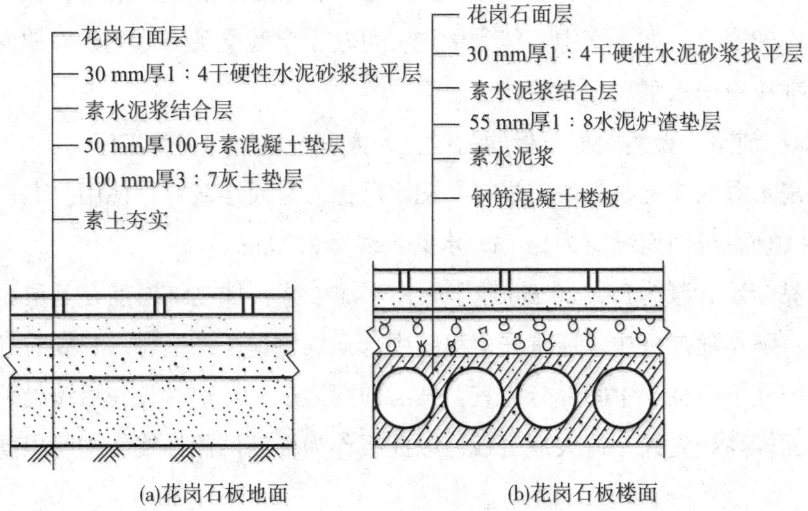

图6–1　花岗石板楼地面构造

（二）料具选用

1. 材料要求

花岗石饰面板规格尺寸方正，表面平整光滑，不能有缺棱掉角、表面裂纹和污染变色等缺陷。

2. 施工机具

墨斗线、石材切割机、橡胶锤、水平尺、靠尺板、钢丝钳、尼龙线等。

（三）铺贴施工

1. 施工要点

（1）设计开料图，并按图编号订货。开料图中应力求减少石材的规格种类。施工现场有石材切割机时，可不作开料图而直接订货。

（2）事先挑选出来有缺边掉角、裂纹和局部污染变色的大理石板材，完好的进行套方检查，规格尺寸如有偏差，应磨边修正。

（3）用草绳等易褪色材料包装花岗石板时，拆包前应禁止受潮和污染。

（4）安装花岗石板所用的锚固件、连接件等应预先准备好铜线或不锈钢材料。

2. 操作方法

（1）铺设要求。在混凝土垫层和混凝土楼板基层上铺设花岗石，施工时通常应在顶棚，立墙抹灰后进行。先铺地面，后安踢脚板。

（2）对色编号。花岗石地面铺设前，应对块材进行试拼，先对色，拼花，编号，以利于对号入座。

（3）基层修补。检查基层平整情况，偏差较大时应事先凿平、修补，并将基层清扫干净。

（4）找水平、弹线。在素混凝土找平层上贴水平灰饼，弹线找中找方。洒水湿润基层在施工前一天进行。

（5）铺设顺序。弹线后应先铺若干条干线作为基准，起标筋作用。通常先由厅堂中线往两侧采取退步法铺贴。凡有柱子的大厅，先铺设柱子与柱子之间的部分为宜，然后向两旁展开，最后收口。

（6）铺贴。先泼水湿润花岗石铺贴之前，阴干后备用。先作试铺，在找平层上均匀刷一道素水泥浆，随刷随铺，用20 mm厚1：3干硬性水泥砂浆作黏结层。板块安放后，用橡皮锤敲击，既要达到铺设高度，又要使砂浆黏结层平整密实。

（7）擦缝。花岗石饰面板铺设干硬后，再用有色水泥稠浆填缝嵌实，面层用布擦拭干净。

（8）养护。24小时后应洒水养护1～2次再铺设板材，以补充砂浆在硬化过程中所需要的水分，确保板材与砂浆黏结牢固。禁止踩踏于养护期3天之内。

三、预制水磨石地面施工

基层处理、定线→水磨石板浸水及砂浆拌制→基层洒水及刷水泥浆结合层→铺找平层及预制水磨石板→养护→贴镶踢脚板→磨光打蜡。

（1）基层处理、定线。

①清扫基层。将基层表面的浮土或砂浆铲掉、清扫干净。

②定基准线。根据+50 cm线和设计图纸找出板面标高，从楼道统一往各房间内引进标高线，然后从房间四周取中拉十字线，与走道直接连通的房间应拉通线。铺好分段标准块，分块布置要对称房间与走道，如用不同颜色的水磨石板时，分色线应留在门口处。有图案的大厅应根据房间长宽尺寸和磨石板的规格、缝宽进行排列，确定各种磨石所需块数，绘制施工大样图。

（2）水磨石块浸水及砂浆拌制。

①为确保砂浆找平层与预制水磨石块之间的黏结质量，在铺砌板块前，板块应用水浸湿，并码好，铺时达到表面无明水。

②找平层应用1∶3干硬性水泥砂浆，是确保地面平整度、密实度的一个重要技术措施（因为它具有水分少、强度高、密实度好、成型早以及凝结硬化过程中收缩率小等优点）；因拌制时要注意控制加水量，拌好的砂浆以手捏成团、颠后即散为宜，随铺随拌，不要拌制过多。

（3）基层洒水及刷水泥浆结合层。将基层表面清理干净后洒水湿润（不得有明水）。刷一层水灰比为0.5左右的素水泥浆（要随铺砂浆随刷，避免风干后不起黏结作用）在铺砂浆找平层之前。

（4）铺找平层及预制水磨石板。

①先在已确定的十字线交叉处最中间的一块作为标准块进行铺砌（如以十字线为中缝时，可在十字线交叉点对角安设两块标准块），标准块为整个房间的水平及经纬标准，铺砌时应用90°尺及水平尺细致校正。

②确定标准块后，即可根据已拉好的十字基准线进行铺砌。

③虚铺干硬性水泥砂浆在找平层（已刷好的水泥素浆结合层不得有风干现象），铺设厚度宜为2.5～3 cm，放上磨石板时比地面标高线宜高出3～4 cm，先用杠尺刮平再用铁抹子拍实抹平，然后进行预制水磨石板试铺，对好纵横缝，用橡皮锤敲击板中间，振实砂浆至铺设高度后，将试铺合适的预制水磨石板掀起移至一旁，检查砂浆上表面如与磨石板底相吻合后（如有空虚处应用砂浆填补），满浇一层水灰比为0.5左右的素水泥浆结合层，再铺预制水磨石板，铺时要四周同时落下，随时用水平尺或直板尺找平，用橡皮锤轻敲。

④标准块铺好后，应向两侧和后退方向顺序逐块铺砌，板块间的缝隙宽度如设计无要求时，不得大于2 mm，要拉通长线对缝子的平直度进行控制。安装好的预制磨石板应整齐平稳，竖缝对齐。

⑤铺砌房间内预制磨石板时，铺至四周墙边用非整板镶边时，应做到相互对称。凡是有地漏的部位，注意板面的坡度。

（5）养护和灌缝。预制水磨石板铺砌1～2昼夜后，经检查表面无断裂、空鼓后用稀水泥浆（1∶1水泥：细砂）灌缝，并随时将溢出的水泥浆擦干净，灌2/3高度后，再用与磨石板同颜色水泥浆灌严。最后铺上锯末或其他覆盖物养护7天禁止洒水，防止污染，3天内不许上人。

（6）镶贴踢脚板。安装前先将踢脚板用水浸湿晾干。如设计要求在阳角处相交的踢脚板有割角时，在安装前应先将踢脚板一端割成45°。

①粘贴法。根据主墙冲筋和标准水平线，找出踢脚出墙厚度和上口水平线，然后用1：2水泥砂浆抹底灰，并刮平划纹，待底子灰干硬后，将已湿润阴干的踢脚板背面抹上2～3 mm厚水泥浆或聚合物水泥浆（掺10%107胶）进行粘贴，并用木棰敲实，拉线找平找直，翌日用同色水泥浆擦缝。

②灌浆法。将墙面清扫干净浇水湿润，贴镶时由阳角开始向两侧试铺，检查是否平整，有否接缝不严、掉棱等缺陷，与要求不相符的应进行调整。依照墙面垂直方向用木靠尺板测出两端踢脚板上口并突出墙面1 cm，找好水平线和垂直线，拉上口横线。下部用靠尺板托平直，然后用石膏在上下口处作临时固定。石膏凝固后用1：2水泥砂浆（调度通常为8～12）灌注，并随时将踢脚板上口多余砂浆清理干净。

灌缝24小时后洒水养护3天，经检查无空鼓后，剔掉临时固定石膏，清理干净，用同踢脚板颜色的水泥擦缝。

③贴镶踢脚板时，踢脚板立缝宜与地面磨石板缝对缝镶贴。

（7）磨光打蜡。

①水磨。开磨时间视所用水泥、色粉品种及气候条件而定。水磨石面层应使用磨石机分次磨，开机前先试磨，当表面石渣不松动时，方可开磨。具体操作时要边磨边洒水，确保磨盘下有水，并随时清扫磨石浆。当开磨时间过晚、面层过硬时，可在磨盘下撒少量过窗纱筛的砂子助磨。

面层表面所呈现的细小孔隙和凹隙，应涂补同色水泥浆，适当养护后再磨，直至磨光、平整、无孔隙为度。

磨石应分三遍进行：

磨头遍用60～80号金刚石，要求石渣磨透磨平，镶条全部露出。磨完后用清水冲洗干净，稍后薄薄刮同色水泥浆养护约两天。

磨二遍用100～150号金刚石，洒水后开磨至表面平滑，用水冲洗后养护两天。

磨三遍用180～240号金刚石或油石，洒水细磨至表面光亮。

②涂草酸。将磨面用清水冲洗干净、擦干，经3～4天干燥。每1 kg草酸用3 kg沸水化开；待溶化冷却后，用布蘸草酸溶液擦，再用280号油石在上面磨研酸洗，清除磨面上的所有污垢，至石子显露、表面光滑为止，然后用水冲洗、擦干。

③打蜡。

水磨石表面打蜡应在其他工序全部完成后进行。在干燥发白的水磨石面层上，上地板蜡或工业蜡。

蜡的配制：用1 kg川蜡和5 kg煤油，同时放在大桶里经130℃熬制，以冒白烟为宜，随即加0.35 kg松香水、0.06 kg鱼油调制而成。

将蜡包在薄布内或用布粘稀糊状的蜡，在面层上薄而匀地涂上一层，等干后，再用钉细帆布或麻布的木块代替油石，装在磨盘上进行研磨第一遍，再上蜡磨第二遍直至光滑洁亮为止。

上蜡后进行养护须铺锯末。

第二节　碎拼大理石地面施工

一、碎拼大理石地面

（一）碎拼大理石地面（见图6-2）

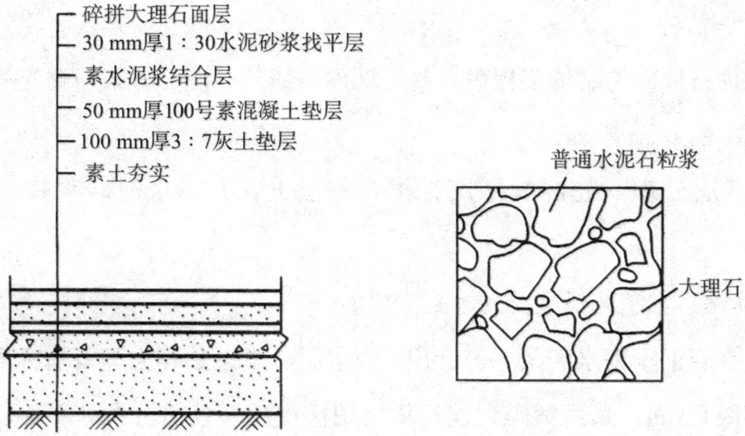

(a)地面构造做法　　(b)地面平面示意

图6-2　碎拼大理石地面

二、料具选用

1. 材料要求

常用材料主要有大理石、水泥、砂、石渣和颜料。

（1）大理石。宜选用厚度相同的大理石，有裂缝的应该掰开使用，其颜色可以按照设计要求选择。

（2）水泥。宜采用不低于32.5级的普通硅酸盐水泥、矿渣硅酸盐水泥或白水泥，并分厂按批、按种类分别堆放，以保证石渣浆掺颜料配色后色泽一致。

（3）砂子。用粗砂或中砂，亦可两者混合使用，其含泥量不应超过3%。

（4）石渣。要求石渣颗粒坚韧、有棱角、洁净，不得含有风化的石粒、杂草、泥块、砂粒等杂质。粒径可以根据碎拼大理石接缝宽度选用，使用前用水冲洗干净。

（5）颜料。选用耐碱、耐光的矿物颜料，掺入量不应大于水泥质量的15%。

2. 施工机具

常用机具有水平尺、靠尺、橡皮锤、灰匙、钢抹刀，磨石机等。

三、铺贴施工

1. 施工程序

碎拼大理石地面铺贴施工程序：基层处理→铺贴→浇石渣浆→磨光→上蜡。

2. 施工要点

（1）基层处理。先湿润基层，再在基层上抹1∶3水泥砂浆找平层，厚20～30 mm。

（2）铺贴。本工艺最主要的施工工序。

①在找平层上刷素水泥浆一遍，用1∶2水泥砂浆镶贴碎大理石块标筋（或贴灰饼），间距1.5 m，然后铺碎大理石块，用橡皮锤轻轻敲击大理石面，使其与黏结砂浆黏牢，并与其他大理石面平齐，随时用靠尺检查石面子整度。

②大理石间留足缝隙，将缝内挤出的砂浆剔除，缝底成方形，并随时用靠尺检查碎拼大理石面的平整。

③碎拼大理石的缝隙，如为冰状块料时，可大可小，互相搭配，铺贴出各种图案。

（3）浇石渣浆。将大理石缝中的积水、浮灰清除后，刷素水泥浆一遍。缝隙可用同色水泥色浆嵌抹做成平缝，也可以嵌入彩色水泥石渣浆，嵌抹应突出大理石面2 mm，石渣浆铺平后，撒上一层石渣；用钢抹子拍平压实，次日养护。

（4）磨光。面层分四遍磨光。第一遍用80～100号金刚石，第二遍用100～160号金刚石，第三遍用240～280号金刚石，第四遍用750号或更细的金刚石。各遍要求方法同水磨石地面。

（5）上蜡。方法等同于水磨石地面。

第三节　陶瓷锦砖地面施工

一、陶瓷锦砖楼地面的构造

陶瓷锦砖地面构造如图6–3所示。

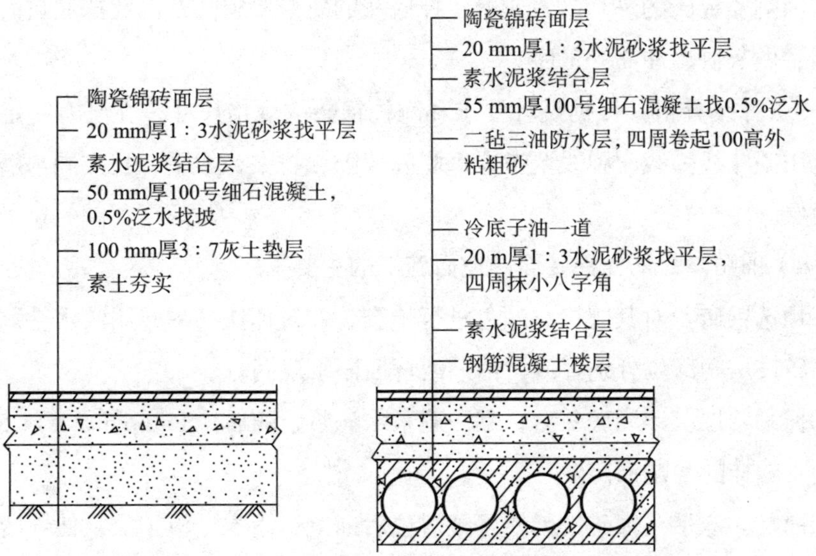

(a)地面做法示意　　(b)楼面做法示意

图6–3　陶瓷锦砖楼地面构造

二、料具选用

1. 材料要求

常用陶瓷锦砖分大、小块，有釉，无釉，表面颜色和小块规格形状多种多样，每联规格尺寸一般为305 mm × 305 mm。

2. 施工工具

常用工具有钢、木抹子、木拍板、刷子、水平尺、墨斗线、开刀。

三、铺贴施工

1. 施工程序

陶瓷锦砖地面铺贴施工程序：清理基层抹底灰→弹线分格→铺贴→揭纸拨

缝→擦缝。

2. 施工要点

（1）清理基层。同普通水泥砂浆面层地面做法。

（2）抹底灰。是对不平基层进行处理的关键工序。

①用1∶3水泥砂浆打底，木刮杆刮平，木抹子搓毛，有坡度要求或有地漏的房间要安排小方向找坡，坡度不小于5%，找坡应在冲筋时做出。

②因陶瓷锦砖的黏结砂浆较薄，抹底灰的质量要求高，因此抹底灰阶段得确定标高、做灰饼、冲筋等工序。

（3）弹线分格。根据设计要求和陶瓷锦砖的规格尺寸，在已有一定强度的底灰上用墨斗线弹线，弹线要考虑每联间缝隙，找中、找平、找方同水磨石、大理石面层。

（4）铺贴。是陶瓷锦砖面层地面施工的主要工序。

①预选锦砖。对其规格、颜色进行检查，并对掉块的锦砖用胶水补贴，将选用的锦砖按房间部位分别存放，铺贴前背面刷水湿润。

②抹黏结层。湿润底灰后，刮一遍素水泥浆，随后抹3～4 cm厚1∶1.5水泥砂浆，随刷随抹随铺贴锦砖。

③铺贴。双手拿锦砖按弹线仔细对位后铺上，用木拍板拍实，使锦砖与底灰黏牢，并与其他锦砖平齐，铺贴时应随时注意平直，随时刮去挤出缝隙的砂浆。

（5）揭纸拨缝。是清理面层的必须工序。

①锦砖铺完后20～30分钟，即可用水喷湿面纸，面纸湿透后，手扯纸边与地面平行揭去纸面，不可向上提拉。

②用开刀将缝隙调匀，表面不平部分再行揩平拍实，1∶2干水泥砂浆灌缝，用开刀再次调缝。

（6）擦缝。用白水泥素浆或加颜料水泥素浆嵌缝，要擦密实．并将表面灰痕用锯末或棉纱擦洗干净。

3. 施工注意事项

（1）陶瓷锦砖地面通常在顶棚、墙面抹灰和墙裙、踢脚线做完后施工。

（2）铺贴施工时，一个房间应一次完成，不能分次铺贴。

（3）施工后的锦砖表面应平整，颜色一致，接缝均匀，无砂浆痕迹。

（4）铺贴完地面次日，铺干锯末养护3～4天，养护期间不得上人。

（5）施工过程中，不得直接在未硬化的面层上踩踏。地面上如需上人，可铺踏脚板，增加受力面积，以保证面层不变形为宜。

第四节　木质地面施工

当前正在广泛流行的木地板，主要是实木地板、实木复合地板及木质纤维（或粒料）中密度（强化）复合地板。传统的实木地板块（条）产品，材料厚度较大，铺设后要进行刨平磨光及油漆涂蜡，在使用中易于表面翻新；新型的实木地板则大多是带有高耐磨表面并由面层板、中层板及底层板组成的复层实木地板，加工精密，板边企口能够准确吻合，安装后表面不显接缝。木质人造中密度板强化复合地板一般是由热固性树脂（通常为三聚氢胺涂层）透明耐磨表面层、木纹或其他图案装饰层、木质纤维中密度板基体板及软木底层与防潮底垫等多层复合组成。新型木地板具有优异的使用性能，施工简易且铺设后无须再进行刨平磨光和涂饰油漆及打蜡抛光等表面处理。

一、普通实木地板面层施工

1. 材料要求

条材和块材的普通（非拼花制品）实木地板，应采用具有商品检验合格证的产品，其产品类别、型号、适用树种、检验规则以及技术条件等均应符合现行的国家标准的规定。

2. 构造做法

铺设实木地板面层时，其木搁栅的截面尺寸、间距和稳固方法等均应符合设计要求。木搁栅固定时，不得损坏基层和预埋管线。

（1）双层铺设。即指木地板铺设时在长条形或块形面层木板下采用毛地板的构造做法，毛地板铺钉于木搁栅上，面层木板铺钉于毛地板上，如图6–4所示。

双层木地板面层下层的毛地板可用钝棱料，用材规格、树种应符合设计要求，木材髓心应向上，其板间缝隙宽度不应大于3 mm，与墙之间应留出8～12 mm

的空隙，表面应刨平。

毛地板下的木搁栅应作防腐处理，其截面尺寸、间距和稳固方法等均应符合设计要求。木搁栅固定时，不得损坏基层和预埋管线；木搁栅应垫实钉牢，与墙之间应留出30 mm的缝隙，表面应平直。

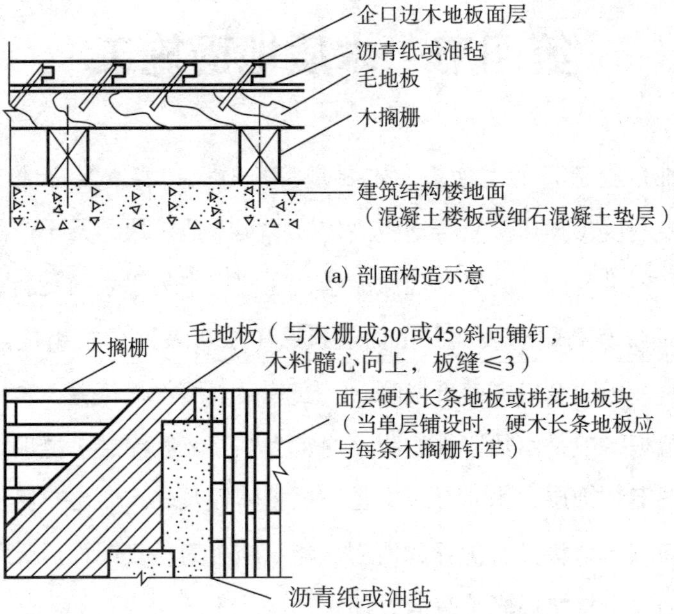

(a) 剖面构造示意

(b) 甲面层次示意

图6-4　搁栅式木地板的铺设做法

（面层为双层或单层木地板）

（2）单层铺设。普通实木地板面层的单层铺设做法，是指采用长条木板直接铺钉于地面木搁栅上，而不设毛地板。

（3）高架铺设。根据工程需要及设计要求，一般是在建筑底层室内四周基础墙上敷设通长的沿缘木（即边缘垫木），再架设木搁栅，当搁栅跨度较大时即在其中间设置地垄墙（横向通长的砌筑墙垄）或砖墩（用砖砌筑的墩座），上面采取铺油毡或涂防潮油等防潮措施后再搁置垫木（减震并使木搁栅架设稳定）固定木搁栅；必要时再加设剪刀撑（基础墙与地垄墙或砖墩之间及地垄墙或砖墩与地垄墙或砖墩之间，亦即木搁栅的搭设架空跨度过大时需按设计要求增设剪刀撑）以保证支撑稳定且不影响整体结构的弹性效果；最后，将单层或双层木地板铺钉于木搁栅上，如图6-5所示。

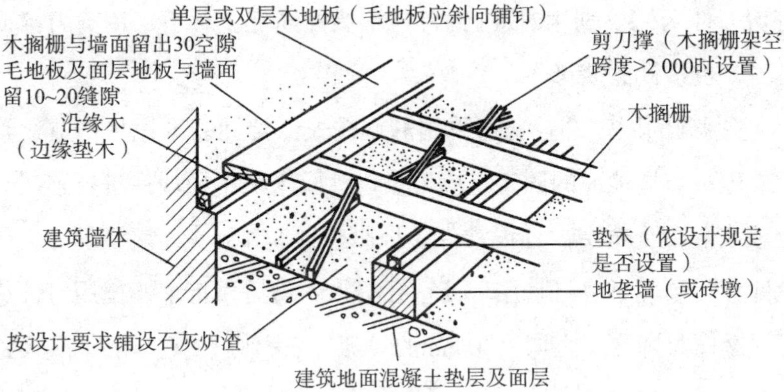

图6-5　建筑底层房间的架空木地板构造示意图

3. 铺装施工

当铺设木板地面时，应待室内抹灰工程或暖气试压（采暖地区）工程等可能造成建筑地面潮湿的施工工序完成后进行，而且在铺设前要使房间干燥，并须避免在气候潮湿的情况下施工。

（1）地垄墙或砖墩的砌筑及其木骨架系统的组装。采用地垄墙或砖墩安装木地板的高架空铺做法，其装饰质量及使用功能均较优异，但其施工也较为复杂。地垄墙或砖墩的砌筑应采用规范要求的砌筑砂浆及表面抹灰砂浆，所用水泥应符合设计要求，其强度等级不宜低于42.5；其顶面应采取涂刷焦油沥青2道或铺设油毡等防潮措施。

对于大面积木地板铺装工程的通风构造，应根据设计确定其构造层高度及室内通风沟和室外通风窗等的设置。每条地垄墙、暖气沟墙，应按设计要求预留通风洞口（一般要求洞口不少于2个且要在一条直线上）并在建筑外墙上设置相应的洞口及其通风窗设施。

当设计要求木搁栅与地垄墙或砖墩等砌筑基座进行紧固连接时，可在地垄墙、墩内预埋木方、地脚螺栓或其他铁件，然后采用钉结、骑马铁件箍定或镀锌铁丝绑扎等方法对主搁栅进行固定。木搁栅应采用防腐处理，装设时与墙面留出30 mm的缝隙为宜；安装后表面应平直，用2 m直尺检查时其允许空隙为3 mm。

木搁栅与垫木（或沿缘木）的连接，可在木搁栅准确就位后用长钉从其两侧中部斜向呈45°与垫木（或沿缘木）钉牢。

对于剪刀撑的安装，为避免剪刀撑与木搁栅钉结时发生移动，可在木搁栅上临时加钉木拉条，使木搁栅相互拉结，然后在木搁栅上按剪刀撑的间距弹线，依线逐一将剪刀撑两端分别用2枚圆钢钉与木搁栅固定。若不采用剪刀撑而采用普通的横撑时，也按此法装订。

（2）木搁栅的固定。较普遍采用的搁栅式低架铺装木地板构造，其木搁栅应作防腐处理；与楼地面的固定，应根据设计要求采用预埋件进行连接。有的可预先在楼板或混凝土垫层内埋设铁件（地脚螺栓、U型铁、钢筋段等）或防腐木砖等预埋件，无预埋者也可采用现场钻孔打入木楔后再将木搁栅用钉件进行固定的方法。木搁栅与墙之间宜留出30 mm的缝隙，表面应平直，用2 m直尺检查其允许空隙为3 mm。

（3）毛地板的铺钉。双层木板面层下层的毛地板，其宽度不宜大于120 mm。在铺设前，应清除已安装的木搁栅构造层空间内的刨花等杂物；铺设时，毛地板应与木搁栅呈30°或45°并应使其髓心朝上，用钉斜向钉牢；其板间缝隙不应大于3 mm。毛地板与墙之间，一应留有10 ~ 20 mm缝隙。每块毛地板应在每根木搁栅上各钉2枚钉子固定，钉子的长度应为毛地板厚度尺寸的2.5倍。毛地板铺钉后，铺设一层沥青纸或油毡为宜，以利于隔声和防潮。

（4）木板面层的铺钉。对于双层木板面层的上层面板铺钉，其板块长度不大于300 mm时，侧面应钉2枚钉子；长度大于300 mm时，每300 mm应增加1枚钉子，板块的顶端部位均应钉1枚钉子。

对于不设毛地板的单层长条形木板面层铺钉，要求木板与墙之间应留8 ~ 12 mm的缝隙，并用木踢脚板封盖。木板的端头接缝应在木搁栅上，并应间隔错开。每块板均应钉牢于每根木搁栅上，钉长应为板厚的2 ~ 2.5倍，并从板的侧面斜向钉入板中，钉头不应露出。板与板之间应紧密，允许个别地方有缝隙，但缝隙宽度不应大于1 mm；当采用硬木长条形板块时，板与板之间的缝隙宽度不应大于0.5 mm。

（5）表面处理。木板面层的表面应刨平、磨光，然后即装置木踢脚板。待室内装饰工程完工后，再进行油漆、上蜡。长条木地板面层表面的修刨，应顺木纹方向进行，注意刨去的厚度不应大于1.5 mm；采用磨光机磨光时也应顺木纹方向打磨。

二、拼花木地板面层施工

拼花木地板面层的施工，是指采用经生产厂加工过的硬木拼花木地板进行地板铺设。施工的方法宜采取木板地面的双层铺设构造，即将拼花木地板铺钉在毛地板上——钉结式；也可将拼花木地板用胶粘剂或沥青胶结料直接粘贴在水泥类基层上——黏结式。

拼花式实木的产品类别、型号、适用树种、检验规则以及其技术条件等应符合现行的国家标准的规定。通常应采用水曲柳、核桃木、柞木等质地优良、不易腐朽开裂的木材，并做成企口、截口或平头接缝的拼花木地板，其中，截口和平头接缝的木板块适用于胶粘剂或沥青胶结料粘贴，企口接缝的木板块适宜于钉结式施工。

拼花木板预制的单元地板块，应是采用具有防水和防菌胶，接缝处应对齐，胶合应紧密，缝隙不应大于0.2 mm，外形尺寸应准确，表面应平整。

1. 钉结式铺设施工

如图6–4所示，上述在建筑地面基层安装木搁栅并铺钉毛地板，已装订好的毛地板表面应须抄平，必要时应予适当刨削，达到平整度要求后即可铺置沥青纸或油毡，然后按设计所要求的拼花图案进行拼板铺钉，拼花平面图案形式如方格式、席纹式、人字纹式、阶梯错落长条铺装式等。对于较复杂的拼花图案，宜先试拼试铺，同时需注意按设计采用同类地板材料的镶边处理。

拼花木板的长度不大于300 mm时，侧面应钉2个钉子；长度大于300 mm时，每300 mm应增加1个钉子，顶端均应钉1个钉子。钉长应为板厚的2 ~ 2.5倍．钉子板的侧面斜向钉入板中；对于企口接缝的拼花木板，可从企口板凸榫侧边的凹角处斜向钉入，将面层板钉牢于毛地板上，依次逐块铺钉，至最后一块板不能继续斜钉时，可用明钉与毛地板钉牢，应将钉头敲扁冲入板面3 ~ 5 mm。当硬木地板不易直接施钉时，可事先用手电钻在板块施钉位置斜向预钻钉孔（预钻孔的孔径略小于钉杆直径尺寸）以防钉裂地板。

2. 黏结式铺设施工

黏结铺贴拼花木地板前，应根据设计图案合板块尺寸试拼试铺，调整至符合要求后进行编号，铺贴时按编号从房间中央向四周渐次展开。所采用的黏结材料按设计要求，可以是各种胶粘剂，也可以是沥青胶结料（用于有特殊需要的工程）。

（1）沥青胶结料铺贴法，如图6–6所示。采用沥青胶结料粘贴铺设木地板的建筑楼地面水泥类基层，其表面应平整、洁净、干燥，并应先涂刷一遍同类底子油。随涂刷沥青胶结料随铺贴木地板，沥青胶于基层的涂刷厚度宜为2 mm；同时在地板块背面亦应涂刷一层薄而均匀的沥青胶结料。

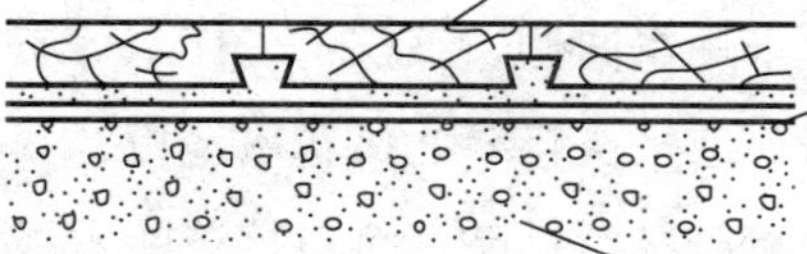

图6–6　采用沥青胶结料粘贴硬木拼花地板

将硬木地板块呈水平状态就位，与相邻板块挤严铺平；相邻两块地板的高差不得高于铺贴面1.5 mm或低于铺贴面0.5 mm重铺不符合要求的地板。铺贴操作时应尽可能防止沥青胶结料溢出表面，如有溢出时要及时刮除并随之擦拭干净。

（2）胶粘剂铺贴法，如图6–7所示。采用胶粘剂铺贴的木地板，其板块厚度不应小于10 mm。粘贴木地板的胶粘剂，与粘贴塑料地板的胶粘剂基本相同，选用时要根据基层情况、地板块的材质及地面面层使用要求，通过试验确定。胶粘剂应存放在阴凉通风、干燥的室内；超过生产期3个月的产品应取样检验，合格后方可使用；超过保质期的胶粘剂产品不得使用。

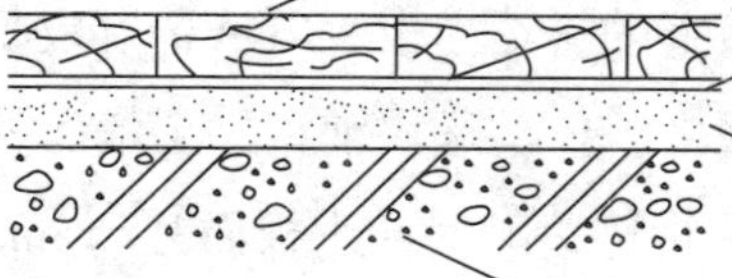

图6–7　采用胶粘剂铺贴硬木拼花地板

（3）水泥类基层的表面应平整、坚硬、干燥、无油脂及其他杂质，含水率不应大于9%。当基层表面有麻面起砂、裂缝现象时，应采用涂刷（批刮）乳液腻子进行处理，每遍涂刷腻子的厚度不得大于0.8 mm，干燥后用0号铁砂布打磨，再涂刷第二遍腻子，直至表面平整后，再用水稀释的乳液涂刷一遍。基层表面的平整度，采用2 m直尺检查的允许空隙小于2 mm。

为使粘贴质量得到保证，基层表面可事先涂刷一层薄而匀的底子胶。底子胶的配制：当采用水溶性胶粘剂时，宜按同类胶加水；当采用非水溶性胶粘剂时，宜按同类胶加入其重量为10%的汽油（65号）和10%的醋酸乙酯并搅拌均匀。

地板块铺贴前应按设计的拼花图案及尺寸要求进行弹线试铺，并检查其拼缝高低和对缝等，符合要求后进行编号。施工时，自房间中心向四周按编号顺序展开铺贴为宜。

胶粘剂可采用聚氨酯胶、环氧树脂胶、4115聚醋酸乙烯乳液胶、8123聚氯乙烯胶粘剂、YJ–1高分子建筑胶粘剂、926多功能建筑胶及各种万能胶等。在基层表面涂刷胶粘剂时，应按胶的品种采用相应的方法。当采用乳液型胶粘剂时，应在基层表面和地板块背面分别涂刷胶粘剂；当采用溶剂型胶粘剂时，应在基层表面上均匀涂胶。基层表面及板块背面的涂胶厚度均应≤1 mm；涂胶后应静停10～20分钟，待胶层不粘手时再进行铺贴，或按胶粘剂产品的具体要求进行操作；并应到位准确，粘贴密实。

拼花木板面层的板块间缝隙，不得大于0.3 mm。木地板面层与墙之间应留出10～20 mm的缝隙，该缝隙用木踢脚板封盖。

3. 表面处理

对于表面未经处理的普通硬木拼花地板产品，由其铺设的地面面层的表面应予刨平磨光，刨去的厚度不宜大于1.5 mm，并应无刨痕。采用粘贴的拼花木板面层，应待沥青胶结料或胶粘剂凝固后方可进行地板表面刨磨处理。

面层的油漆、磨光、涂蜡等工作，应在房间内装饰工程完工后进行，并应做好面层保护。

三、新型木地板的浮铺式施工工艺

现在正在流行的各种冠以“强化地板”“超耐磨地板”等名称的新型木地板，主要有两类：一类即是新型复层实木地板由三层实木板胶合而成的；另一类是用木质纤维材料或粒料加工制造的木质密度板作基材并覆以高耐磨度面层和防潮底层的新型人造板复合木地板。

1. 新型木地板产品及其特点

（1）新型实木复层地板。将实木板块拼接并分层黏结而成为整体块材，硬木面层板、心层板与底层板之间采取90°交错叠合，采用高性能胶粘剂，使地板块结构稳定；地板块表面采用高品质材料及高技术透明涂装，不需再进行表面处理，见图6–8。

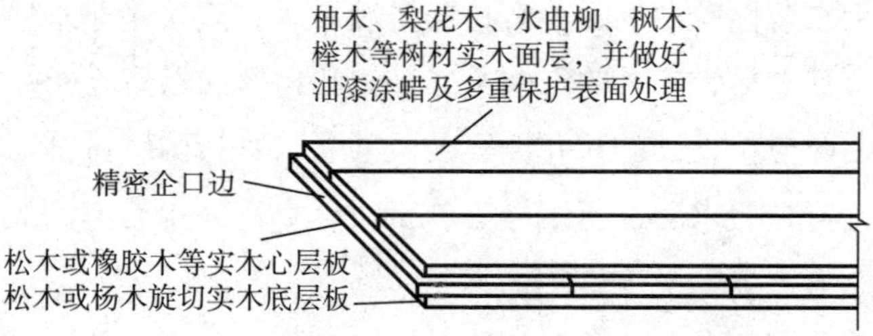

图6–8　新型实木复层地板

（2）人造密度板复合地板。此类新型地板产品，按板块的结构层组成方式及其所用材料的不同，主要分三种：

①采用高密度纤维板、中密度纤维板或木屑板等人造板为基材（核心板），表面复合热固性树脂层压板（防火胶板），板背覆以防潮底层，见图6–9（标注“a”）。

②采用高密度纤维板、中密度纤维板或木屑板为基本板，表面复合珍木单板或薄木皮，板背面覆以防潮底板或底垫，见图6–9（标注“b”）。

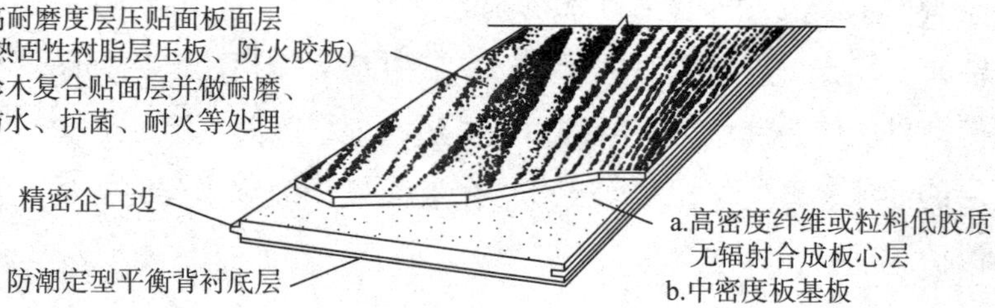

图6–9　密度板基材复合新型木地板

③采用高密度纤维板、中密度纤维板或木屑类新型板材作基材（核心板），表面复合拼花木纹、装饰石板或其他各种图案、色彩和质感效果的设计层（或称装饰层）及高耐磨涂层（三聚氰胺、三氧化二铝人造金刚石等），板块背面再复合平衡层及防潮层底层，施工时于地面基层再铺设防潮薄膜，见图6–10。

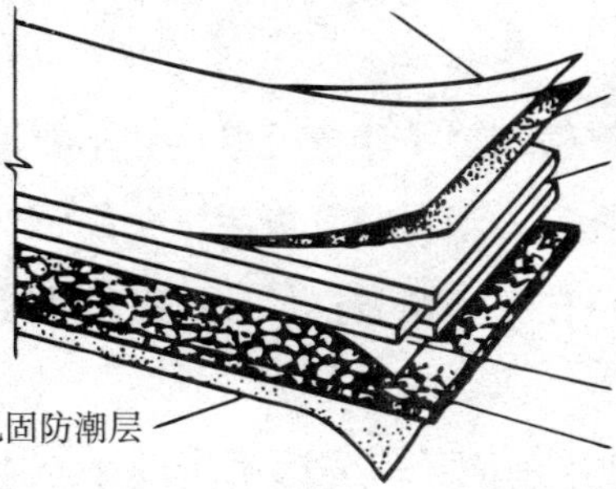

图6-10　高密度板复合木地板及其铺设构造层示意图

这些以先进设备和高新技术为基本保障而生产的新型木地板产品，其板边的企口槽榫至为精密，能够达到拼装时准确咬口吻合，铺设后的整体木地板表面不显接缝且坚实牢固。同时，与木地板配套的防潮底垫、缓冲底垫等，铺置于基层表面与木地板之间（有的实木地板块的底层采用软质木板），产品结构及其铺设构造有利于整体木地板地面面层的稳定性以及与地面基层的吸附。

2. 浮铺式施工做法

新型木地板的铺设施工，大都不采用上述钉结式的做法，也不采用在基层表面及地板块背面涂刷黏结剂或沥青黏结料将地板块粘贴于地面基层的固定式做法，而是采用浮铺式施工方法。浮铺式做法施工简易，无须掌握传统木地板安装的复杂工艺，使用者完全可以做到“自己动手”，而且对环境无污染。

（1）基层要求。新型木地板可以铺设于经找平的水泥类建筑地面面层上，也可以铺设于陶瓷地砖、墙地砖、陶瓷马赛克等旧地面的表面。由于采用浮铺式施工，所以坚实稳固和平整度等基本条件除外，对建筑地面基层的其他要求并不高。一般要求将施工基面处理平整（与地板配套的缓冲底垫约可弥补基面2 mm的不平度）、洁净并保持干燥即可。

（2）施工方式。采用浮铺式做法，根据地板产品特点、用户使用要求和设计规定，可将木地板直接浮铺于建筑地面基层；也可根据上述木搁栅架铺式做法，先装设木搁栅及铺钉毛地板，以毛地板表面为施工基面，在其上用浮铺做法装设新型木地板。

根据目前的较为普遍的工程实践，此类浮铺做法的毛地板可以不采用实木条形板，可采用取材较方便的厚胶合板（厚夹板，用耐潮及耐水胶合板为宜，厚度

9～12 mm）。木搁栅可采用截面尺寸较大的木方，也可用厚胶合板条所取代，做法如上述。

还有一种做法是在原地面纵横布置（注意分格尺寸不要过大）厚胶合板条作木搁栅，采用木楔圆钉法或钻孔打入塑料胀管再用沉头螺钉拧入，或是直接用水泥钢钉进行与木搁栅固定。然后按木搁栅方格尺寸锯裁厚夹板，逐块将其铺钉在木搁栅表面，即为毛地板构造层。

（3）铺设方法。直接在建筑地面（宜先涂刷防潮涂料或铺设塑料薄膜及产品配备的底垫材料）或是在已铺设好的毛地板表面浮铺与地板配套的防潮底垫、缓冲底垫，底垫在四周边缘墙面与地相接的阴角处上折60～100 mm（或按具体产品要求）；较厚的发泡底垫相互之间的铺设连接边不采用搭接，应采用自粘型胶带进行黏结。

地板块铺设时一般从房间较长的一面墙边开始，也可在与光线平行的一边开始铺设。应先进行测量和尺寸计算，确定地板的布置块数，不出现过窄的地板条；同时，长条地板块的端边接缝，在行与行之间要相互错开。若遇建筑墙边不直，可用画线器将墙壁轮廓划在第一行地板上，依线锯裁后到为铺装。地板与墙（柱）面相接处不可紧靠，要留出8～15 mm宽度的缝隙（最后用踢脚板封盖此缝隙），地板铺装时此缝隙用木片（或随地板产品配备的“空隙块”）临时塞紧。

按产品使用要求在地板块边部企口的槽（沟）、榫（舌）部位涂胶（有的产品不采用涂胶而备有固定相邻地板块的卡子），顺序对接精确平铺到位。有的产品要求先完成数行即采取回力钩和固定夹及拉杆等措施稳固已粘铺的地板，静停1小时左右待黏结胶基本凝结后再继续铺装。地板块企口处的施胶方式应按具体产品要求，一般要求将专用胶粘剂涂于槽与榫的朝上一面并有少许胶液在拼接后溢出板缝，待胶液固化后将板缝外的胶条铲除。逐块拼铺至最后到墙面时，注意同样留出8.15 mm左右的缝隙用木片卡紧并采取回力钩等措施将最后几行地板予以稳固。

（4）注意事项。新型木地板浮铺施工时，施工环境的最佳相对湿度为40%～60%。铺设前，宜将未开箱的地板置于施工现场不少于48小时，使之适应施工环境的温度和湿度。

在地板块企口施胶逐块铺设过程中，为使槽榫精确吻合并黏结严密，可以采用锤击的方法，但不得直接打击地板，可用木方垫块（或随地板产品配备的“凹槽块”）顶住地板边再用锤轻力敲击。

地板的施工过程及成品保护，一定按产品使用说明的要求，注意其专用胶的凝结固化时间，铲除溢出板缝外的胶条，拔除墙边木片、木塞（或空隙块）以及最后做表面清洁等工作，均应待胶粘剂完全固化后方可进行，此前不得碰动已铺装好的木地板。

注意正确使用地板系统的各种配件，如地板收口条（线）、装饰墙角线、门槛条等。

多数新型木地板产品的表面均已做好表面处理，铺设完毕可采用吸尘器吸尘、湿布擦拭或采用家用中性清洁剂清除个别污渍，但不得使用强力清洁剂、钢棉或刷具进行清洗；表面不得再进行磨光及涂刷油漆；有的产品不得再在使用中进行打蜡。

此类浮铺式施工的地板工程，不得在地板上加钉固定，以保证整体地板面层在使用中的稳定伸缩。

第七章　门窗安装工程

第一节　钳工、钣金工、玻璃工基础知识

一、建筑装饰常用金属材料

在现代建筑装饰工程中，越来越多的金属材料被广泛使用。

1. 金属材料的分类与力学性质

金属材料通常分为黑色金属和有色金属，各国的分类及定义都不尽相同。黑色金属，原指铁及铁合金，后来又列入铬和锰，于是，有色金属就成了除铁、铁合金、铬、锰以外的金属了。目前我国的有色金属有64种。

钢材是应用最广泛的一种金属材料。型钢是钢结构的主要材料。钢材可制成各种管材、板材、小五金和装饰材料等。

通常泛指的钢和铁，其实都是铁与碳的合金。实际上除了铁与碳这两种主要成分外，钢和铁还含有少量的硅、锰、硫、磷等杂质。钢和铁两者的主要区别在于含碳量不同。含碳量大于2%的铁碳合金为生铁，小于2%者为碳钢。生铁性脆，常用来铸造制品，也叫铸铁。碳钢具有良好的塑性，强度和韧度都高，锻造、冲压、焊接、铆合等加工性好。

目前，在建筑装饰工程中，大量采用了铝合金（在铝中加入镁、锰、锌等元素后为铝合金），如铝合金门窗、铝合金柜台货架、铝合金商店橱窗及铝合金装饰板、铝合金吊顶等。在建筑装饰工程中，为使金属材料变成所需之形状，就要采用各种工艺方法（如弯曲、压延、焊接等），对金属材料加外力作用，而金属材料对外力作用又表现出一定的抵抗力，称为力学性能。由于不同金属材料的力学性能不同，所以在成型过程中，金属材料的工艺成型性能也不一样。在生产中常用塑性、弹性、屈服强度等来反映金属材料的力学性能。

（1）弹性。当金属材料受外力作用时发生变形，外力去掉后，能完全恢复原来形状的性能，称为弹性。这种变形量愈大，说明材料的弹性愈好。在弹性变

形范围内，外力和变形成正比，即外力愈大，弹性变形也愈大。

（2）塑性。塑性是指金属材料在外力作用下，不发生破坏的永久变形能力。如一般受拉会伸长，受压会变形，这种伸长或变形量愈大，而又不出现破坏现象的材料，说明塑性愈好。

塑性好坏，可以从两个方面来反映，一个叫断面收缩率，另一个叫伸长率。

当一定断面积的试件受拉伸直至断裂时，它的横断面积缩小，长度增大，以此便可计算出材料断面收缩率和伸长率。

金属材料的收缩率和伸长率的百分数愈大，其塑性愈好。塑性好的材料，容易进行各种加工，如压延、弯曲、拉伸等。

（3）屈服强度。金属材料在外力作用下，开始发生明显的塑性变形，达到规定塑性变形值时的应力，称为屈服强度。塑性高的材料在拉伸过程中，当应力超过弹性极限后，材料就失去抵抗弹性变形的能力，此时应力不增加，而材料变形仍继续伸长，这种现象为屈服现象，此时的应力称为屈服极限。

屈服极限是金属材料将要发生显著塑性变形的标志，因此，在金属材料成形过程中，要使材料改变成一定形状，所加外力必须能使材料产生的应力大于屈服极限。

（4）抗拉强度。金属材料在拉力作用下，抵抗破坏的最大能力，称为抗拉强度。试件拉断的最大负荷与原材料断面积之比，为抗拉强度或称强度极限。金属材料所受外力超过试件拉断的最大负荷就会断裂。因此，在材料成型过程中，为了不使材料断裂，所加外力必须小于试件拉断的最大负荷。

当金属材料在所受的外力是压力或弯曲力时，这种抵抗破坏的最大能力，分别称为抗压强度或抗弯强度。

金属材料的力学性能，除上述外，还有冷弯性能和焊接性能等工艺性能。

（5）冷弯性能。冷弯性能是指金属材料在常温下承受弯曲变形的能力。通过冷弯试验并检查受弯部位的外面及侧面，若未发生裂纹、起层或断裂则为合格。对于弯曲成型和焊接的金属材料，其冷弯性能必须合格。

（6）焊接性能。在建筑装饰工程中，无论是钢结构，还是型钢骨架的连接，大多数是采用焊接方式连接的，这就要求材料具有良好的可焊性。

可焊性是指材料是否适应通常的焊接方法与工艺的性能。可焊性好的材料宜用一般焊接方法，焊口处不易形成裂纹、气孔、夹渣等缺陷。焊口处的强度与母体相近。

2. 型钢

长度和截面周长之比相当大的直条钢材，统称为型钢。按型钢的截面形状，可分为简单截面和异型截面两大类。

（1）简单截面的型钢。简单截面的热轧型钢，有扁钢、圆钢、方钢、六角钢和八角钢五种，如图7–1所示。各种型钢的规格尺寸如下：

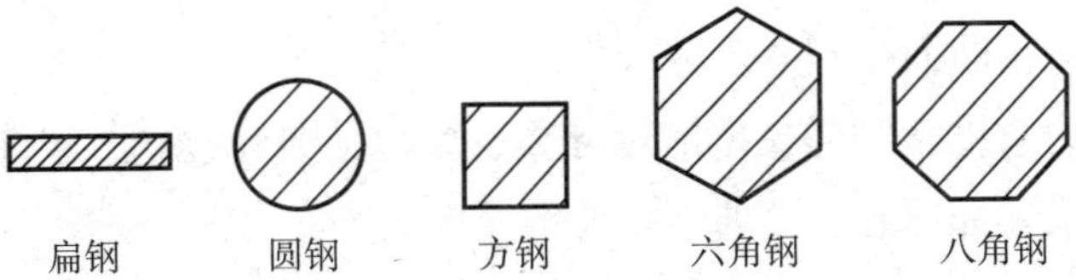

图7–1 简单截面型钢的截面

扁钢：宽度10～150 mm，厚度3～60 mm。

圆钢：直径5.5～250 mm。

方钢：边长5.5～200 mm。

六角钢：对边距离8～70 mm。

八角钢：对边距离16～40 mm。

（2）异型截面的型钢。异型截面的热轧型钢，其截面不是简单的几何图形，而是有明显凸凹分枝部分，包括角钢、工字钢、槽钢（见图7–2）等。其主要用途如下：

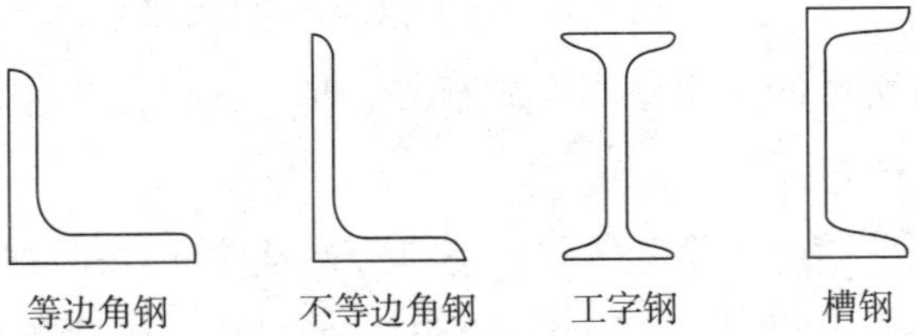

图7–2 异型截面型钢的截面

等边角钢：可通过铆、焊成各种构件。

不等边角钢：一般用作橱窗的边框、店面招牌的骨架等。

工字钢：可铆、焊成构件，大型工字钢可直接用作构件。

槽钢：可铆焊成构件、搁栅。

3. 彩板及型材

以薄钢板经冷压或冷轧成型，表面施以防腐蚀涂层的彩板及型材，得到广泛使用。多以厚度0.5～1.2 mm的镀锌薄钢板为基材，轧制成各种规格的型板和型材。涂层多采用各种树脂基涂料。

彩板及型材具有质轻、强度高、刚度好、装饰性强等特点。

彩色压型板适用于外墙、隔墙和屋面。彩板型材可轧制各种不同形状的截面，如用作轻钢龙骨、幕墙骨架、各种配件以及制作门窗等。

彩板门窗的主要性能，如抗风压、密封以及色彩、线型等，均优于原有的钢门窗，与铝合金门窗相比，性能指标相近，而装饰效果并不逊色，且造价低。因此，彩板门窗及型材的发展有较好的前景。

塑钢门窗是塑料与型材复合而成，使两种材料的优点得到互补。塑钢门窗的突出优点有两个：一是隔热效果好，二是耐蚀性高，这两点正好弥补了金属门窗的不足。

4. 不锈钢

“不锈钢”是对不锈钢和耐酸钢的简称，其实是两个钢种。前者耐大气、蒸汽和水等弱腐蚀性介质，不一定耐酸；后者对酸、碱、盐等化学侵蚀性介质的腐蚀，均有不蚀性。

不锈钢有多种系列，牌号达几十种，其中一般用途的为铬不锈钢和铬镍不锈钢。铬不锈钢含铬12%～13%，以铬为主要合金元素，有的加入钼、钛等。其中，铬是不锈钢获得耐蚀性的基本元素。铬镍不锈钢，含铬约18%，镍8%～10%，有较好的耐蚀性。

不锈钢因具有良好的耐蚀性和表面质量，以及良好的力学性能、焊接性能和冷变形等工艺性能，为用作装饰材料提供了有利条件。目前，建筑装饰使用的不锈钢材，主要是2 mm以下的薄钢板，用于各项包覆部件的加工，如不锈钢包柱。此外，还使用成品的不锈钢型材及压形板材，如角钢、槽钢、条形扣板等。

5. 彩色不锈钢板

彩色不锈钢板系在不锈钢板上进行技术和艺术加工，使其成为各种色彩绚丽的不锈钢板。采用彩色不锈钢板装饰墙面，不仅坚固耐久、美观新颖，而且具有强烈的时代感。

彩色不锈钢装饰板具有良好的抗腐蚀性能及机械性能等。颜色有蓝、灰、紫、红、青、绿、金黄、橙及茶色等。色泽随光照角度不同会产生变幻色调的效果。彩色面层能耐200℃的温度。

耐盐雾腐蚀性能超过一般不锈钢，耐磨和耐刻划性能相当于箔层镀金的性能，弯曲90°彩色层不会损坏，并且彩色层经久不褪色。

彩色不锈钢板可作为电梯厢板、厅堂墙板、天花板、建筑装潢、招牌等装饰之用。

6. 铝合金装饰板及型材

铝合金装饰板又称铝合金压型板、铝合金花纹板。是选用纯铝、铝合金为坯料，经辊压冷加工成各种花纹、图案的板材。具有重量轻、便于清洗、经久耐用、防腐蚀性强等诸多特点，而且花纹美观大方，通过表面处理可制成各种颜色。适用于旅馆、饭店、商场等建筑的墙面和屋面装饰。

建筑铝合金型材，主要用作门窗、幕墙、家具的框架，以及用作墙体和吊顶的龙骨等。

二、钳工、钣金工的工具、机具及使用

1. 钳工手工工具

（1）台虎钳。台虎钳是用来夹持工件的通用夹具，有固定式和回转式两种结构类型，如图7-3所示。台虎钳的规格以钳口的宽度表示，有100、125、150 mm等。

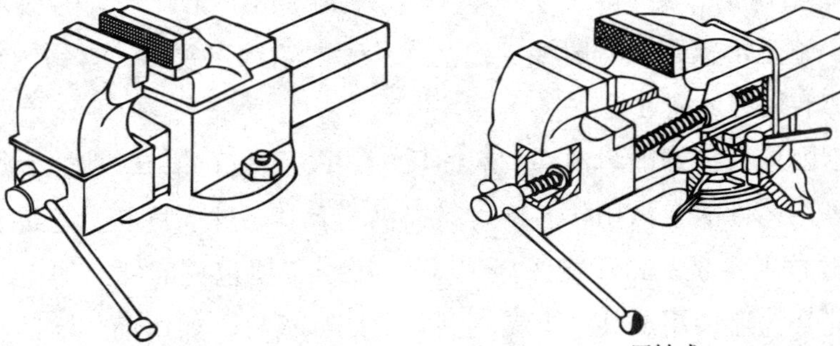

图7-3　台虎钳

台虎钳在钳台上安装时，必须使固定钳身的工作面处于钳台边缘以外，以保证夹持长条形工件时，工件的下端不受钳台边缘的阻碍。

钳台（钳桌）是用来安装台虎钳，放置工具和工件等的。高度800 ~ 900 mm，装上台虎钳后，钳口高度恰好齐人的手肘为宜，长度和宽度随工作需要而定。

（2）划针与划规（见图7-4）。

①划针。用来在工件上划线条，是用弹簧钢丝或高速钢制成图9-3台虎钳

的，直径一般为3 ~ 5 mm，尖端磨成15° ~ 20°的尖角，并经热处理淬火使之硬化。

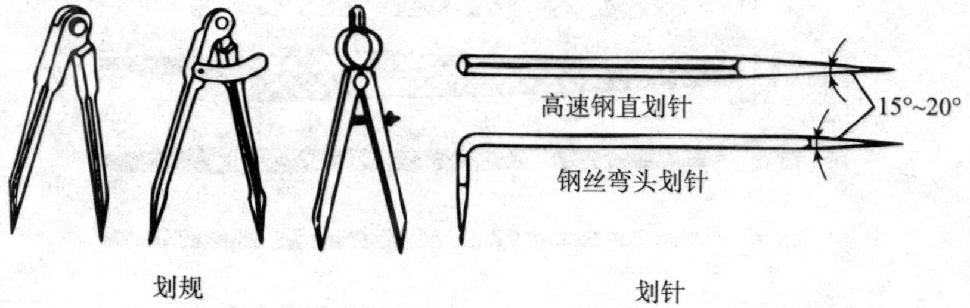

图7-4 划规与划针

②划规。用来划圆、圆弧和等分线段、等分角度以及量取尺寸等。

（3）样冲。用于在工件所划加工线条上冲点，作加强界限标志和作划圆弧或钻孔定中心（故也称中心样冲）。它一般用工具钢制成，尖端处淬硬，其顶尖角度用于加强界限标记的大约为40°，用于钻孔定中心的约为60°，如图7-5所示。

（4）錾子。錾子是錾削工件的刀具，用碳素工具钢经锻打成型后再进行磨合热处理而成。常用錾子主要有阔錾、狭錾、扁冲錾，如图7-6所示。

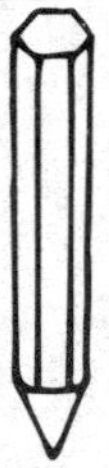

图7-5 样冲

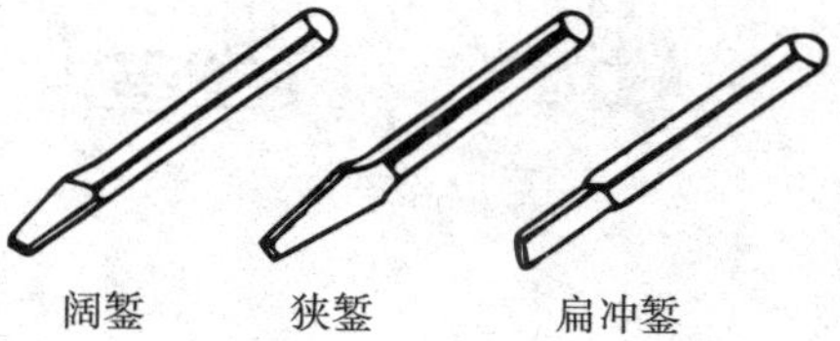

图7-6 錾子

阔錾用于錾切平面、切割和去毛刺；狭錾用于开槽；扁冲錾用于打通两个钻孔之间的间隔。錾子的楔角主要根据加工材料的硬软来决定。柄部一般做成八棱形，便于控制握錾方向。头部做成圆锥形，顶端略带球面，使锤击时的作用力方向便于朝着刃口的錾切方向。

（5）锉刀。锉刀用高碳工具钢制成，并经热处理淬硬。目前我国普通锉分为平锉（齐头平锉和尖头平锉）、方锉、圆锉、半圆锉、三角锉等五种（见图7-7）。锉刀是用来对工件表面进行切削加工，使其尺寸、形状、位置和表面粗糙度等达到要求。

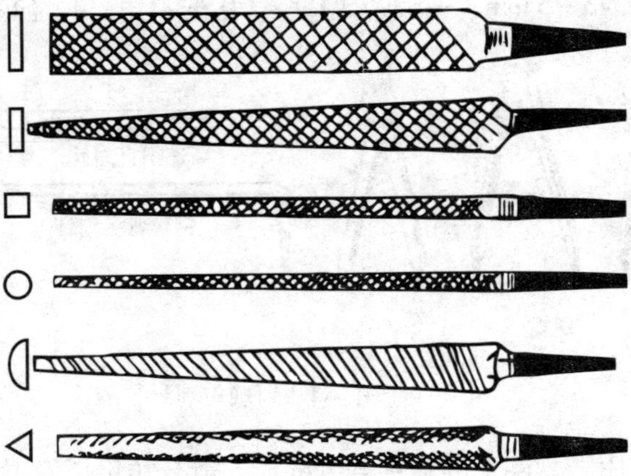

图7–7 锉刀

（6）弓锯和锯条。弓锯是用来把工件材料切割开或在工件上锯出沟槽。

①弓锯构造。弓锯由锯弓和锯条构成。锯弓是用来安装锯条的，它有固定式和可调式两种（见图7–8）。固定式锯弓只能安装一种长度的锯条，可调式锯弓通过调整可以安装几种长度的锯条。可调式锯弓的锯柄形状便于用力，所以目前被广泛使用。

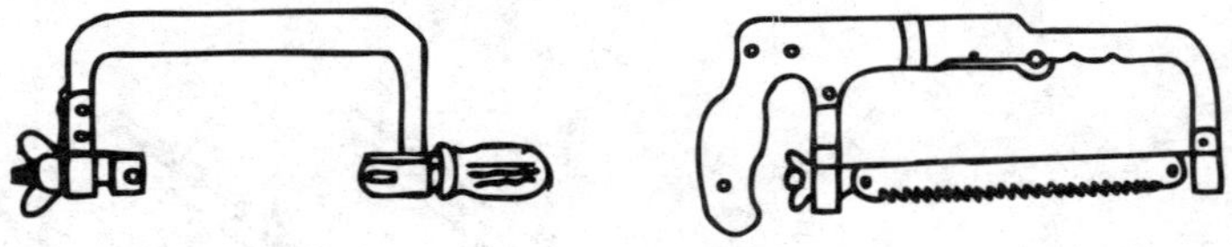

图7–8 弓锯

②锯条。弓锯上所用的锯条主要是单面齿锯条。锯割时，锯人工件越深，缝道两边对锯条的摩擦阻力就越大，甚至把锯条咬住。为了避免锯条在锯缝中被咬住，锯齿就做成几个向左、几个向右，形成波浪形或折线形的锯齿排列。各个锯齿的作用，相当于一排同样形状的凿子。锯条的长度，常用的是300 mm。根据齿距的大小，分为粗齿锯条和细齿锯条两种。使用时应根据所锯材料的软硬、厚薄来选用。锯割软材料（如紫铜、青铜、铝等）且较厚的材料应选用粗齿锯条；锯割硬材料或薄的材料（如角钢、薄钢板等）时应选用细齿锯条。对锯割薄材料，在锯割截面上至少应有3个齿能同时参加锯割，这样才能避免锯齿被钩住和崩裂。

（7）钻头。钻头是用来在实体材料上加工出圆孔的，常用的是麻花钻。它有锥柄和柱柄两种（见图7–9）。一般直径大于13 mm的钻头做成锥柄，直径在13 mm以下的钻头做成柱柄。麻花钻由柄部、颈部、工作部分组成。

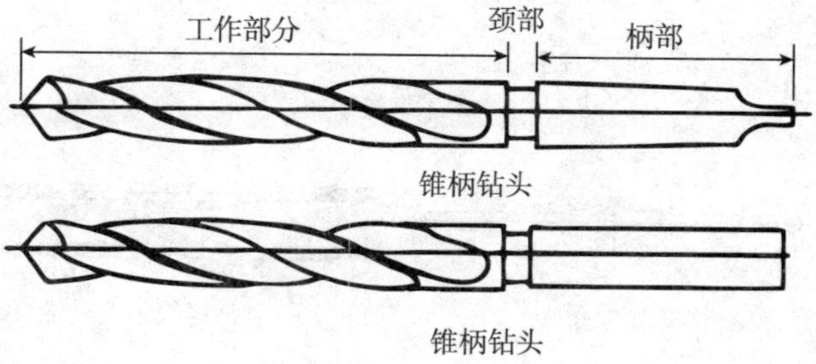

图7–9　钻头

麻花钻柄部供装夹用。颈部位于工作部分与柄部之间，供磨削钻头时砂轮退刀用。工作部分又分切削部分和导向部分。切削部分担负主要的切削工作，导向部分在钻孔时起引导钻头方向的作用。工作部分有两条螺旋槽，它的作用是容纳和排除切屑。工作部分的外形如“麻花”，所以这种钻头称为麻花钻。

（8）丝锥。用丝锥在孔中削出内螺纹称为攻丝，丝锥是加工内螺纹的工具。丝锥由工作部分和柄部组成（见图7–10）。工作部分包括切削部分与校准部分。切削部分磨出锥角，以便将切削负荷分配在几个刀齿上。校准部分具有完整的齿形，用于校准已切出的螺纹，并引导丝锥轴向运动。柄部有方榫，用来传递力矩。

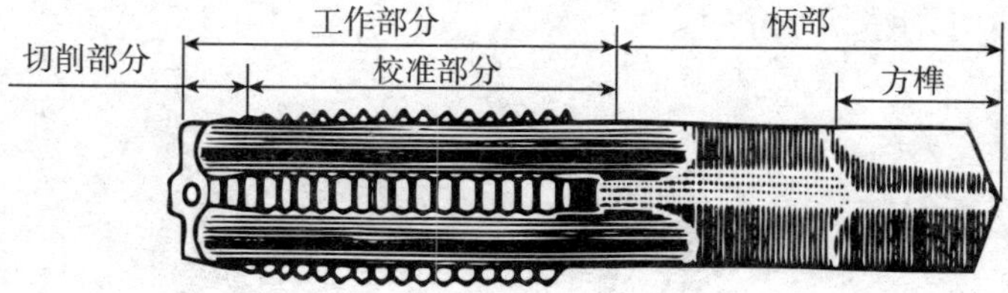

图7–10　丝锥

手用丝锥攻螺纹孔时一定要用绞手（见图7–11）。绞手分普通绞手和丁字绞手两类，丁字绞手主要用在攻工件凸台旁的螺孔。

各类绞手又有固定式和活络式两种。固定式绞手常用在攻5 mm以下的螺孔，活络式绞手可以调节方孔尺寸。

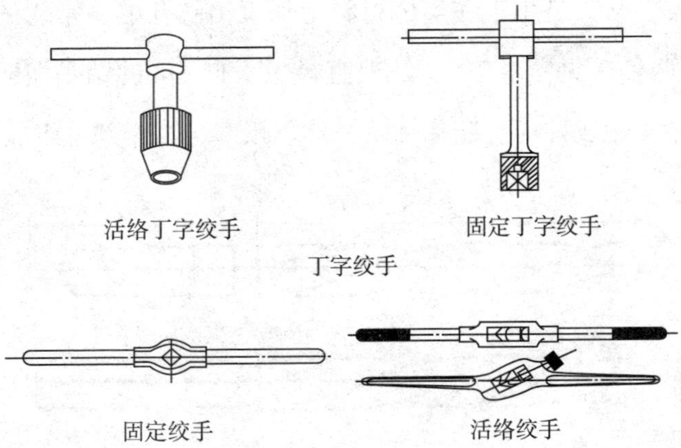

图7-11　绞手

绞手长度应根据丝锥尺寸大小选择，以便控制一定的攻丝扭矩。

（9）常用量具。常用量具有钢尺、直角尺、刀口直尺、内外卡钳、量角器、游标卡尺等。

除上述钳工基本操作中常用工具、量具外，还有其他一些常用工具，如扳手、旋具、手锤等。

2. 钳工施工机械

（1）型材切割机。型材切割机（见图7-12）是一种高效率的电动工具，它根据砂轮磨削原理，利用高速旋转的薄片砂轮来切割各种型材。其特点是：切割速度快，切断面平整，垂直度好。在建筑装饰工程中，可以用以裁切各种金属材料，且裁切时可调整切割角度。

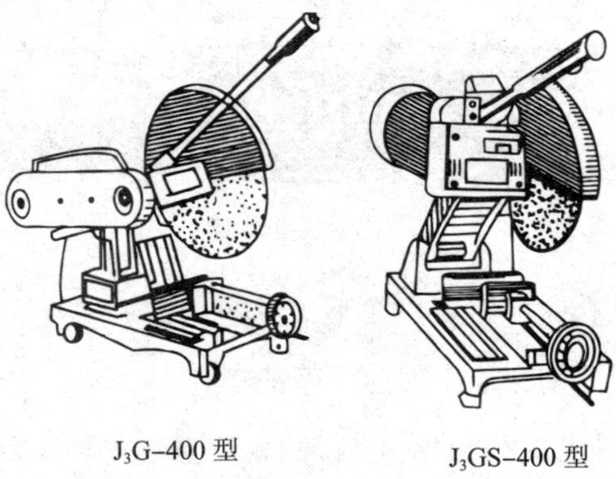

图7-12　型材切割机

①使用方法。型材切割机由电动机、切割动力头、可转夹钳底座、转位中心调整机构及切割砂轮片等组成。使用时将被切割的型材装夹在可转夹钳上，驱动电机通过三角皮带传动，带动砂轮片旋转，利用手柄揿下动力头，即可切断型材。操作时不能用力按手柄，以免电机过载或砂轮片崩裂。操作人员可握手柄开关，身体应侧向一旁，避免发生意外。

②注意事项。使用前应检查切割机各紧固部位是否紧固，活动部件是否灵活。检查绝缘电阻、电缆线、接地线以及电源额定电压是否与铭牌要求相符。

切割机开动后，应首先注意砂轮片旋转方向是否与防护罩上标出的方向一致，砂轮片旋转方向与防护罩上标出的方向一致，方可进行切割操作。如不一致，应立即停车，把电源插头中的任意两相电线对调，即可改变旋转方向。使用中如发现异常杂音，要停车检查原因，排除后方可继续使用。

（2）电动角向磨光机。电动角向磨光机是利用高速旋转的薄片砂轮、切割砂轮、橡皮轮以及钢丝轮等对金属构件进行磨制、切削、除锈、磨光加工。在建筑装饰工程中使用该工具对金属型材进行磨光、除锈、去毛刺等作业，使用范围比较广泛，如图7-13所示。

图7-13　电动角向磨光机

使用方法和注意事项：

使用前检查工具的完好程度，不能任意改换电缆线、插头。使用时按切割、磨削件材料不同，选择安装合适的切磨轮，按额定电压要求接好电源。

工作过程中，不能让砂轮受到撞击，使用切割砂轮时不得横向摆动，以免使砂轮破裂。

使用过程中如发现传动部位卡住、转速急剧下降或停转、有异常声响、温升过高或有异味、电刷下火花过大等均应立即停机检查，排除故障后方可继续使用。

（3）电钻。在装饰工程中，电钻（见图7–14）主要用于金属构件的钻孔，也可用于塑料、木材等非金属材料的钻孔。电钻一般用手握持使用，操作简单，使用灵活，携带方便。

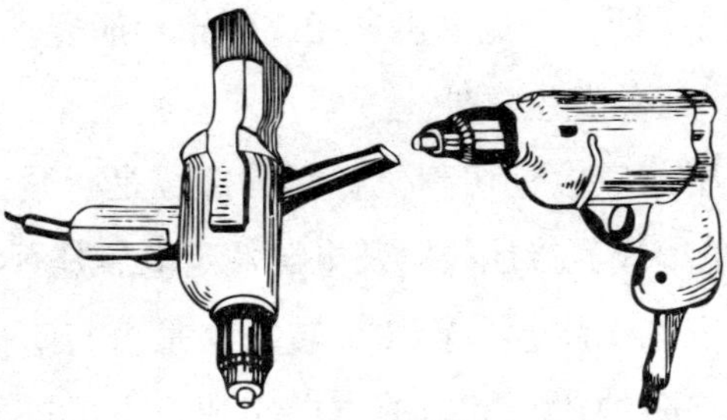

图7–14　电钻

电钻主要由电动机、传动机械、壳体、手柄、钻头等组成。

电钻的规格是用对钢铁材料（45号钢）加工最大钻孔直径来表示。对有色金属、木材等钻孔时，最大钻孔直径可相应增大30%～50%。

使用方法和注意事项：

使用前应先检查电源是否符合要求，空转1分钟，检查传动部分是否运转正常，接地线是否良好，以免烧坏电机或引起安全事故。

使用钻头必须锋利，钻孔时不宜用力过猛，以免电钻过载。凡遇转速突然降低时，应立即放松压力，突然刹停时，必须立即切断电源。钻孔过程中，在工件即将钻穿时推力应适当减小。

移动电钻时，必须握持电钻手柄，搬动电钻时不能拖拉橡皮软线，并随时防止橡皮软线擦破、割破和轧坏。工具使用后应注意轻放，避免损坏外壳及零件。

电钻应存放在干燥的环境中，重新使用时要检查绝缘电阻。

（4）电动曲线锯。电动曲线锯可以在金属、木材、塑料、橡胶皮条等材料上切割直线或曲线，能锯割复杂形状和曲率半径小的几何图形，在装饰工程中常用于铝合金门窗安装、广告招牌安装及吊顶等。它具有体积小、重量轻、操作方便、适用范围广的特点。

电动曲线锯由电动机、往复机构、风扇、机壳、开关、手柄、锯条等零件组成（见图7–15）。电动曲线锯的规格及型号以最大锯割厚度表示。锯条的锯割是直线的往复运动，可按照各种要求在工件上锯割曲线和直线，根据材料的不同，需要更换不同的锯条。

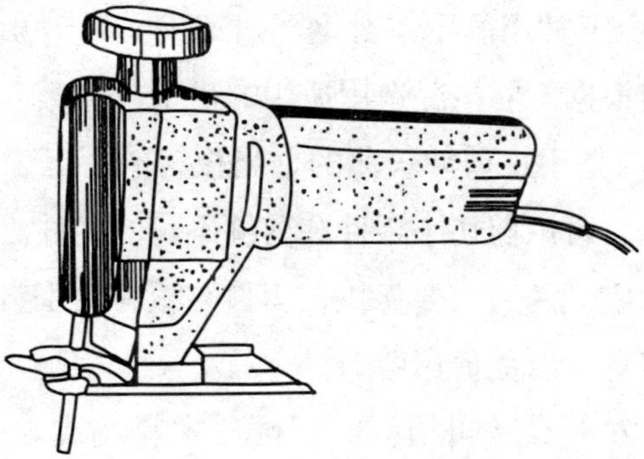

图7-15　电动曲线锯

使用方法及注意事项：

锯条应锋利，并装紧在刀杆上。

若在锯割薄板时发现工件有反跳现象，表明选用锯条齿距太大，应调换细齿锯条。

锯割时向前推力不能过猛，转角半径不宜小于50 mm。若卡住应立刻切断电源，退出锯条，再进行锯割。

在锯割时不能将曲线锯任意提起，以防锯条受到撞击而折断和损坏锯条。但可以断续地开动曲线锯，以便认准锯割线路，保证锯割质量。

在板材上挖孔时，可先用电钻在板上钻孔，再将锯条伸入孔中，锯割出所需要形状。

应随时注意保护机具，经常加注润滑油，使用过程中发现不正常声响、火花、外壳过热、不运转或运转过慢时，应立即停锯，检查和修好后方可使用。

3. 钣金工常用手工工具

（1）旋具。即螺丝刀，也叫起子或改锥。它是用来拧紧或松开螺钉的工具。一般常用的有标准螺丝刀和十字形螺丝刀两种。

使用时应注意把刀口垂直地紧压在螺钉头部槽内，用力不能太大。如果刀口与螺钉槽不吻合时，禁止使用。螺丝刀不能代替撬杠、錾子等工具使用。

（2）扳手。扳手是用以拧紧或松开螺栓的一种工具。一般常用的有开口扳手、活络扳手、梅花扳手、套筒扳手等。使用活络扳手，一定要将活络扳口调整到与螺母大小相适合。不能用锤击扳杆，也不能将扳手当手锤使用。选用的扳手要与螺帽大小相适合，不可有松动现象，否则会滑出伤人或伤物。

（3）手钳。钣金工常用的手钳有钢丝钳和尖嘴钳等几种。不要将手钳代替锤子、扳手使用。应根据不同情况选用适用的钳子。

（4）剪刀。剪刀是用来剪切较薄的金属板材的手工工具。手工剪刀剪薄板时最厚不超过1.5 mm，可以剪切小零件和剪缝不长的工件。剪切工件时，右手握剪，剪刀口张开要适宜，两刃口要靠拢，刃口与板料要垂直。禁止剪切比刃口还硬的板料和用锤击刀背，以免损坏剪刀。

（5）方木棒。方木棒又叫拍板。用硬质木料制成。主要用于薄板件的弯曲、卷边和咬接。使用时不要用力过猛，使用完毕放在固定地方保存，不要受潮湿，不要乱扔乱放，以防砸坏。

（6）其他工具。如划针、划规、样冲、直角尺、卷尺等，也是常用的工具。

使用工具应经常检查，维护保养。用完后应放置在干燥处妥善保存。

三、钳工、钣金工劳动保护和安全技术

（1）使用各种设备，必须按照操作规程操作，以防发生设备和人身事故。工作机具（如砂轮机、电钻等）应经常检查，发现问题及时处理，在未修复前不得使用。

（2）必须做到安全用电，不允许用金属棒触电源、开关和按钮，不允许湿手触按钮。使用电动工具时，要有绝缘防护和安全接地措施，防止发生触电伤人事故。非电工人员不能检修电气设备。

（3）禁止使用无安全防护设施的机电设备。使用钻床不允许戴手套。使用砂轮机时，要戴好防护眼镜。在钳台上进行錾削时，应有防护网，清除切屑要用刷子，不要直接用手清除或用嘴吹。

（4）使用各种手工工具必须安全牢靠（如手锤的柄与锤头连接要牢固），防止手工工具被击，飞出伤害他人。

（5）工具、量具应按规定要求放置。量具不能与工具或工件混放在一起。使用完毕后，工具、量具应整齐放入工具箱内，不应任意堆放，以防损坏。

（6）待加工和已加工的工件应放置在规定位置，排列整齐平稳，便于取放，并避免碰伤已加工表面。

（7）操作完成后，应对场地、台虎钳等作好清扫、维护、保养工作。做到

场地清洁整齐、无杂物。

四、玻璃工基础知识

玻璃是石英砂、纯碱、长石、石英石等材料在高温下熔融后，经拉制或压制而成。玻璃在建筑工程中起着重要的作用，它除了增加采光、保温和装饰之外，还有控制透射、反射、慢射的光线，调节吸收热和反射热，节约采暖和空调能源，控制噪声，降低建筑结构自重，防火、防爆、防辐射等多种功能。在现代的工业与民用建筑中，玻璃已趋向大面积使用，这样不仅使室内光线充足，而且使建筑物形象整齐美观。目前在建筑工程上已有许多应用大面积的玻璃甚至玻璃墙体（玻璃幕墙）装饰于建筑物的外立面，使建筑物显得光亮、明快、挺拔、大方、别具一格。由此可见，掌握玻璃在建筑中的应用技术和施工工艺是十分必要的。

1. 玻璃的种类、性能及用途

玻璃的种类很多，按其化学成分有钠钙玻璃、铝镁玻璃、钾玻璃、硼硅玻璃、铅玻璃和石英玻璃等。按功能分有平板玻璃、热反射玻璃、吸热玻璃、异型玻璃、钢化玻璃、夹层玻璃、光致变色玻璃、中空玻璃等。

用于建筑工程上的玻璃按其加工工艺不同，可分为以下三大类：平板玻璃、压延玻璃和工业技术玻璃。

平板玻璃分为普通平板玻璃、浮法玻璃、磨砂玻璃、热反射玻璃等；压延玻璃有钢化玻璃、夹层玻璃等；工业技术玻璃有磨光玻璃、离子交换增强玻璃、电热玻璃、中空玻璃、饰面玻璃、防爆防弹玻璃、异型玻璃等。

常用的平板玻璃品种、规格及用途：

（1）普通平板玻璃。一般厚度2～6 mm。最大规格尺寸：2 000 mm×2 500 mm，厚度有5、8、12 mm。主要用于普通民用住宅、工业建筑门窗上。

（2）浮法（平板）玻璃。厚度：3～6 mm。有1 300 mm×500～900 mm、1 300 mm×1 950 mm、1 300 mm×2 000 mm、1 200 mm×1 800 mm等规格。主要用于汽车、火车、船舶的风窗玻璃，高级建筑物的窗用玻璃、玻璃门，有机玻璃的模具玻璃、制镜玻璃，夹层的原片玻璃。

（3）吸热玻璃。厚度：3、5、6、8 mm，最大规格尺寸：2 200 mm×1 800 mm。主要用于体育馆、航空控制塔、电子计算机、医院、特殊仓库等高级建筑物的门窗，汽车、船舶等交通工具的驾驶室、风窗（可减少太阳热辐射的影响），电视机防爆玻璃（可起到滤色保护眼睛的作用）。

（4）磨砂玻璃。厚度有3、4、5、6 mm。规格尺寸有900 mm × 600 mm × 3 mm、1 800 mm × 1 200 mm × 6 mm。主要用于会议室、餐厅、走廊、卫生间的门窗以及教学用的黑板等。

（5）特厚（平板）玻璃。2 000 mm × 2 500 mm × 20 mm。主要用于高级宾馆、体育馆、商店及各种建筑物的玻璃墙、隔断、顶棚等。

（6）热反射玻璃。厚度有3、5 mm，规格尺寸为2 600 mm × 1 200 mm范围内。主要用于各种建筑物的门、窗，汽车、轮船的窗玻璃以及各种艺术装饰。

（7）压花玻璃。规格尺寸：800 mm × 600 mm × 3 mm、900 mm × 600 mm × 3 mm，1 200 mm × 650 mm × 5 mm、1 200 mm × 900 mm × 5 mm、1 800 mm × 900 mm × 5 mm。主要用于浴室、走廊、隔断、底层门窗等。

（8）夹丝玻璃。最大规格尺寸：1 250 mm × 1 000 mm × 6 mm。主要用于建筑物的玻璃墙、隔断、顶棚、天窗等。

2. 玻璃黏结（密封）胶的种类、性能及用途

目前玻璃工程常用的密封材料主要有结构密封胶、橡胶密封条、建筑密封胶、氯丁密封胶、耐候硅酮密封胶、结构硅酮密封胶等，现简述几种常用的密封胶。

（1）结构密封胶。结构密封胶一般为硅酮密封胶，它的主要成分是二氧化硅，它是固定玻璃并使其与铝框有可靠连接的胶粘剂。这种胶对热应力、风荷载气候变化或地震作用均有相应的抵抗能力，适用于结构玻璃和大面积玻璃门窗。结构密封胶有单组分和双组分两种，单组分密封胶有醋酸基的酸性密封胶和乙醇基的中性密封胶。用于镀膜玻璃必须使用中性胶，不得使用酸性胶，中空玻璃也应使用中性胶。双组分密封胶是基胶和固化剂分别装在两种包装容器内，在使用前要用调胶机按一定比例混合搅拌均匀后才能使用。基胶和固化剂的比例与固化时间成正比，配比愈大，固化时间愈长。两种组分不同的胶各有其长处，但在施工现场用于铝合金门窗玻璃安装还是用单组分密封胶较为合适。

（2）建筑密封胶。称为耐候胶，主要有硅酮密封胶和聚硫密封胶两种，聚硫密封胶比硅酮密封胶相容性差，且不易配合使用。建筑密封胶通用于镶嵌一般普通铝合金门窗（无结构性）玻璃和填缝。建筑密封胶亦有单组分和双组分之分，如果现场使用，还是购置单组分为好，但是应注意在规定储存时间之内使用完，不得过期，否则，难以保证质量。

（3）中空玻璃二道密封胶。这种胶也有单组分和双组分两种。中空玻璃二

道密封胶与硅酮密封胶性能相容，可配套使用，凡是使用硅酮密封胶做中空玻璃结构性玻璃装配或防风雨填缝的中空玻璃，必须使用中空玻璃二道密封胶作第二道密封，使用其他密封胶必须作相容性试验。

3. 玻璃裁割专用工具

玻璃裁割的工具很多，专用的有金刚石割刀、轮式割刀、夹具、吸盘和卷边滚筒、折尺、直尺、角尺、腻子刀等，如图7–16所示。

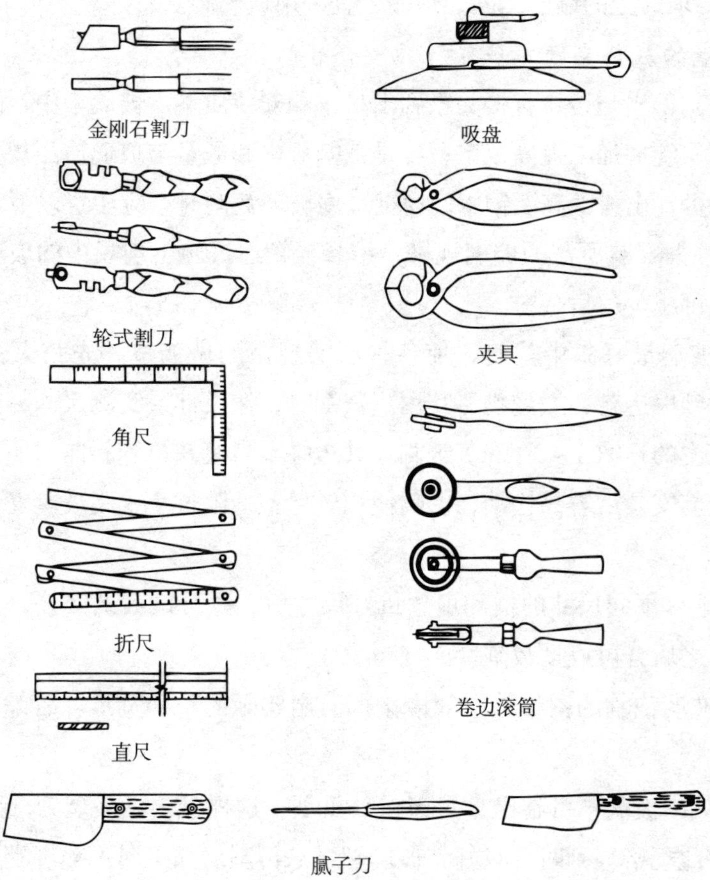

图7–16　玻璃裁割专用工具

4. 玻璃的选择

门窗起着围护和采光的作用。处在不同部位、不同环境的门窗具有不同的功能，因而应选择相应的玻璃安装。

（1）钢木门窗框、扇玻璃宜采用平板、中空、夹层、夹丝、磨砂、钢化、压花和彩色玻璃。

（2）采光顶棚玻璃宜采用夹层玻璃、钢化玻璃、夹丝玻璃以及中空玻璃。

（3）工业厂房斜天窗玻璃，如设计无要求时，应采用夹丝玻璃。若用平板玻璃，应在其下加设一层镀锌铁丝网。

（4）楼梯间和阳台等的围护结构，应安装钢化玻璃，并用卡紧螺丝或压条镶嵌固定，玻璃与围护结构的金属框格相接处，应衬橡胶垫或塑料垫。

（5）要求透光的墙、隔断、顶棚，宜采用玻璃砖。

5. 玻璃的裁割要领

玻璃裁割得当与否，直接关系到出材率和安装质量。玻璃集中裁配，一是便于加强管理，统一加工提高效率；二是裁割规格和数量与玻璃产品规格进行合理套裁，损耗少，出材率高。钢木门窗框、扇玻璃裁割时，应注意以下几点：

（1）根据安装所需的玻璃规格，结合成箱运进施工现场中的玻璃规格实行合理套裁，可减少边角余料。

（2）玻璃最好集中裁割，使各种所需规格的玻璃按“先裁大、宽，后裁小、窄”的顺序进行，做到物尽其用。裁割时，按设计或实测尺寸，长宽各缩小一个裁口宽度的1/4（1 ~ 3 mm）裁割，其边缘不得有缺口和斜曲。所得缝隙宽度过大，则玻璃安装后容易松动，影响使用效果；缝隙过小，则玻璃安装困难，容易破碎。

（3）选择不同尺寸的框和扇，量好尺寸后，进行试裁试安装，认为该尺寸及留量合适之后方可成批裁割。

（4）玻璃裁割的留量，一般应按框、扇实际的长和宽尺寸各缩小1 ~ 3 mm为宜。

（5）裁割玻璃不可在已划过刃口处重划，这样做会使玻璃刀金刚石刃口报废。必须按此规格裁割时，只好将玻璃翻过来再割。如果属不允许翻过来裁割的品种，只好将靠尺在原裁割线往内或往外3 mm处下刀裁割。

（6）钢化玻璃不能裁割或用钳子扳脱。工程上所需的规格和要求应预先向厂商订货加工。

（7）裁割厚玻璃及压花玻璃时，应先在裁割处涂煤油一道，然后再裁割。

裁割彩色玻璃、压花玻璃时，应按设计图案裁割，拼缝应吻合，不得错位、斜曲和松动。

（8）裁割夹丝玻璃时，应先在裁割处涂煤油一道，然后再裁割。裁割向下压时用力要均匀，再向上回时要在裁开的玻璃缝处夹一木条或硬板纸，然后向上回，夹丝就会同时被切断，夹丝玻璃的裁割边缘上宜涂刷防锈涂料。玻璃切开后夹丝还不断时，用铗铁钳剪断。

（9）裁窄条时，裁好后用刀头将玻璃震开，再用钳子垫布后钳，以免玻璃损伤。

（10）冬期施工，从寒冷处搬运到暖和处的玻璃应在其变暖后方可裁割。

6. 玻璃安装的要领

（1）木门窗玻璃安装。

①安装玻璃前，应将企口内的污垢清除干净，沿企口的全长均匀涂抹1~3 mm厚底灰，并推压平板玻璃至油灰溢出为止。

②如用油灰固定，应再抹上油灰，且沿企口填实抹光，使和原来铺的油灰成为一体。油灰面沿玻璃企口切平，并用刮刀抹光油灰面。油灰面通常要经过7天以上才能干燥。

③如用木压条固定，木压条应先涂干性油。压条安装前，把先铺的油灰充分抹进去，使其下无缝隙，再用钉或木螺钉、小螺丝把压条固定，钉距不得大于300 mm，且每边不少于2颗钉子。注意不要将玻璃压得过紧。

④拼装彩色玻璃、压花玻璃时，应符合设计且拼缝要吻合，不得错位。

（2）钢门窗玻璃安装。

①安装钢门窗玻璃前，先检查钢门窗扇是否平整，预留安钢丝卡的孔眼是否齐全、准确，钢门窗扇如有扭曲变形，安钢丝卡的孔眼如不符合要求，则应校正和补充孔眼，以保证安装质量，钢丝卡的露头应剪去。

②安装钢框、扇玻璃，应用钢丝卡固定，间距不得大于300 mm，且每边不少于2个。然后在钢丝卡上再抹油灰面层，以增加密封性。

③如用油灰固定，则油灰应填实抹光，如用橡皮垫，应先将橡皮垫嵌入裁口内，并用压条和螺钉固定。

④如采用角压条固定，通常在四边或两边加压条。密封材料主要用密封胶。

⑤拼装彩色玻璃、压花玻璃时，应与设计图案吻合，不得错位、斜曲和松动。玻璃的朝向应符合设计要求。

⑥做好安装后的清洁工作。

（3）围护墙、隔断、顶棚玻璃砖安装。

①安装前先检查围护墙、隔断、顶棚镶嵌玻璃砖的骨架与结构的连接是否牢固，隔断的上框的顶面与结构（楼盖）间是否留有适量缝隙，以免结构稍有沉陷或变形而压碎玻璃砖。

②玻璃安装时应排列均匀整齐，表面平整。嵌缝的油灰或胶泥应饱满密实。

③安装磨砂玻璃和压花玻璃时，磨砂玻璃的磨砂面应向室内，压花玻璃的花纹宜向室外。

④楼梯间和阳台等的围护结构（也称拦河）安装钢化玻璃时，应卡紧螺丝或压条镶嵌固定，玻璃与围护结构的金属框格相接处，应衬橡胶垫或塑料垫。

7. 玻璃的存放、保管

玻璃如不能正确存放最容易破裂，受潮、雨淋后会发生粘连现象，可造成玻璃大量损坏。因此必须重视玻璃的存放与保管工作。

（1）放置玻璃时，应按规格和等级分别堆放，避免混淆，大号玻璃不要堆垛，尽量单层立放。存放时玻璃底部必须垫上两根方木。

（2）玻璃不要平躺储存，应靠紧立放，立放玻璃应与地面水平成70°夹角为宜。玻璃不要歪斜储存，也不得受重压。各堆之间应留出通道以便搬运，堆垛木箱的四角应用木条牢固固定。

（3）储存环境应保持干燥，木箱的底部应垫高10 mm，防止受潮。

（4）玻璃不可露天存放，如必须放于露天，日期不宜过长，且下面要垫高，离地应保持在20～30 mm，上面用毡布盖好。

8. 安全生产

因为玻璃薄而脆，容易破碎伤人，所以在搬运、裁割和安装作业等过程中，要注意安全，防止事故发生。

（1）搬运玻璃。搬运玻璃时应戴手套，特别小心，防止伤手伤身。

（2）裁割玻璃。

①裁割玻璃时，应在指定地点进行，随时清理边角废料，并集中堆放。

②玻璃裁割后，移动玻璃离开台面时，手应抓稳玻璃，防止掉下伤脚。

（3）安装玻璃。

①安装玻璃时，不得穿短裤和凉鞋。

②安装玻璃时，应将钉子、工具放在工具袋内，不得口含钉子进行操作。

③安装上下层窗扇的玻璃，不可相对同时操作，并且还应与其他作业错开。

④在玻璃未钉牢固之前，不得中途停工，以防掉落。如安装得不合适，不得用刨刀硬撬。安装完毕，窗应挂风钩或插插销，门应用木楔固定，防止刮风损坏玻璃。

（4）高空作业。

①高空作业安装玻璃时，必须系安全带，并把安全带拴在牢固的地方；还要穿防滑鞋，带上工具袋，将玻璃放置平稳；垂直下方禁止通行。

②安装屋顶采光玻璃时，下方应有防护措施，其他人员不得走近。

③使用高凳、靠梯时，下脚应绑麻布或垫胶皮，并加拉绳，以防滑溜。不得将梯子撑在门窗扇上。

（5）油灰管理。在油灰加工处和施工地点，应事前清理干净。油灰里严防混入碎玻璃等杂物，避免涂抹时伤手。

第二节　门窗安装施工工艺

门窗按其材质不同可分为木门窗、塑料（塑钢）门窗、铝合金门窗、钢门窗、不锈钢门窗等。

门窗按其用途、开启和构造进行分类如下：

门按用途分：内门、外门、防火门、隔音门、保温门、冷藏门、安全门等。

门按开启分：平开门、弹簧门、推拉门、折叠门、转门、自动门、卷帘门等。

门按构造分：夹板门、镶板门、拼板门、实拼门、镶玻璃门、玻璃门等。

窗按用途分：防火窗、隔音窗、保温窗、防护窗、换气窗等。

窗按开启分：平开窗、推拉窗、折叠窗、上悬窗、中悬窗、下悬窗、立转窗、滑轴窗、固定窗。

窗按构造分：单层窗、双层窗、三层窗、组合窗、落地窗、百叶窗等。

本节只简单介绍铝合金门窗、厚玻璃装饰门的施工工艺。

一、铝合金门窗施工工艺

装饰工程中，使用铝型材制作门窗较为普遍。铝合金门窗是将经过表面处理的型材，通过下料、打孔、铣槽、攻丝、制窗等加工工艺而制成的门窗框料构件，然后再与连接件、密封件、开闭五金件一起组合装配而成。尽管铝合金门窗的大小尺寸及式样有所不同，但同类铝型材门窗所采用的施工方法却相似。我国的铝合金门窗生产起点较高，发展较快，目前已有平开、推拉铝合金窗，平开、推拉铝合金门等几十种系列产品投入建材市场。

1. 铝合金门窗特点

铝合金门窗与普通木门窗、钢门窗相比，具有明显的优点，主要表现在：

（1）轻质、高强。由于门窗框的断面是空腹薄壁组合断面，这种断面利于使用并因空腹而减轻了铝合金型材重量，铝合金门窗较钢门窗轻50%左右。在断面尺寸较大，且重量较轻的情况下，其截面却有较高的抗弯刚度。

（2）密闭性能好。密闭性能为门窗的重要性能指标，铝合金门窗较之普通木门窗和钢门窗，其气密性、水密性和隔音性能均佳。铝合金推拉窗比铝合金平开窗的密闭性稍差，故推拉窗在构造上加设了尼龙毛条，以增强其密闭性能。

（3）变形小。一是因为型材本身的刚度好，二是由于其制作过程中采用冷连接。横竖杆件之间和五金配件的安装均是采用螺丝、螺栓或铝钉，通过铝角或其他类型的连接件，使框、扇杆件连成一个整体。这种冷连接同钢门窗的电焊连接相比，可以避免在焊接过程中因受热不均而产生的变形现象，从而确保制作精度。

（4）立面美观。一是造型美观，门窗面积大，使建筑物立面效果简洁明亮并增加了虚实对比，富有层次感。二是色彩丰富，其门窗框料经过氧化着色处理，可具有银白色、古铜色、暗红色、黑色等色调或带色的花纹，外观华丽雅致而色泽牢固，无须再涂漆和进行表面处理。

（5）便于工业化生产。其框料型材加工、配套零件及密封件的制作与门窗装配试验等，均可在工厂内进行大批量工业化生产，有利于实现门窗设计标准化，产品系列化及零配件通用化。

同时，铝合金门窗的现场安装工作量较小，可提高施工速度，特别是对于高层建筑。高档次的装饰工程，如果从装饰效果、空调运行及年久维修等方面综合权衡，铝合金门窗的使用价值是优于其他种类门窗的。

2. 铝合金门窗常用材料

（1）铝合金型材。门窗铝合金型材采用铝、镁、硅系合金经机械挤压成型。挤压过程中空气快速冷却，保证了型材的机械性能。

常用铝合金型材表面镀膜厚度在6～30 μm，壁厚0.6～5.0 mm，铝合金型材截面尺寸有许多系列，如图7-17、图7-18、图7-19所示。常用的截面尺寸（单位：mm）系列代号有：38、42、50、60、70、80、90、100等（例如38号，即38系列，框料截面宽度为38 mm，余类推）。92SJ713、92SJ606、92SJ712、92SJ605分别对推拉铝合金窗、推拉铝合金门、平开铝合金窗、平开铝合金门的型材规格与安装要求都作了规定。不同地区、不同环境、不同建筑构造，选择型材的要求不同，因此铝合金型材的规格众多。在选料时门窗料的板壁厚度应合理，一般建筑中所用的窗料板壁厚度不宜小于1.2 mm，门的断面板壁厚度不宜小于2 mm。

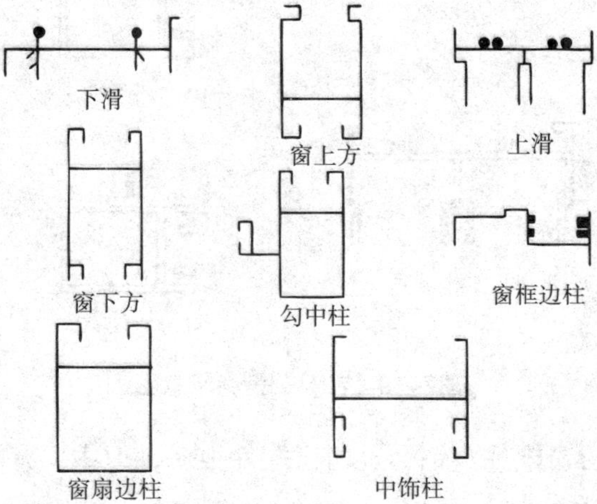

图7-17　铝合金窗型材截面示意图

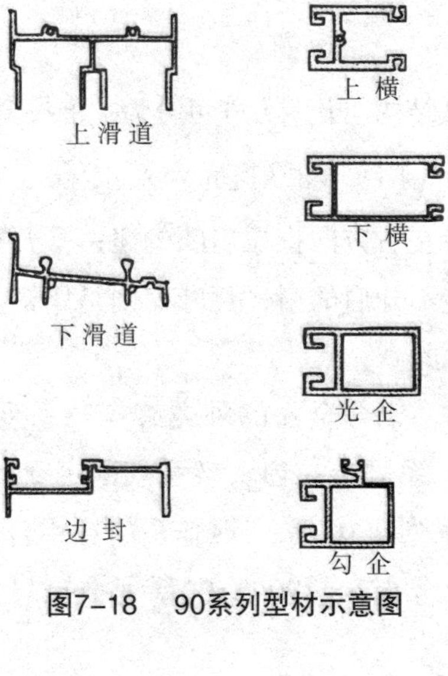

图7-18　90系列型材示意图

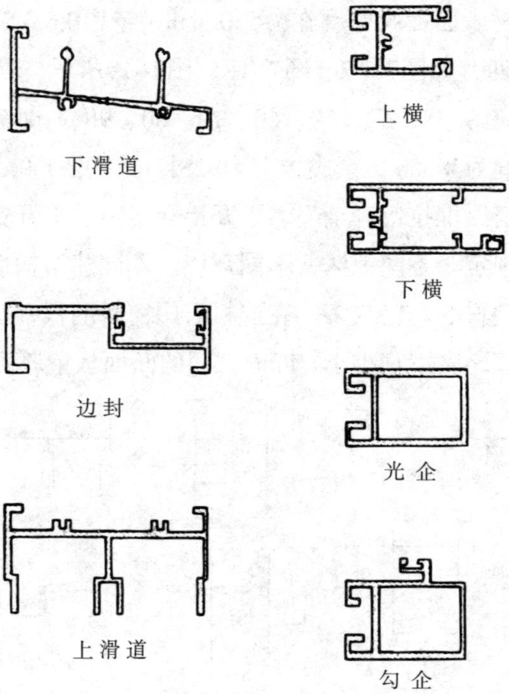

图7-19　70系列型材示意图

（2）铝合金门窗配件。铝合金门窗配件很多，但主要有滑轮架、滑轮、锁扣、自攻螺丝、密封条等。铝合金门窗组装过程中所使用的螺丝，宜用不锈钢螺丝。镀锌螺丝因锌表面易被破坏，所以，使用不久便被锈蚀。

3. 铝合金门窗种类

（1）铝合金门窗按其结构与开闭方式可分为：推拉窗（门）、平开窗（门）、固定窗、悬挂窗、回转窗（门）、百叶窗、纱窗等。

推拉窗，是窗扇可沿左右方向推拉启闭的窗；平开窗，是窗扇绕合页旋转启闭的窗；固定窗，是固定不开启的窗；百叶窗则是用铝合金叶片组成的，用于通风或遮阳的窗子。门亦如此。

（2）按所用型材分，铝合金窗的种类有：38系列至60系列平开窗；55系列、60系列、70系列、90系列推拉窗；各系列固定窗；各系列旋转窗。铝合金门的种类有：铝合金90系列、100系列地弹簧门；铝合金100系列自动门；铝合金42-90系列平开门；铝合金70、90、100系列推拉门；铝合金42-90系列折叠门等。

4. 铝合金门窗构造

铝合金门窗的种类繁多，在这里以双扇推拉窗为例介绍其构造。双扇推拉窗由固定件和活动件两部分构成，上下框和两侧外框组合成固定部分与墙体连接，上内框、下内框、侧面框、中框分别组成两个活动窗扇，经滚轮在下外框轨道上滑动，使窗扇开闭。

活动窗扇内用橡胶压条安装平板玻璃，窗扇四周都有尼龙密封条，以保证密封，并使金属框料之间不直接接触。尼龙圆头钉用于窗扇导向，塑料垫块使窗在闭合时定位。

其他铝合金门窗的结构也都是大同小异，都是由窗框和窗扇两部分组成。铝合金门窗安装的附属结构还有连接件，通常由镀锌钢板制成，其一端与门窗框连接，另一端与墙体连接。有的门窗孔洞在墙体上还设有埋件，由钢板和锚筋组成，土建施工时埋入墙体。安装门窗框时，将门窗框连接件与预埋件焊接到一起，用以固定门窗框。

5. 铝合金门窗制作工具

铝合金门窗安装施工所使用的机具很多，主要有型材切割机、手电钻、冲击电钻、拉铆枪、电动螺丝刀、小型钻铣床、组装工作台、注胶枪、水平尺等。

6. 铝合金门窗工艺流程

（1）铝合金门窗制作工艺流程。断料→钻孔→组装→保护或包装。

①断料。断料主要使用切割设备。切割的设备很多，如果在施工现场用小型切割机，宜选用小型台锯。如果用手提式电锯，宜将手提式电锯固定，然后配上加工切割的工作台，因为只有用切割工作台，切割的尺寸才便于控制。但不论采用何种设备切割，切割的精度应保证，否则，组装的方正受到影响。特别是切割具有一定角度的斜面时，更应十分注意，如平开窗的横竖杆件，采用的是45°角对接，如若切割的角度不准确，方框的方正定会受到影响。方正是铝合金门窗制作的重要质量指标，因为只有方正，才能保证开启灵活、关闭严密。方正常用对角线差控制。推拉门窗下料采用直角切割，平开门窗采用45°角斜切。至于其他类型的门窗采用哪种形式，应根据拼装方式决定。断料时要注意同批料一次下齐，并要求氧化膜色彩一致。

②钻孔。型材杆件钻孔，批量生产宜使用小型台钻，目前用得较多的是13 mm的台钻。手枪式电钻操作灵活、携带方便，在钻孔操作中，使用也较普遍。由于门窗的组装采用螺丝连接，所以，不论是横竖杆件的组装，还是配件的

固定，均需要钻孔。

安装拉手、锁钩，在工厂多用插床，在现场由于设备的限制，往往是先钻孔，然后再用手锯切割，最后再用锉刀修平。钻孔位置要准确，不可在型材表面反复更改钻孔。

③组装。根据门窗的类型，有不同的组装方式，常用的有45°角对接、直角对接和垂直插接三种，如图7-20所示。

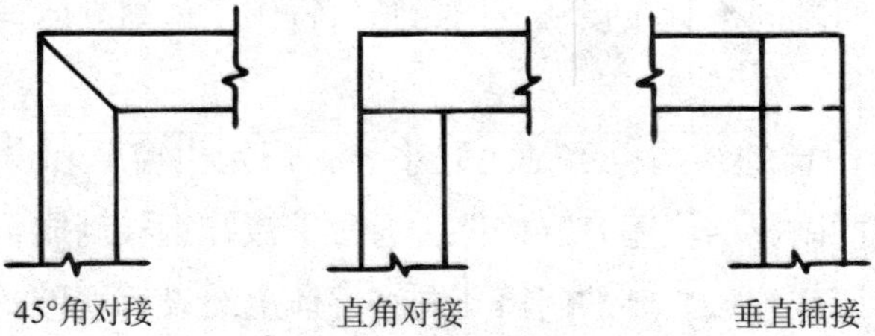

图7-20 对接形式示意图

横、竖杆件的固定，一般是采用连接件或铝角用螺丝、螺栓、铝铆钉固定，如平开窗在45°角对接处，型材的内部加设铝角，然后用撞角的办法将横、竖杆件连成整体。所谓撞角，实质上是用专用的工具，利用铝材较软的特点，在型材的表面，冲成几个较深的毛刺，使型材与铝角连接。

推拉窗框横、竖杆件连接，属于临时固定性质，窗框一旦固定在结构上，其连接的作用也就消失。所以，连接件采用塑料件连接，用长螺丝通过连接件将横、竖杆连在一起。

门窗的配件均是成品，所以，安装时按正确位置固定即可。各种密封条，也是工厂的成品，组装时，按照需要穿进去，或者压进去便可。如推拉窗的尼龙毛条、平开窗的橡胶压条，均属此种情况。

组装所使用的螺丝，宜用不锈钢螺丝。

④保护与包装。门窗组装完毕，应对其进行保护。目前常用的办法是在组装完毕后，用塑料胶纸将所有的型材表面包起来。也可用厚一些的塑料薄膜将型材外包。这样做的主要目的是防止型材表面受损，因为窗框、扇安装完毕，往往土建施工正在进行，操作中不慎丢落的水泥砂浆，如若不及时清理，待固结后再清理，型材的氧化膜会受到破坏。

如果加工完毕的门窗，需运输或托运，还应对门窗进行包装。包装前，质检部门按设计要求及有关规定进行逐件检查，合格后，签发出厂合格证，才能包装。并将产品的型号、规格、数量，用颜色笔标在型材表面。

近年来各生产厂家，将门窗制作工序从现场移到车间，采用专门模具进行冲、钻、铣等机械加工，大大提高了制作质量，使气密性、水密性指标和外形尺寸等方面上了一个新台阶。

（2）铝合金门窗安装工艺流程。放线→固定门窗框→填缝→门窗扇安装→清理。

①放线。门窗框洞口一般均是在结构施工期间，按设计的尺寸留出。门窗框加工的尺寸应比洞口尺寸略小，窗框与结构之间的间隙，应视不同的饰面材料而定。如果内外墙均是抹灰，考虑到抹灰层的厚度，一般情况下都是20 mm左右，那么，窗框的实际外缘尺寸每一侧小20 mm，如果饰面层是大理石，花岗石一类的板材，其镶贴的构造做法厚度多在50 mm左右，那么，门窗框的外缘尺寸应比洞口尺寸每一侧小50 mm左右。总之，饰面层在与门窗框垂直相交处，其交接处应该使饰面层与门窗框的边缘正好吻合，而不应该让饰面层盖住门窗框，如图7–21所示。

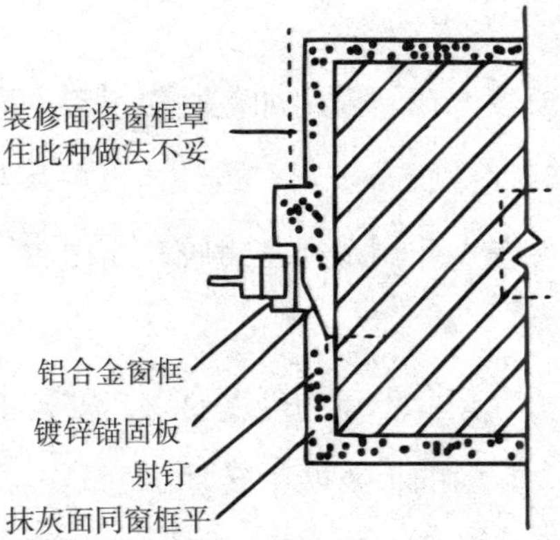

图7–21　饰面层与窗框相交处构造

放线时，应注意以下几个方面：

同一立面的门窗的水平及垂直方向应该做到整齐一致，这样，应先检查预留洞口的偏差，对于尺寸偏差较大的部位，应及时报告有关单位，并采取妥善措施处理。

在洞口弹出门窗位置线，门窗可以立于墙的中心线部位，也可将门窗立于内侧，使门窗框表面与饰面平。不过，将门窗立于洞口中心线的做法用得较多，因为这样便于室内装饰收口处理。特别是有内窗台板时，这样处理更好。

对于门，除了上面提到的确定位置外，还要特别注意室内地面的标高。地弹簧的表面，应该与室内地面饰面标高一致。

②固定门窗框。按照弹线位置，先将门窗框临时用木楔固定，待检查立面垂直、左右间隙、上下位置符合要求后，再用射钉将镀锌锚固板（见图7–22）固定在结构上。镀锌锚固板是铝合金门窗框固定的连接件。锚固板的一端固定在门窗框的外侧，另一端用射钉枪固定在密实的基体上。锚固板与固定件，不得有松动现象。射钉选择要合理。锚固板的间距应不大于500 mm。如果有条件，其方向宜内外交错布置。

图7–22　锚固板示意图（单位：mm，长度可根据需要加工）

③填缝。门窗外框与墙体的缝隙填塞，应按设计要求处理。若设计无要求时，应采用矿棉条或玻璃棉毡条分层填塞，缝隙外表留5～8 mm深的槽口，填嵌密封材料。

④门窗扇安装。门窗玻璃在门窗扇加工制作过程中同步完成。玻璃在扇上的固定，一般有三种方法，即橡胶条挤紧，再注入硅酮系列密封胶；用10 mm左右长的橡胶块垫住玻璃，再注入硅酮系列密封胶；用橡胶压条封缝、挤紧，表面不再注胶。

门窗扇的安装时间，应符合土建的进度要求，安装前要进行滑道清理，应检查门窗框是否有变形情况，门的上下两个转动部分是否在同一轴线上等。门窗扇安装，主要是将门窗扇就位密封，调试开启灵活、锁头功能达到设计要求等。

⑤清理。铝合金门窗交工前，应将型材表面的塑料胶纸撕掉。如果塑料胶纸在型材表面留有胶痕，可用香蕉水清理干净，玻璃应进行擦洗，对浮灰和其他杂物，应全部清理干净。至此，铝合金门窗的安装操作全部完成。

7. 铝合金门窗质量要求

（1）铝合金门窗及其附件质量必须符合设计要求和有关标准规定。

（2）铝合金门窗安装位置及开启方向必须符合设计要求。

（3）铝合金门窗安装必须牢固，预埋件的数量、位置、埋设连接方法必须符合设计要求。

（4）铝合金门窗框与非不锈钢紧固件接触面之间，必须做防护处理，严禁用水泥浆做门窗框与墙体间的填塞材料。

（5）铝合金门窗安装质量要求及检验方法。

①平开门窗扇。经观察和开闭检查，要求达到开关灵活、关闭严密、间隙基本均匀。

②推拉门窗扇。观察和用深度尺检查，关闭严密，间隙基本均匀，扇与框搭接量不小于设计要求的80%。

③弹簧门扇。用秒表、角度尺检查，自动定位准确，开启角度为90°±3°，关闭时间6～10秒。

④门窗附件安装。观察、手扳和尺量检查，附件齐全、安装牢固、灵活适用，达到各自的功能。

⑤门窗框与墙体间缝隙填嵌。观察检查，要求达到填嵌基本饱满密实，表面平整，填塞材料、方法基本符合设计要求。

⑥门窗外观。观察检查，表面洁净，无明显划痕、碰伤，基本无锈蚀，涂胶表面基本光滑、无气孔。

⑦密封质量。观察检查，关闭后各配合处无明显缝隙，透光、不透气。

（6）铝合金门窗安装允许偏差、限值和检验方法。

①门窗框两对角线长度差。用钢卷尺检查，量内角。长度≤2 m的允许偏差2 mm；长度>2 m的允许偏差3 mm。

②平开门窗。窗扇与框搭接宽度差，用深度尺或钢板尺检查，允许偏差1 mm；同樘门窗相邻扇的横端角高度差，用拉线和钢板尺检查，允许偏差2 mm。

③推拉门窗。门窗扇开启力限值，用100 N弹簧秤钩住拉手处，启闭5次，取平均值，扇面积≤1.5 m^2的开启力≤40 N，扇面积>1.5 m^2的开启力≤60 N；门窗扇与框或相邻扇立边平行度，允许偏差2 mm。

④弹簧门扇。门扇对口缝或扇与框之间立、横缝留缝限值，用楔形塞尺检查，允许偏差2～4 mm；门扇与地面间隙留缝限值，用楔形塞尺检查，允许偏差2～7 mm；门扇对口缝关闭时平整，用深度尺检查，允许偏差2 mm。

⑤门窗框（含拼樘料）正、侧面的垂直度。用1米托线板检查，允许偏差2 mm。

⑥门窗框（含拼樘料）的水平度。用1 m水平尺和楔形塞尺检查，允许偏差1.5 mm。

⑦门窗横框标高。用钢板尺检查与基准线比较，允许偏差5 mm。

⑧双层门窗内外框（含拼樘料）中心距。用钢板尺检查，允许偏差4 mm。

二、厚玻璃装饰门施工工艺

玻璃是建筑工程的重要材料之一。它既可以透过光和热，又能阻挡风、雨、雪；既不会老化，又不会失去光泽。随着现代建筑发展，玻璃制品已由过去单纯作为采光和装饰材料，逐渐向着控制光线、调节热量、节约能源、减小噪声、降低建筑物自身重量、改善建筑环境、提高建筑艺术表现力等方面多功能发展。在建筑工程中，玻璃已逐渐发展成为一种重要的装饰材料。随着加工方法的改进，以及性能的提高和品种的发展，除用于建筑物门窗外，还逐渐代替砖、瓦、砼等建筑材料，多用于墙体和屋面。

在装饰工程中，常用的玻璃品种较多，除普通平板玻璃外，还有吸热玻璃、钢化玻璃、中空玻璃、激光玻璃、彩色玻璃以及夹层玻璃、夹丝玻璃、磨光玻璃、磨砂玻璃等。玻璃工程是安装固定这些玻璃的施工。

1. 施工工艺

在现代室内装饰工程中，经常用厚玻璃或特厚玻璃组成全玻璃装饰门。厚玻璃装饰门是指用12 mm以上厚度的玻璃板直接作门扇的无框玻璃门。

（1）厚玻璃材料。厚玻璃具有无色、透明度高、内部质量好、加工精细、耐冲击、机械强度高等特点。适用于高级宾馆、影剧院、展览馆、酒楼、商场、银行门面及大门、玻璃隔断墙等。另外，也可用于橱窗、柜台、展台、吧台、大型玻璃展架等。厚玻璃的常用厚度为12、15、18 mm。其常用的规格尺寸有：3 050 mm × 2 140 mm × 12 mm；3 050 mm × 2 140 mm × 15 mm；3 300 mm × 2 140 mm × 15 mm。用于门、橱窗、展台、柜台和各种玻璃隔架。

（2）结构形式。常见厚玻璃装饰门一般都由活动部分和固定玻璃的部分组合而成，其门框部分通常用不锈钢、铜和铝合金饰面，如图7–23所示。

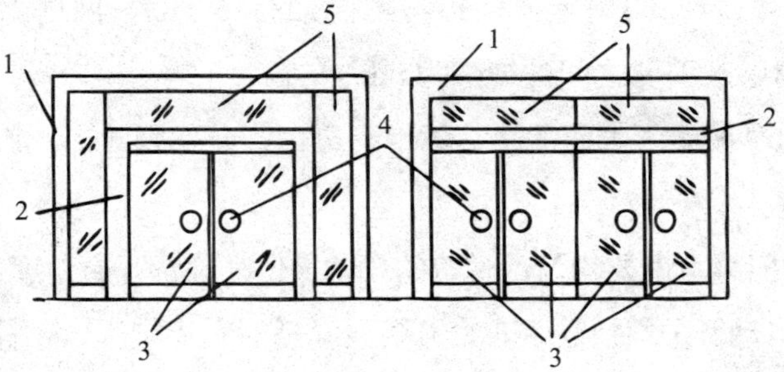

1–大门框；2–小门框；3–活动门扇；4–拉手；5–固定窗

图7–23　厚玻璃装饰门形式

（3）安装施工工艺。厚玻璃门的安装方法根据不同的装饰要求和装饰结构有所不同，但一些基本方法却是一致的。厚玻璃门安装一般分固定部分和活动门扇安装两个部分。

①固定部分安装。此部分安装较简单，其工艺流程为：施工准备→玻璃安装→玻璃胶封口。

施工准备：地面饰面施工已完毕，门框的不锈钢或其他饰面已完成。不锈钢饰面的木底托已用木楔钉固定在地面上。厚玻璃已按设计要求裁割完毕，宽度要小于实际尺寸2 ~ 3 mm，高度要小于实际尺寸3 ~ 5 mm，四周已倒角，倒角宽度约2 mm，并运到施工工地。

玻璃安装：用玻璃吸盘器把厚玻璃插入门框顶部的限位槽内，然后放到底托上，在对好安装位置后加以定位。

玻璃胶封口：限位槽与玻璃就位后的缝隙，各块玻璃之间的接缝，用玻璃胶进行封口处理。封口要求线条清晰、粗细均匀、光滑密封。

②活动门扇安装。安装工艺流程为：施工准备→门扇定位安装→安装玻璃拉手。

施工准备：门扇安装前，地面地弹簧与门框顶面的定位销已安装完毕，两者已校在同一垂直轴线上，厚玻璃已倒角处理，安装门的把手孔洞已加工完毕。

门扇定位：将厚玻璃放入门扇的位置内，用定位销加以固定。

安装玻璃门拉手：按说明书要求安装门拉手。

（4）质量标准。

①厚玻璃的裁割尺寸必须准确。

②装厚玻璃门时，门扇上横档距门框横梁3～5 mm，门扇下横档距地弹簧5～10 mm。两扇厚玻璃门之间的缝隙为5 mm左右。

③安装后的厚玻璃门表面洁净，不得有斑污、碰伤划痕，无胶液，倒角平顺整齐，涂膜完整。

④玻璃门的门缝宽度要均匀，弹簧的自动定位准确，开启角度90°±1.5°，关闭时间6～10秒。自动开关门滑轨平直，开关灵活适时，不夹人，不碰人，弹簧定位销与转轴的中心线必须在一个垂直线上。自动门的滑轨必须在一个平行线上，玻璃门的玻璃与固定横档插口之间的空隙要注满玻璃胶固定。

⑤玻璃门的允许偏差与检验方法。

门扇对角线长度差：用尺量，允许偏差1.5 mm。

门扇垂直度：用1 m托尺板检查，弹簧玻璃门允许偏差2 mm；自动推拉玻璃门允许偏差1.5 mm。

门扇高度、宽度：用尺量，允许偏差±1.5 mm。

门扇开启力：用弹簧秤测量，≤60 N。

门扇框标高：用水平尺量，弹簧玻璃门允许偏差≤3 mm；自动推拉玻璃门允许偏差≤2.5 mm。

2. 普通玻璃装饰工程的质量验收

普通玻璃工程质量验收是指根据《建筑装饰工程施工及验收规范》所规定的范围，适用于平板、吸热、热反射、中空、夹层、夹丝、磨砂、钢化、压花、彩色玻璃和玻璃砖的安装和验收。

玻璃工程的验收应根据《建筑装饰工程施工及验收规范》的标准执行。

检查项目、质量要求及检查方法如下：

（1）玻璃安装的保证项目。观察轻敲检查，要求达到玻璃的裁割尺寸正确，安装平整、牢固、无松动现象。

（2）油灰填抹质量。观察检查，要求达到底灰饱满，油灰与玻璃及裁口粘贴牢固，边缘与裁口齐平，四角成八字形，表面光滑，无裂缝、麻面和皱皮。

（3）固定玻璃的钉子或钢丝卡。观察检查，钉子及钢丝卡的数量符合规定，规格符合要求并不在油灰表面显露。

（4）木压条镶钉安装。观察检查，木压条与裁口边缘紧贴齐平，连接紧密，割角整齐，不露钉帽。

（5）密封条安装。观察检查，密封条与玻璃、玻璃槽口的接触紧密、平整，并不得露在玻璃槽口以外。

（6）橡胶垫镶嵌安装。观察检查，橡胶垫与裁口、玻璃及压条紧贴，并不露在压条以外。

（7）密封膏填注。观察检查，密封膏与玻璃、玻璃槽口边缘黏结牢固，接缝齐平。

（8）玻璃砖安装。观察检查，排列位置正确，均匀整齐，无移位、翘曲、松动，接缝均匀、平直、密实。

（9）彩色压花玻璃拼装。观察检查，颜色图案符合设计要求，接缝吻合。

（10）玻璃表面清洁。观察检查，表面洁净，无油灰、浆水、油漆、涂料、密封膏等污染。